U0306328

丽江金沙江烟区

丽江金沙江烟区

丽江金沙江烟区

丽江金沙江烟区

江苏中烟丽江市玉龙县巨甸基地单元

江苏中烟丽江市玉龙县黎明基地单元

丽江市烟草专卖局（公司）与江苏中烟围绕高质量发展深化工商合作进行座谈

丽江市烟草专卖局（公司）与江苏中烟共同调研玉龙基地烟叶长势长相

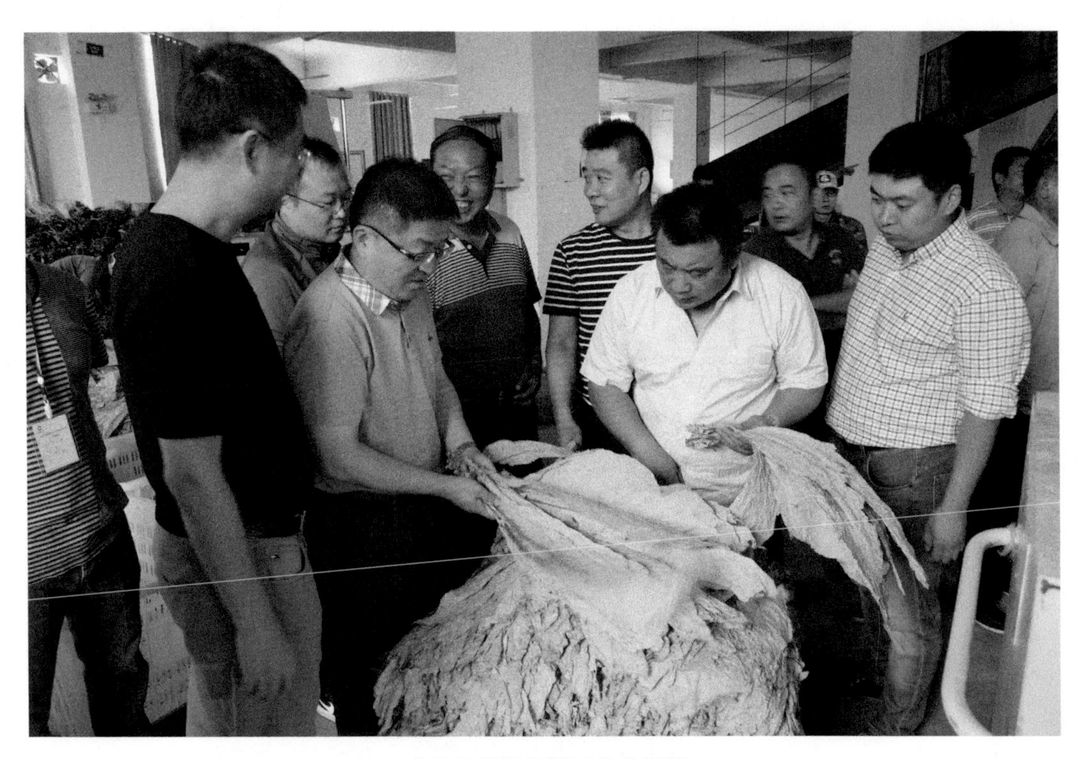

工商共同把关烟叶收购质量

工商共同制定新烟样品

工商研共同查看基地烟叶成熟度

工商联建基地助移栽

工商研烟株长势联合鉴评

工商研田间病虫害联合诊断

标准化腐熟农家肥还田现场

标准化环状施肥现场

标准化黄板、蓝板大田防控现场

标准化秸秆还田大田现场

标准化烤烟绿色防控现场

标准化烤烟收购现场

标准化烤烟中耕大田现场

标准化农家肥堆捂现场

标准化农家肥盖塘移栽现场

标准化烟农代表集中交烟现场

标准化职业烟农培训结业现场

标准化育苗大棚

烤烟膜下小苗移栽

烤烟水肥一体化滴灌

农家肥盖塘烟苗

生物质烤房燃料（烟草秸秆）

生物质能源烤房

松针盖塘烟苗

松针农家肥堆捂

性诱捕设施

玉龙县推广清洁生产、农药包装物回收

玉龙县推广烟夹编烟

丽江金沙江

烤烟标准化生产技术研究与应用

◎ 和世华 范幸龙 贺 彪 杜 坚 主编

中国农业科学技术出版社

图书在版编目(CIP)数据

丽江金沙江烤烟标准化生产技术研究与应用 / 和世华等主编.—北京：中国农业科学技术出版社，2020.9

ISBN 978-7-5116-5025-2

Ⅰ.①丽… Ⅱ.①和… Ⅲ.烤烟-生产工艺-标准化-研究-丽江 Ⅳ.①S572-65

中国版本图书馆 CIP 数据核字(2020)第 177452 号

责任编辑 闫庆健
文字加工 孙 悦
责任校对 李向荣

出 版 者 中国农业科学技术出版社
北京市中关村南大街 12 号 邮编：100081
电　　话 (010) 82106632 (编辑室) (010) 82109702 (发行部)
(010) 82109709 (读者服务部)
传　　真 (010) 82106625
网　　址 http://www.castp.cn
经 销 者 各地新华书店
印 刷 者 北京建宏印刷有限公司
开　　本 787 mm×1 092 mm 1/16
印　　张 16.5 彩插 16 面
字　　数 448 千字
版　　次 2020 年 9 月第 1 版 2020 年 9 月第 1 次印刷
定　　价 160.00 元

《丽江金沙江烤烟标准化生产技术研究与应用》

编写人员名单

主　编：和世华（云南省烟草公司丽江市公司）
范幸龙（江苏中烟工业有限责任公司）
贺　彪（云南省烟草公司丽江市公司）
杜　坚（江苏中烟工业有限责任公司）

副主编：赵文山（云南省烟草公司丽江市公司）
韩天华（云南省烟草公司丽江市公司）
蒋朝臣（云南省烟草公司丽江市公司）
吴克春（云南省烟草公司丽江市公司）
刘国庆（江苏中烟工业有限责任公司）
胡钟胜（江苏中烟工业有限责任公司）

编　委：（按姓氏笔画排名）
子福兰　李兰周　李学卫　吴克春　张　华
和世华　和　勋　和　强　赵文山　赵志明
胡爱平　贺　彪　徐　亮　蒋朝臣　韩天华
（云南省烟草公司丽江市公司）
付金存　朱　全　刘国庆　杜　坚　李少鹏
李　炜　张建强　范幸龙　明　峰　岳　超
赵　勇　胡宗玉　胡钟胜　骆海明　褚　旭
魏建荣　（江苏中烟工业有限责任公司）
杨雪彪　李天福　张晓海　（云南省烟草农业科学研究院）　李佛琳（云南农业大学）

前 言

丽江地处青藏高原和云贵高原连接部，金沙江中上游，属低纬度高原季风气候区域，境内从南亚热带至高寒带气候均有分布，四季变化不大，干湿季节分明，年温差小而昼夜温差大，兼具有海洋性气候和大陆性气候特征。全市年平均气温在12.6~19.8℃，全年的无霜期为191~301d，年均降水量为911~1 040mm，雨季集中在6—9月，年日照时数在2 298~2 566h。全市拥有耕地面积约308.4万亩，其中分布在海拔1 600~2 200m区域的耕地中有宜烟面积129.5万亩，植烟土壤主要以沙壤土、壤土为主，通透性较好，所生产的烟叶具有典型清香型风格，钾、糖含量较高，烟碱和总氮含量适中，氯含量低，内在化学成分协调，是云南省清香型烟叶的典型代表烟区之一。

近年来，丽江烟叶产业依托良好的生态优势，把“树立生态意识、落实生态措施、打造生态品质”贯穿于烟叶生产的全过程，通过不断调整优化布局和科技措施落实，走出了一条“特色”和“优质”的发展路子，逐步树立了丽江烟叶生态、特色、优质的良好形象，丽江烟叶被誉为“云南清香型烟叶的代表”，受到了行业和社会的广泛关注和认可，知名度和美誉度不断提升，目前已与江苏中烟、湖南中烟、上海烟草集团、安徽中烟、河南中烟等省外知名卷烟工业企业建立了良好的战略合作伙伴关系。丽江烟叶已成为“苏烟”“芙蓉王”“黄金叶”等高端骨干卷烟品牌的重要原料支撑，高端骨干卷烟产品对丽江烟叶需求不断增加，市场需求旺盛，烤烟产业持续发展基础牢固。近10年来，丽江烟区烟农种烟收入已由2006年的1.41亿元稳步增加到2018年的8.45亿元，2018年全年烟农户均收入3.97万元，亩均收入3 800元，实现烟叶税1.86亿元。

当前，全国烟叶市场竞争已经从“增量分享”转变为“存量分割”，发展方式已经从“规模效益”转变为“结构效益”，优胜劣汰的市场规律逐渐显现，烟草行业已步入规模趋于稳定、增速相对平稳的新阶段，以平稳增长、结构优化、改革创新为主要特征的烟草行业发展新常态已经到来。丽江市烟草专卖局（公司）充分认识新常态、主动适应新常态、积极应对新常态，提出“严格管理促规范，勇于竞争求发展，强化质量创品牌，提升素质比贡献”的工作思路，力争到“十三五”末实现年度种植烤烟27.59万亩，收购烟叶80万担的目标任务，将努力实现烟农、地方政府、卷烟工业企业、商业企业四者利益的最大化，把丽江金沙江烟区建设成全国优质烟叶原料供应基地。

本书包含十一章内容：第一章系统介绍了丽江金沙江植烟区概况、丽江烟草概况、丽江烟草的“十二五”发展成果以及“十三五”发展规划（和世华、赵文山和李兰周）；第二章讲述了丽江烟叶质量技术标准（韩天华、贺彪、子福兰和刘国庆）；第三章讲述了丽江烤烟品种标准化技术（贺彪、范幸龙和李天福）；第四章讲述了丽江烤烟育苗标准化技术（韩天华、吴克春、和勋和赵志明）；第五章讲述了丽江植烟土壤保育标准化技术（蒋朝臣、张晓海和吴克春）；第六章讲述了丽江烟叶生产标准化技术（李兰周、贺彪、徐亮和范幸龙）；第七章讲述了丽江烟叶植保标准化技术（张晓海、韩天华和张华）；第八章讲述了丽江烟叶烘烤标准化技术（杨雪彪、贺彪和李学卫）；第九章讲述了丽江金沙江特色优质烟叶开发研究内容及成果（张晓海、李佛林和胡钟胜）；第十章讲述了丽江 KRK26 品种栽培技术研究内容及成果（杜坚、范幸龙和杨雪彪）；第十一章讲述了基于“苏烟”品牌需求的丽江 KRK26 烟叶工业可用性研究成果（杜坚、范幸龙、褚旭和胡钟胜）。

本书是近 10 年丽江金沙江植烟区清香型特色优质烟叶和卷烟原料基地开发成果的总结，主要介绍了丽江金沙江烟叶风格特色形成的生态基础、丽江烟草的发展历史、现状和“十三五”规划、丽江烤烟大田标准化生产技术、特色品种的开发应用成果、丽江烟叶的质量风格特色及工业可用性评价，可为全国其他烟叶产区生产和管理提供借鉴。

本书的编写得到了各级领导和专家的支持和帮助，在编写过程中引用了大量资料，除书中注明引文出处外，还引用了其他文献资料，未能一一列出，谨在此表示衷心感谢！

由于编写时间仓促，加之编者水平有限，书中难免有疏漏和不足之处，希望同行专家和广大读者不吝赐教。

编　者

2020 年 6 月 15 日

目　录

第一章　丽江金沙江植烟区概况

第一节　生态环境

一、丽江市地形地貌

丽江市位于北纬25°59′~27°56′与东经99°23′~101°31′，滇西北高原中部，青藏高原东南缘，金沙江中上游，地处青藏高原和云贵高原连接部，跨横断山峡谷与滇西高原两个地貌单元的衔接地带，地形总趋势为西北高、东南低，东西最大横距212.5km，南北最大纵距213.5km。最高海拔为玉龙雪山主峰5 596m，最低海拔为华坪县石龙坝乡民主村河口1 015m，海拔高差4 581m。全市总面积2.12万km^2，下辖古城区、玉龙纳西族自治县、永胜县、华坪县、宁蒗彝族自治县，共有63个乡镇，450个村民委员会，5 121个村民小组，总人口122万人，其中农业人口100万人，占总人口的82%。境内坡陡谷深，山脉江河纵横，山地多，平坝少，地形地貌多样，高原、雪山、河谷、深峡、草甸等构成了丰富多彩的自然景观，水能资源、土地资源、生物资源和旅游资源丰富。同时，河谷、平坝相间，也形成了生产优质烟叶的天然地理环境。

二、丽江市气候资源

丽江市属低纬度高原季风气候区，年降水量911~1 040mm，年日照时数在2 298~2 566h，海拔高、辐射强、温差大。全市平均气温在12.6~19.8℃，全年无霜期191~301d，立体气候、立体农业十分明显，地形极为复杂，具有独特的山地季风气候特色，有南亚热带、中亚热带、北亚热带、暖温带、寒温带5种气候，具有干湿季分明、冬暖夏凉、四季不分明、年温差较小而日温差较大等特点。在太阳辐射、季风环流和地形3个因素相互作用和相互制约下，丽江市气候既表现出我国西部季风气候的共同性，又有着水平方向和垂直方向明显差异特征，“一山分四季”的垂直气候带发育明显。丽江以其区域内“气温适宜，有效降水调匀，光照充足、太阳辐射强”的气候特点和“含沙量高，质地疏松，透水透气性好，养分适宜、可控性强”的土壤特点，使之成为生产绿色生态优质烟叶的天赐宝地。

（一）光能资源

对生产优质烤烟而言，和煦充足的光照是必要条件。在一般生产条件下，烟草大田期的日照时数最好达到 500~700h，日照百分率最好达到 40%以上，采烤期间要达到 280~300h，日照百分率要达到 30%以上，才能生产出优质烟叶。丽江市光照较强，年总辐射量较大，年日照时数在 2 300h 以上，为云南全省较高值区。丽江各烟区 5—9 月的总日照时数为 770. 5~911. 7h，各地的日照时数表现为华坪>永胜>玉龙>古城>宁蒗，且相同月份不同地区间差异较大，逐月来看，总体分布趋势为 5 月>6 月>8 月>9 月>7 月。一般认为烤烟大田生长期间日照时数>500h，采收期间日照时数>280h，有利于优质烟生产（表 1-1，图 1-1）。

表 1-1　丽江烟区烤烟大田期月均日照时数　（h）

月份	古城	永胜	宁蒗	华坪	玉龙
5	225. 1	168. 4	221. 0	240. 8	222. 7
6	156. 7	203. 3	154. 0	167. 5	153. 3
7	134. 2	166. 4	130. 3	166. 0	139. 7
8	155. 0	193. 7	143. 0	188. 8	160. 8
9	138. 8	164. 3	122. 2	148. 0	147. 2
5—9 月总量	809. 8	896. 1	770. 5	911. 1	823. 7

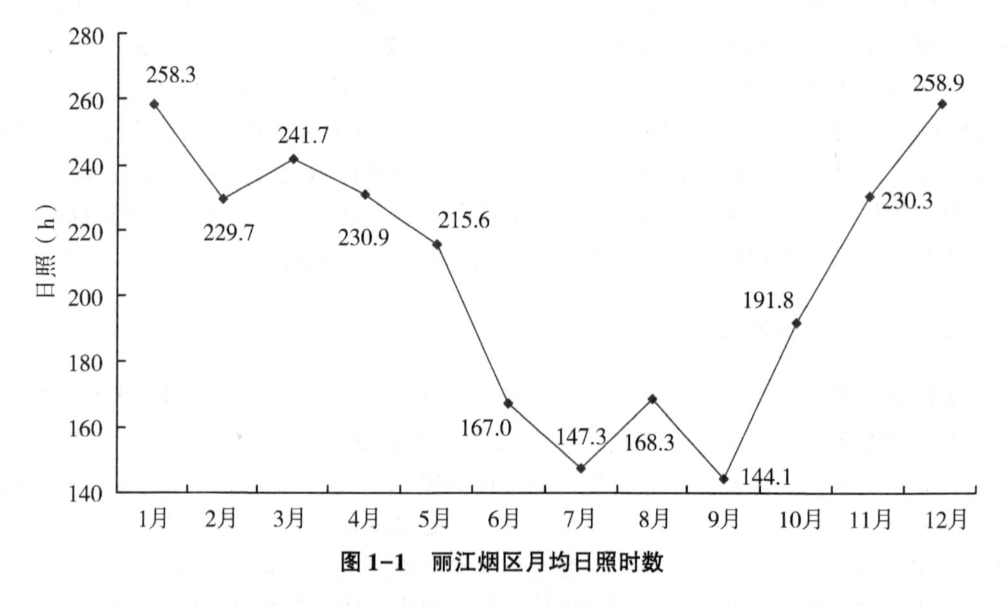

图 1-1　丽江烟区月均日照时数

总体来看，丽江烟区的光照资源丰富，且烤烟大田期 6—9 月主要是雨季，常常是晴间多云和多云间晴的天气，漫射光多，形成一种和煦的光照条件，对优质烟叶生产和品质保障非常有利。丽江烟区在烤烟大田期的日照时数为 1 240. 6h，太阳总辐射量 147. 9kcal/cm^2，充足的光照，良好的光照条件，促进了烟株碳代谢的进行和生物量的积累，有利于合成酯类化合物，形成较多的显香物质，提高烟叶香气浓度。其中 3—4 月日照时数最多，各月可达 200~270h，为培育壮苗提供了较好的光照条件；5 月日照时数在200h左右，大田生长期6—9月正值雨季，云量多，日照时数比4—5月减少，但是各月日照时数都比较均匀，在150h左右。丽江年日照百分率50%左右，在烟叶成熟期的8—9月，日照百分率为35%左右，能满足优质烟叶生产对光照的要求。

（二）热量资源

生产优质烟叶要求烟叶成熟期日平均温度不低于20℃，较理想的日均温是24~25℃，且持续30d即可生产优质烟叶。丽江各地5—9月平均气温为18.2~24.2℃，月均温度表现为：华坪>永胜>玉龙>古城>宁蒗（表1-2）。丽江烟区月均气温总体呈“抛物线”变化（图1-2），一般认为，月均气温稳定大于18℃作为移栽日期，低于18℃不利于烟叶的成熟落黄。由图1-2可以看出，丽江烟区大田期生产节令宜以5月初开始移栽，9月中旬采收结束，烤烟最适宜大田期120~135d，烤烟大田期平均温度为20.42℃，月均温在18.7~21.4℃，成熟期为20.57℃，昼夜温差10.5℃，在气温平稳、昼夜温差大的条件下，不仅促进了烟株体内的糖分积累与分解，更有利于次生代谢产物的形成，进而合成更多的香气物质。

表1-2　丽江烟区烤烟大田期月均气温　（℃）

月份	古城	永胜	宁蒗	华坪	玉龙
5	18.6	21.9	17.4	25.5	20.8
6	19.6	22.2	19.4	24.9	21.3
7	19.7	22.2	19.1	24.6	21.7
8	19.0	21.6	18.4	23.7	20.6
9	17.7	20.2	16.7	22.1	19.2
5—9月平均	18.9	21.6	18.2	24.2	20.7

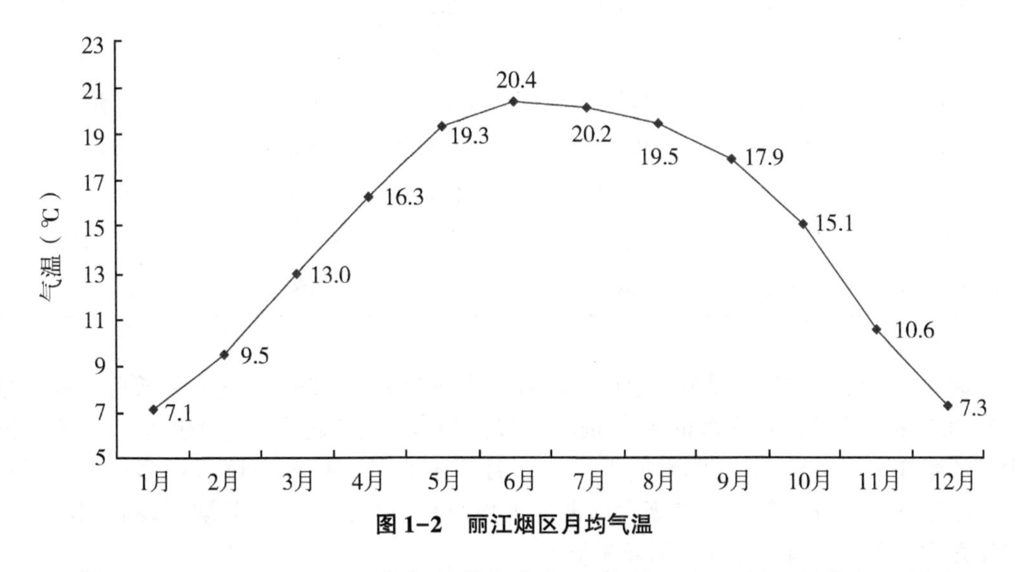

图1-2　丽江烟区月均气温

总体来看，丽江烟区5月还苗期与伸根期气温较低，6—7月旺长期气温增高，8—9月成熟期气温又略有下降，均在生产优质烟叶的适宜温度范围内。再加上采用地膜覆盖栽培技术，移栽期适当提前，采烤期相应得以提前到9月上旬结束，确保了烟叶的品质。而烟区内在主要海拔高度1 400~2 200m烤烟成熟期（8—9月）月平均温度为17~23℃，前期（8月）为18.4℃以上，与世界优质烤烟产地相似，后期（9月）为17~21.5℃，虽然部分地方的月平均温度低于20℃，但高于17℃，仍然处于最适宜或适宜生长的温度范围。区域内玉龙（包括古城）、宁蒗两县海拔2 100~2 600m的高原坝区属暖温带气候区，分属暖温带干凉平坝区和暖温带暖润平坝区2个亚区。虽然在海拔2 100~2 200m区域内，气温稍偏低，但是通过地膜覆盖、抗旱早栽等技术措施后，气候基本满足烤烟的正常生长，并具有一定的产量和品质。

（三）水分资源

水分对烤烟生长发育的影响主要是受降水的影响，丽江市干湿季节分明，各地降水多集中在5—8月，占年降水量的近70%，降水量高峰期一般在7月和8月，年度间降水不均匀。丽江各烟区5—9月总降水量为683.1~938.0mm，各地降水量表现为：华坪>宁蒗>永胜>古城>玉龙，且不同地区间差异较大，东部降水量多于西部（表1-3）。全市有两个多雨中心，一处在华坪县北部及宁蒗县南部务坪水库附近，年降水量在1 600mm以上，多雨年份在2 000mm以上；另一处在玉龙雪山附近，由于地形复杂，除大系统影响外，尚多对流性降水，个别地方年降水量在1 600mm以上；丽江西部的老君山一带及永胜的顺州、会文等地年降水量在1 000mm以上。但是在金沙江河谷地带，由于海拔低，层层高山阻挡，过山气流产生“焚风”效应而形成少雨区，多数地方年降水量在800mm以下，尤其是以永胜南片的期纳、涛源、片角等地较少，年降水量仅在600mm以下。

表1-3　丽江烟区烤烟大田期月均降水量　(mm)

月份	古城	永胜	宁蒗	华坪	玉龙
5	53.8	45.8	54.8	48.5	54.5
6	168.7	119.9	166.5	178.0	118.9
7	235.5	194.3	242.2	262.3	210.3
8	197.0	202.4	211.6	261.7	199.6
9	145.6	178.3	148.5	187.5	99.8
5—9月总量	800.6	740.7	823.6	938.0	683.1

优质烤烟的需水规律是移栽至旺长前月降水量为80~100mm，进入旺长后月降水量100~200mm，成熟期月降水量在100mm左右，总体表现为前期少、中期多、后期又偏少。从丽江全区来看，5月降水偏少，6—7月降水充足，8—9月降水偏多，月均降水呈“抛物线”变化趋势，与烤烟大田期需水规律相吻合，而这种前期干燥后期湿润的匹配方式有利于平衡烟叶内的烟碱含量。

同时，丽江烟区降水量分布还表现为雨日多、降水强度小、降水有效性高的特点。在烤烟育苗阶段（3—4月）降水量较少，月降水量为3~20mm，气温相对较高，光照充足，对培育壮苗十分有利；移栽期（5 月）降水量适中，月降水量为 50mm 左右，能满足伸根期烤烟生长的需要，再加上温度较高、日照充足，有利于蹲苗，促进根系生长，为烤烟优质适产打下基础；旺长期（6—7 月）降水充足，一般月降水量在 100~200mm，加上和煦的光照、适宜的温度，对烤烟生产十分有利；成熟采烤期（8—9 月）降水适中，前期月降水量在 200mm 左右，后期降水减少，月降水量在 100mm 左右，符合烟叶成熟期对水分的要求（图 1-3）。

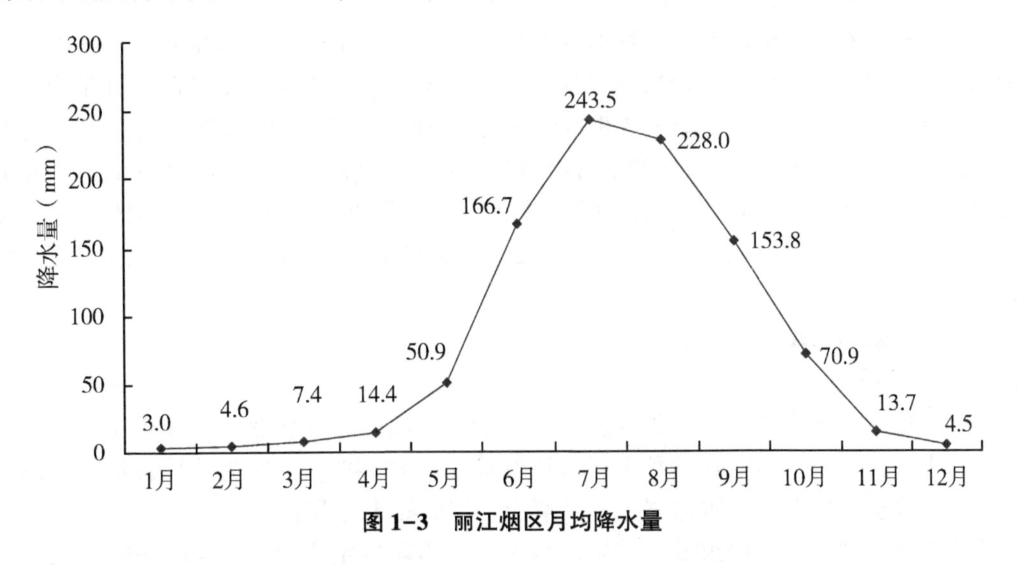

图 1-3　丽江烟区月均降水量

（四）气象因子综合评价

总的来看，丽江烟区气候条件具有“气温适宜，有效降水调匀，光照充足、太阳辐射强”的特点。前期光照多，降水少，空气干燥且气温适宜；后期降水多，光照总量少但漫射光多，气温偏低且空气湿度大。这种独特的光、温、水的匹配方式可能是丽江烟叶风格特色形成的生态学外因（图 1-4）。

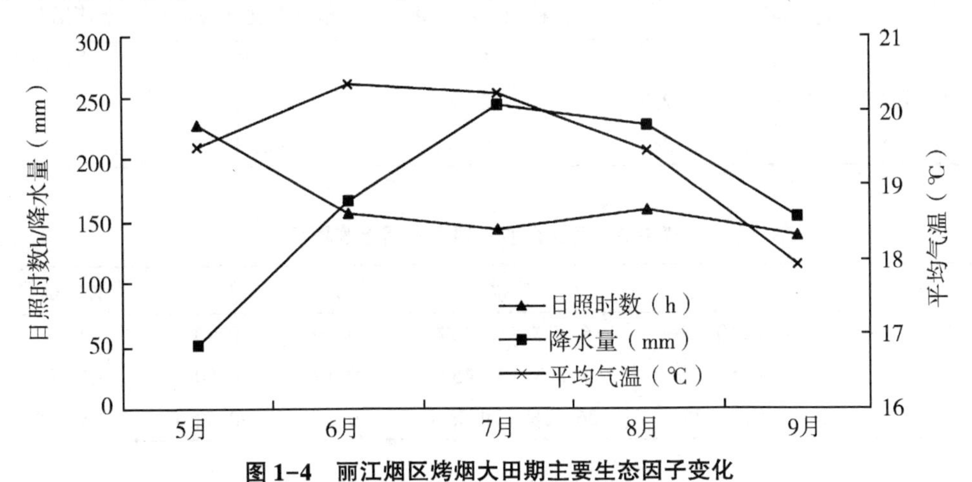

图 1-4　丽江烟区烤烟大田期主要生态因子变化

三、丽江市土壤资源

土壤是烟叶生产的基础，是影响烟叶品质的重要因素之一，土壤母质、质地、厚度、酸碱度、养分直接影响烟叶品质。丽江烟区植烟土壤主要为冲积沙壤土、水稻土、红壤土、燥红土。其中玉龙县、古城区主要为冲积沙壤土，永胜县主要为水稻土和红壤土，宁蒗县主要为红壤土和沙壤土，华坪县主要为燥红土。

全市土壤耕层孔隙度较高，物理性沙粒较多，>0.01mm 粒径含量超过 60%，孔隙度 52.7%。植烟土壤肥力综合指标平均值为 0.646，约 85.99%的土壤肥力处于中等及其以上水平，具备与优质烤烟生产相适应的土壤条件。同时，丽江烟区耕层土壤质地及层次的配合以及孔隙度 52.70%的土壤物理性状使丽江金沙江区域典型土壤具有一定的保水、保肥、保温性，同时，水分利用率较高。而根据土壤母质不同丽江植烟土壤分为石灰性冲积土和中性冲积土 2 个亚类，这 2 个亚类均是丽江金沙江区域烤烟主产区的较好土壤。

（一）丽江植烟土壤物理性质

1. 土壤质地

丽江植烟土壤质地可以分为沙质壤土、沙质黏壤土、沙质黏土、黏壤土、壤质黏土、黏土 6 种类型，其中壤质黏土所占比例最高，为 44%；其次为沙质黏壤土、黏壤土、沙质壤土、黏土；沙质黏壤土、黏壤土、壤质黏土之和占总数的 88%，丽江植烟土壤主要是由这三类土壤组成。其中沙粒占总土壤颗粒组成比例为 48.54%±12.35%，且在 26.81%~79.55%，黏粒占总土壤颗粒组成比例为 26.56%±10.39%，且在 6.37%~53.43%，各粒径的变异性较大，变异系数为 23.18%~39.13%（表 1-4，表 1-5）。

表 1-4　丽江金沙江烟区典型土壤质地

层次	容重（g/cm^3）	比重	<0.01mm 粒径含量（%）	土壤总空隙度（%）	土壤质地名称（卡庆斯基制）
耕层	1.25	2.61	35.67	52.70	中壤土
中心层	1.59	2.77	32.18	41.48	中壤土
底层	1.47	2.77	5.64	45.44	紧沙土

表 1-5　丽江金沙江烟区植烟土壤粒径

指标	平均	变幅	偏度	峰度	变异系数
黏粒	26.56%±10.39%	6.37%~53.43%	0.70	0.10	39.13%
粉粒	24.9%±5.77%	9.11%~38.45%	−0.18	0.00	23.18%
沙粒	48.54%±12.35%	26.81%~79.55%	0.31	−0.52	25.44%

2. 土壤容重

丽江烟区土壤容重上层分布在 0.8~0.9 的最多，占 38.0%，分布在 0.8~1.2 的占

80.1%，大于1.2的占9.9%；下层分布在0.9~1、1.1~1.2的较多，分布在0.8~1.2的占76.1%，大于1.2的占23.9%（表1-6，表1-7）。

表1-6 丽江植烟土壤容重统计描述

土层	样本数	均值	变幅	偏度	峰度	变异系数
上层	71	1.04±0.16	0.8~1.4	0.39	−0.63	15.47%
下层	71	1.13±0.17	0.8~1.6	0.17	−0.19	15.28%

表1-7 丽江植烟土壤容重分布

容重	上层		下层	
	频次	占总数百分数（%）	频次	占总数百分数（%）
0.8~0.9	27	38.0	9	12.7
0.9~1.0	10	14.1	17	23.9
1.0~1.1	16	22.5	11	15.5
1.1~1.2	11	15.5	17	23.9
>1.2	7	9.9	17	23.9

（二）丽江植烟土壤化学性质

1. 土壤pH值

丽江烟区植烟土壤pH值平均为6.60，变幅在4.44~8.46，变异系数为14.35%，变异程度较小，不同植烟区土壤pH值存在一定差异，具体表现为古城（7.08）>宁蒗（7.01）>华坪（6.7）>永胜（6.64）>玉龙（6.39），古城和宁蒗两地的弱碱性土壤分布比例较大，而偏酸性土壤主要分布在玉龙和永胜。从土壤pH值分布来看，土壤pH值在4.4~5.5的样品数占14.01%，土壤pH值在5.5~6.5的样品数所占比例最大，达33.97%，土壤pH值在6.5~7.5的样品数占29.98%，土壤pH值在7.5~8.5的样品数占23.03%（表1-8）。

表1-8 丽江烟区植烟土壤pH值及其分布

地点	范围值	平均值	变异系数（%）	土壤pH值分布频率（%）				
				<4.5	4.5~5.5	5.5~6.5	6.5~7.5	>7.5
古城	5.59~8.05	7.08	8.99	0	0	17.1	48.8	34.1
玉龙	4.44~8.46	6.39	16.44	0.4	22.8	32.9	20.7	23.2
永胜	4.97~8.46	6.64	12.88	0	9.4	40.6	31.2	18.8
华坪	5.55~8.09	6.70	11.11	0	0	50.0	28.9	21.1
宁蒗	5.34~8.17	7.01	10.06	0	1.7	22.4	43.1	32.8
平均	4.44~8.46	6.60	14.35	0.1	6.8	32.6	34.5	26.0

2. 土壤有机质

丽江烟区植烟土壤有机质含量介于 4.4~125.3g/kg，平均含量为 40.35g/kg，变异系数为 49%，土壤有机质含量变化范围较大。不同烟区植烟土壤有机质含量有一定差异，具体表现为：玉龙（43.59g/kg）>宁蒗（40.73g/kg）>古城（38.93g/kg）>永胜（36.82g/kg）>华坪（33.09g/kg），但均值都在 30g/kg 以上。从土壤有机质含量分布来看，丽江烟区植烟土壤有机质含量大部分在 15g/kg 以上，占土壤样本总量的 90.79%，含量较低（<15g/kg）的样品比例仅为 9.21%（表 1-9）。

表 1-9　丽江烟区植烟土壤有机质含量及其分布

地点	范围值（g/kg）	平均值（g/kg）	标准差	变异系数（%）	土壤有机质含量分布频率（%）			
					<15	15~30	30~50	≥50
古城	4.8~88.9	38.93	18.85	48.43	7.32	26.83	41.46	24.39
玉龙	4.4~125.3	43.59	21.16	48.54	6.50	23.58	34.15	35.77
永胜	4.4~83.1	36.82	16.67	45.26	13.04	19.57	46.38	21.01
华坪	11.9~75.1	33.09	14.62	44.17	7.89	42.11	39.47	10.53
宁蒗	6.8~89.5	40.73	21.77	53.44	13.79	18.97	36.21	31.03
平均	4.4~125.3	40.35	19.77	49.00	9.21	23.61	38.58	28.60

3. 土壤全氮和碱解氮

丽江烟区的植烟土壤全氮含量在 0.26~5.61g/kg，平均值为 2.09g/kg，变异系数为 45.85%，变异程度较大。其中，有 39.35%的土壤全氮含量在 1~2g/kg，有 47.98%的土壤全氮含量高于 2g/kg。可见，丽江烟区植烟土壤的全氮含量基本处于偏上水平。各县植烟土壤平均全氮含量有一定差异，玉龙含量最高，平均为 2.22g/kg，华坪最低，平均为 1.76g/kg。全氮变幅以宁蒗植烟土壤最大，变幅为 0.56~5.61g/kg，变异系数为 51.83%，华坪县最小（表 1-10）。

表 1-10　丽江烟区植烟土壤全氮含量及其分布

地点	范围值（g/kg）	平均值（g/kg）	标准差	变异系数（%）	土壤全氮含量分布频率（%）		
					<1	1~2	≥2
古城	0.36~3.58	1.90	0.76	39.95	12.20	46.34	41.46
玉龙	0.26~5.13	2.22	1.04	46.84	10.16	40.24	49.59
永胜	0.56~4.72	1.98	0.81	40.83	15.94	33.33	50.72
华坪	0.60~3.70	1.76	0.67	38.09	10.53	65.79	23.68
宁蒗	0.56~5.61	2.18	1.13	51.83	17.24	27.59	55.17
平均	0.26~5.61	2.09	0.96	45.85	12.67	39.35	47.98

丽江烟区植烟土壤的碱解氮含量为 17. 1~732. 6mg/kg，平均值为 187. 01mg/kg，变异系数 50. 49%。从土壤碱解氮含量分布来看，小于 60mg/kg 的样本数仅占 5. 95%，60~150mg/kg 的样本数占 29. 37%，大于 150mg/kg 的样本数占 64. 88%。各烟区碱解氮平均值高低顺序为：玉龙（204. 27）>永胜（182. 02）>古城（167. 55）>宁蒗（166. 23）>华坪（146. 10），均大于 145mg/kg（表 1-11）。

表 1-11　丽江烟区植烟土壤碱解氮含量及其分布

地点	范围值（mg/kg）	平均值（mg/kg）	标准差	变异系数（%）	土壤碱解氮含量分布频率（%）		
					<60	60~150	≥150
古城	39. 9~383. 7	167. 55	71. 89	42. 91	2. 44	34. 15	63. 41
玉龙	21. 5~732. 6	204. 27	104. 66	51. 24	5. 28	26. 02	68. 70
永胜	17. 1~627. 4	182. 02	86. 37	47. 45	5. 80	29. 71	64. 49
华坪	25. 9~279. 5	146. 10	55. 62	38. 07	7. 89	39. 47	52. 63
宁蒗	27. 1~398. 4	166. 23	86. 69	52. 15	10. 34	32. 76	56. 90
平均	17. 1~732. 6	187. 01	94. 42	50. 49	5. 95	29. 37	64. 68

4. 土壤全磷和速效磷

丽江烟区植烟土壤全磷含量在 0. 24~3. 57g/kg，平均值为 1. 02g/kg，变异系数 48. 41%。其中小于 0. 5g/kg 的仅占 9. 21%，大于 1g/kg 的占 38. 96%。从总体上看，古城、玉龙、永胜和宁蒗的全磷均值相差不大，其中永胜的变异系数最高，为 56. 98%（表 1-12）。

表 1-12　丽江烟区植烟土壤全磷含量及其分布

地点	范围值（g/kg）	平均值（g/kg）	标准差	变异系数（%）	土壤全磷含量分布频率（%）		
					<0. 5	0. 5~1. 0	≥1. 0
古城	0. 31~3. 05	1. 09	0. 54	49. 02	7. 32	41. 46	51. 22
玉龙	0. 34~2. 81	0. 96	0. 40	41. 25	5. 69	62. 20	32. 11
永胜	0. 24~2. 52	0. 99	0. 56	56. 98	19. 57	41. 30	39. 13
华坪	0. 49~3. 57	1. 39	0. 58	41. 42	2. 63	18. 42	78. 95
宁蒗	0. 41~2. 68	1. 01	0. 49	48. 48	5. 17	62. 07	32. 76
平均	0. 24~3. 57	1. 02	0. 49	48. 41	9. 21	51. 82	38. 96

丽江烟区土壤速效磷含量为 1. 09~220. 90mg/kg，平均值为 30. 50mg/kg，变异系数为 85. 03%。从分布来看，小于 10mg/kg 的样本数仅占 19. 39%，10~20mg/kg 的样本数占 23. 03%，20~40mg/kg 的样本数占 32. 25%，≥40mg/kg 的样本数占 25. 34%（表 1-13）。

表 1-13 丽江烟区植烟土壤速效磷含量及其分布

地点	范围值（mg/kg）	平均值（mg/kg）	标准差	变异系数（%）	土壤速效磷含量分布频率（%）			
					<10	10~20	20~40	≥40
古城	1.09~83.30	24.12	19.40	80.43	26.83	26.83	29.27	17.07
玉龙	2.10~125.50	35.01	26.11	74.58	17.89	15.85	31.71	34.55
永胜	1.30~114.62	23.46	18.95	80.75	26.09	26.09	34.78	13.04
华坪	6.21~74.10	29.75	19.20	64.53	10.53	31.58	34.21	23.68
宁蒗	4.90~220.90	33.15	39.95	120.51	10.34	37.93	29.31	22.41
平均	1.09~220.90	30.50	25.94	85.03	19.39	23.03	32.25	25.34

5. 土壤全钾和速效钾

丽江烟区植烟土壤全钾含量在2.64~31.40g/kg，平均值为15.13g/kg，其中，华坪的全钾含量最高，古城的含量最低。土壤全钾分布相对集中，主要集中在10~20g/kg，占土壤样本总量的70.44%。但仍有部分植烟土壤全钾含量不足，小于10g/kg的比例为15.55%（表1-14）。

表 1-14 丽江烟区植烟土壤全钾含量及其分布

地点	范围值（g/kg）	平均值（g/kg）	标准差	变异系数（%）	土壤全钾含量分布频率（%）		
					<10	10~20	≥20
古城	2.71~24.33	14.06	5.35	38.03	17.07	68.29	14.63
玉龙	2.64~29.41	14.96	4.94	33.02	17.48	71.95	10.57
永胜	2.76~30.07	15.00	5.52	36.81	15.22	67.39	17.39
华坪	3.62~31.40	16.36	7.80	47.67	23.68	44.74	31.58
宁蒗	5.41~25.42	16.10	3.43	21.30	1.72	89.66	8.62
平均	2.64~31.40	15.13	5.26	34.77	15.55	70.44	14.01

丽江烟区植烟土壤速效钾含量介于17.10~664.25mg/kg，平均值为190.22mg/kg，变异系数为64.28%，变异程度较大。烟区植烟土壤速效钾含量主要集中在80~350mg/kg，占土壤样本总量的71.02%，各烟区的土壤速效钾含量均值除玉龙为145.51mg/kg外，其他4个烟区植烟土壤速效钾含量均值都在200mg/kg以上，说明丽江烟区植烟土壤速效钾含量总体较为丰富，但仍有少量植烟土壤钾营养供给不足（表1-15）。

表 1-15 丽江烟区植烟土壤速效钾含量及其分布

地点	范围值（mg/kg）	平均值（mg/kg）	标准差	变异系数（%）	土壤速效钾含量分布频率（%）				
					<80	80~150	150~220	220~350	≥350
古城	47.50~551.50	225.03	125.91	55.95	12.20	21.95	17.07	31.71	17.07
玉龙	17.10~558.00	145.51	91.72	63.03	28.86	41.46	10.98	16.26	2.44

（续表）

地点	范围值（mg/kg）	平均值（mg/kg）	标准差	变异系数（%）	土壤速效钾含量分布频率（%）				
					<80	80~150	150~220	220~350	≥350
永胜	34.75~645.50	212.90	132.06	62.03	10.14	28.99	23.19	23.19	14.49
华坪	41.75~664.25	287.42	145.68	50.69	2.63	18.42	5.26	42.11	31.58
宁蒗	47.85~513.13	237.61	118.77	49.98	5.17	22.41	22.41	29.31	20.69
平均	17.10~664.25	190.22	122.28	64.28	18.04	32.82	15.55	22.65	10.94

6. 交换性钙

丽江烟区 85.35%的植烟土壤交换性钙含量处于高和极高水平，仅有 6.59%的土壤处于低和极低水平。植烟土壤交换性钙平均值为 3 338.82mg/kg，各植烟县平均值顺序高低为：宁蒗（5 410.01mg/kg）>古城（5 230.55mg/kg）>玉龙（3 624.39mg/kg）>永胜（2 715.09mg/kg）>华坪（2 678.92mg/kg）（表 1-16）。

表 1-16　丽江烟区植烟土壤交换性钙含量

交换性钙范围（mg/kg）	评价	个数	总样本数	占总数比例（%）
≤400	极低	4	273	1.47
400~800	低	14	273	5.13
800~1 200	中	22	273	8.06
1 200~2 000	高	56	273	20.51
>2 000	极高	177	273	64.84

7. 交换性镁

丽江烟区植烟土壤中 7.69%的交换性镁含量小于 100mg/kg，53.11%的含量在 100~400mg/kg，39.19%的含量大于 400mg/kg。全市土壤交换性镁平均值为 342.26mg/kg，5 个植烟县平均值高低顺序为：古城（550.68mg/kg）>宁蒗（455.90mg/kg）>华坪（395.75mg/kg）>永胜（360.32mg/kg）>玉龙（230.66mg/kg）（表 1-17）。

表 1-17　丽江烟区植烟土壤交换性镁含量

交换性镁范围（mg/kg）	评价	个数	总样本数	占总数比例（%）
≤50	极低	1	273	0.37
50~100	低	20	273	7.33
100~200	中	68	273	24.91
200~400	高	77	273	28.21
>400	极高	107	273	39.19

8. 有效锌

丽江烟区植烟土壤有效锌含量整体处于适宜水平，63%的土壤有效锌含量处于中和高的水平，而处于极高和极低水平的样品比例分别为20.88%和1.47%。丽江市植烟土壤有效锌含量平均为2.21mg/kg，各植烟县土壤有效锌分布情况不同，平均值高低顺序为玉龙（2.63mg/kg）>古城（2.47mg/kg）>华坪（2.14mg/kg）>永胜（2.09mg/kg）>宁蒗（1.02mg/kg）（表1-18）。

表1-18 丽江烟区植烟土壤有效锌含量

有效锌范围（mg/kg）	评价	个数	总样本数	占总数比例（%）
≤0.5	极低	4	273	1.47
0.5~1	低	40	273	14.65
1~2	中	97	273	35.53
2~3	高	75	273	27.47
>3	极高	57	273	20.88

9. 有效硼

丽江烟区植烟土壤有效硼含量较为缺乏，55.68%的土壤有效硼含量小于0.5mg/kg，36.26%的土壤位于0.5~1.0mg/kg，仅有8.06%的土壤大于1.0mg/kg。丽江市植烟土壤有效硼含量平均值为0.54mg/kg，各植烟县土壤有效硼分布情况不同，玉龙（0.74mg/kg）和古城（0.62mg/kg）平均值处于中等水平，而宁蒗（0.47mg/kg）、永胜（0.43mg/kg）平均值处于低水平（表1-19）。

表1-19 丽江烟区植烟土壤有效硼含量

有效硼范围（mg/kg）	评价	个数	总样本数	占总数比例（%）
≤0.2	极低	28	273	10.26
0.2~0.5	低	124	273	45.42
0.5~1.0	中	99	273	36.26
1.0~1.5	高	18	273	6.59
>1.5	极高	4	273	1.47

10. 有效钼

丽江烟区植烟土壤有效钼含量整体比较充足，75.09%的土壤含量处于中等偏高的水平，仅有24.91%的土壤含量处于低和极低水平。丽江市植烟土壤有效钼含量平均值为0.44mg/kg，各植烟县土壤有效钼含量较高，平均值高低顺序为宁蒗（0.57mg/kg）>永胜（0.55mg/kg）>古城（0.49mg/kg）>华坪（0.47mg/kg）>玉龙（0.24mg/kg）（表1-20）。

表 1-20　丽江烟区植烟土壤有效钼含量

有效钼范围（mg/kg）	评价	个数	总样本数	占总数比例（%）
≤0.1	极低	50	273	18.32
0.1~0.15	低	18	273	6.59
0.15~0.2	中	22	273	8.06
0.2~0.3	高	28	273	10.26
>0.3	极高	155	273	56.78

11. 水溶性氯

丽江烟区植烟土壤水溶性氯含量整体处于适宜水平，仅有 0.73%的土壤含量小于 15mg/kg，79.12%的土壤含量在 15~45mg/kg，而大于 45mg/kg 的样本数占 20.15%。丽江市植烟土壤水溶性氯含量平均值为 38.37mg/kg，各植烟县土壤水溶性氯含量存在差异，古城（53.76mg/kg）和玉龙（47.58mg/kg）的平均值处于极高水平，而永胜（33.07mg/kg）、宁蒗（31.90mg/kg）和华坪（30.16mg/kg）的平均值处于高水平（表 1-21）。

表 1-21　丽江烟区植烟土壤水溶性氯含量

水溶性氯范围（mg/kg）	评价	个数	总样本数	占总数比例（%）
≤5	极低	0	273	0
5~15	低	2	273	0.73
15~30	中	72	273	26.37
30~45	高	144	273	52.75
>45	极高	55	273	20.15

（三）丽江植烟土壤肥力综合评价

采取主成分分析法对丽江植烟土壤肥力进行综合评价表明：丽江烟区植烟土壤肥力总体较适宜，较低和低的植烟土壤肥力区域较少，约 85.99%的植烟土壤肥力处于中等及以上水平，具备与优质烤烟生产相适应的土壤条件，是形成特色优质烟叶的重要生态因子（表 1-22）。

表 1-22　丽江烟区植烟土壤肥力综合评价结果

地点	土壤肥力综合指标值			各等级土壤的百分率（%）				
	平均值	标准差	范围值	*IFI*<0.2	0.2≤*IFI*<0.4	0.4≤*IFI*<0.6	0.6≤*IFI*<0.8	*IFI*≥0.8
古城	0.642	0.218	0.177~0.989	2.44	19.51	17.07	36.59	24.39
玉龙	0.647	0.183	0.184~0.947	0.81	11.79	26.02	36.18	25.20
永胜	0.626	0.197	0.166~0.990	1.45	16.67	21.74	36.96	23.19
华坪	0.672	0.152	0.141~0.894	2.63	2.63	26.32	52.63	15.79

（续表）

地点	土壤肥力综合指标值			各等级土壤的百分率（%）				
	平均值	标准差	范围值	*IFI* < 0.2	0.2≤ *IFI* <0.4	0.4≤ *IFI* <0.6	0.6≤ *IFI* <0.8	*IFI* ≥ 0.8
宁蒗	0.678	0.197	0.171～0.980	1.72	8.62	24.14	37.93	27.59
平均	0.646	0.189	0.141～0.990	1.34	12.67	23.99	37.81	24.18

丽江烟区植烟土壤肥力综合指标值（*IFI*）变幅为0.141～0.990，平均值为0.646，变异系数为29.26%。将*IFI*划分为5个等级，即高（*IFI*≥0.8）、较高（0.6≤*IFI*<0.8）、中（0.4≤*IFI*<0.6）、较低（0.2≤*IFI*<0.4）和低（*IFI*<0.2），大部分植烟土壤处于中等以上水平，仅有14.01%的土壤样本土壤肥力综合指标值在0.4以下，土壤养分状况良好。从平均值来看，各植烟县均大于0.6，具体表现为宁蒗（0.678）>华坪（0.672）>玉龙（0.647）>古城（0.642）>永胜（0.626）。

四、丽江市水力资源

金沙江对丽江自然生态环境有强烈的影响。金沙江是长江上游，始于青海省玉树县巴塘河口，流经丽江615km，纵贯全市四县一区，丽江市区域内沿线的种烟乡镇主要有玉龙县塔城乡、巨甸镇、鲁甸乡、石鼓镇、石头乡、龙蟠乡、大具乡、鸣音乡、大具乡、奉科乡、宝山乡等；宁蒗县拉伯乡、金棉乡、翠玉乡、西布河乡；永胜县片角镇、期纳镇、鲁地拉镇、大安乡、顺州乡；古城区大东乡；香格里拉县金江镇、上江乡。金沙江南偏东过奔子栏，右纳周巴洛曲，经中甸县境，东南至丽江市玉龙县石鼓镇，金沙江上游段即止于此。中游段始于丽江市玉龙县石鼓镇，以下绕玉龙雪山形成大弯，称“长江第一湾”，转东北入虎跳峡（鲁甸至大具），又北偏东至川滇边界上曲折转东，于三江口左纳木里河；又急转向南，经鹤庆、永胜、大姚诸县境，曲折转北，入四川省攀枝花市境。金沙江流域地处新构造运动强烈上升地区，跨越不同地貌单元，地质构造十分复杂，流域内多年平均降水量741mm，径流深347mm，金沙江以降水和雪山融水为主，水质少有污染，水资源丰富。

丽江市全市水资源总量499.85亿m^3。金沙江年平均流量1 541.9m^3/s，年过境水量416.3亿m^3。地表径流总量共83.55亿m^3（产水量）。人平均拥有水资源7 595m^3（不含金沙江过境水量），高于全国2 700m^3、高于全省6 500m^3的水平。全市共有一、二级支流91条，其中流域面积在200km^3以上的河流有18条，水能理论蕴藏量139万千瓦，可开发利用45.3万千瓦。全市累计建成中、小型水库132座，其中中型6座，蓄水量1.56亿m^3；小（一）型36座，蓄水量0.99亿m^3，小（二）型90座，蓄水量0.15亿m^3。坝塘3 804座，蓄水量0.0848亿m^3，蓄水总量2.78亿m^3。全市共有大小引水工程6 704件，其中0.3m^3/s以上的有99件。水闸45座，其中中型3座，小型42座。堤防长338.67km。固定机电排灌站236处，装机容量15.94千千瓦。机电井22眼，装机容量0.21千千瓦。水利总供水量6.48亿m^3，其中蓄水工程1.93亿m^3；引水工程 4.11 亿 m^3；机电井工程 0.11 亿 m^3；机电站及水轮泵 0.2909 亿 m^3。

全市总灌溉面积 66.95 千 hm^2，其中有效灌溉面积 61.68 千 hm^2，水土流失面积 547.85 千 hm^2，水土流失治理面积 111.45 千 hm^2，其中小流水域治理 27.48 千 hm^2。已解决 56.94 万人和 92.35 万头大牲畜的饮水困难。全市共有万亩灌溉区 10 处，均为 1 万~10 万亩灌区，有效灌溉面积 22.67 千 hm^2。

五、丽江金沙江植烟区生态综合评价

利用 GIS 的栅格重分类方法，采用指标权重值，对土壤评价、地形评价、气象评价的结果进行综合分析，得出丽江金沙江区域生态综合评价结果图（图 1-5）。对上述评价分值结果进行分级，共分 4 级：95~100 分（一级）、90~95 分（二级）、80~90 分（三级）、60~80 分（四级）。评价结果表明：一是本区域适宜种烟区（有颜色部分）只占该区域总面积的 1/3 左右，大部分是不适宜种烟区（白色区域），这与该区域是高海拔的高山地有关，符合当地实际；二是适宜种烟区评分基本都在 80 分（百分制）以上，说明该区域具备生产优质烟的生态条件；三是适宜种烟区主要分布在金沙江河谷区域，应充分利用河谷的特殊自然、气候特点，走发展精品烟的战略。

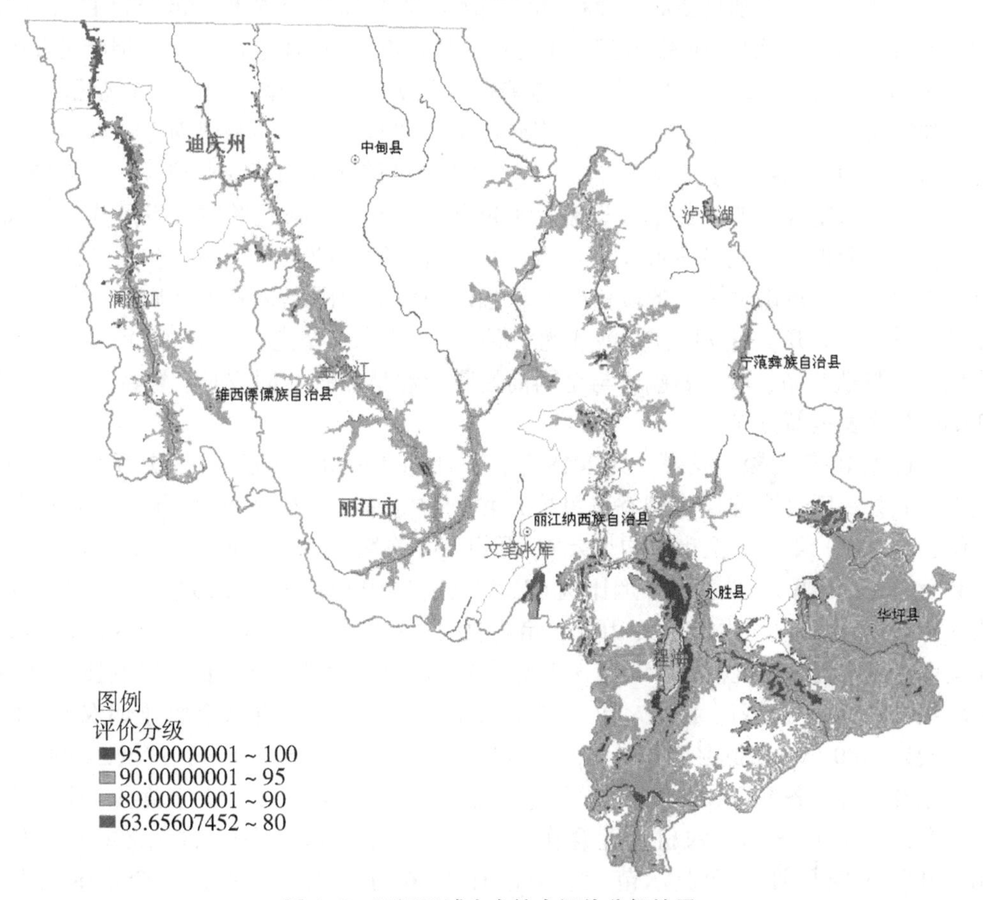

图 1-5　丽江区域生态综合评价分级结果

第二节　丽江烟草概况

一、发展历程

丽江在中华人民共和国成立前就有种植烤烟的历史，中华人民共和国成立后于1985年在永胜县成功引种烤烟2 820亩（1亩≈667m^2；15亩=1hm^2。全书同），收购烟叶8 424担。之后1988年、1989年原丽江县、华坪县、宁蒗县相继试种并获得成功。1990年以后烤烟生产被丽江地委、行署列为调整产业结构的短、平、快项目，制定了一系列配套政策和措施，组建了相关的机构，充实了地、县烟草公司人员，当年烤烟种植面积达10 983.6亩，收购烟叶13 273.19担（1担=100市斤=50kg。全书同），中上等烟叶占75.27%。之后，由于市场和计划原因，产量一直徘徊在17万担左右。1997年，丽江得到云南省烟草专卖局（公司）关心，调整烟叶调拨流向，获得烟叶省外销售权，允许烟叶向云南省外调拨。通过不懈的努力，到2000年，丽江烟叶生产迈上了良性发展快车道，特别是2003—2009年全市烟叶种植面积从7.8万亩增到12.1万亩，烟叶产量从18万担增加到35万担，千克均价从8.49元增加到15.1元，烟叶税及附加税从1 553万元增加到6 349.4万元，烟农收入从7 768万元增加到2.886亿元。

2008年下半年开始，丽江市委、市政府提出“抢抓机遇、乘势而上，利用三至五年的时间使丽江烟叶产量达到50万担以上，积极推进现代烟草农业建设，全力推动丽江烟叶产业跨越式发展”的发展思路。2009年，丽江烟叶产业跨越式发展战略正式确立并实施，明晰了“立足资源、主攻质量、突出特色”的工作思路。企业坚持“以质量求生存，以质量谋发展”的诚信经营理念，一切工作围绕提升烟叶质量、彰显丽江烟叶特色风格展开，树立丽江金沙江优质烟叶品牌形象，坚定不移走精品路线，进一步明确了“打造精品、服务高端，与全国高端骨干卷烟品牌共同成长、协调发展”的丽江烟叶战略发展新方向。

经过近10年的探索发展，到2018年，丽江烟叶种植规模已达22.2万亩，种植范围涉及五县一区（含迪庆区域香格里拉）49个乡（镇）、205个村委会、1 390个村民小组、21 289户烟农。全市收购烟叶60万担，收购均价28.18元/kg，较2017年增加0.35元/kg，增幅1.3%；上等烟比例68.87%，较2017年增加2.95%；实现烟农交烟收入8.45亿元，户均收入3.97万元，亩均收入3 800元，实现烟叶税1.86亿元。2018年全市烤烟户均种植规模10.43亩（玉龙县11.06亩，永胜县9.3亩，宁蒗县10.8亩，华坪县9.47亩，古城区11.97亩），全市累计培育认证10亩以上职业烟农5 110户（玉龙县2 100户，永胜县1 610户，宁蒗县600户，华坪县400户，古城区400户），全市建设综合服务型烟农合作社13个（玉龙县6个，古城区1个，宁蒗县4个，永胜县1个，华坪县1个），农机专业合作社1个（永胜县）。其中，古城区共和合作社2015年被国家局评为行业示范社。全市有1.46万户农户入社，占全市烟农总数的71.3%。

二、基本烟田情况

（一）耕地情况

丽江市总面积 2.06 万 km^2，其中山地占总面积的 92.3%，高原坝区占 7.7%。全市耕地总面积约 308.4 万亩，耕地类型主要包括旱地、水田、水浇地，其中旱地面积 242 万亩，占耕地总面积的 78.5%，水田面积 55.4 万亩，占耕地总面积的 18%，水浇地面积 11 万亩，占耕地总面积的 3.5%（表 1-23）。

表 1-23　丽江市基本烟田面积统计

县区	面积（亩）
玉龙县	294 495.2
永胜县	450 842.3
宁蒗县	174 296.9
华坪县	303 170.8
古城区	71 938.1
合计	1 294 743.3

（二）规划布局情况

2018 年，全市按照云南省烤烟种植区域规划技术标准要求，结合烟区生态环境以及历年土壤分析化验数据和工业烟叶评价验证结果，在全市规划核心烟区、优质烟区、适宜烟区共计 87.54 万亩。其中，规划核心烟区 23.77 万亩（田烟 13.33 万亩，地烟 10.44 万亩），涉及全市 33 个乡镇、115 个村委会、314 个连片；规划优质烟区 27.42 万亩（田烟 13.03 万亩，地烟 14.39 万亩），涉及全市 42 个乡镇、127 个村委会、416 个连片；规划适宜烟区 36.34 万亩（田烟 12.11 万亩，地烟 24.23 万亩），涉及全市 42 个乡镇、153 个村委会、561 个连片（表 1-24）。

表 1-24　丽江市烤烟种植区域规划统计　（亩）

县市区	核心区		优质区		适宜区	
	田烟	地烟	田烟	地烟	田烟	地烟
合计	133 314.12	104 426.02	130 284.14	143 932.21	121 149.92	242 251.66
玉龙县	75 887.40	8 963.00	59 714.36	24 578.00	48 025.00	113 957.94
永胜县	20 410.00	45 950.00	49 745.00	92 749.00	31 886.00	19 390.00
宁蒗县	32 014.72	10 319.02	20 014.78	14 418.21	18 247.62	29 366.37
华坪县	2 800.00	31 300.00	400.00	8 600.00	3 500.00	53 400.00
古城区	2 202.00	7 894.00	410.00	3 587.00	19 491.30	26 137.35

（三）选择丽江金沙江沿线布局烤烟种植的原因

主要是因为丽江金沙江沿线土壤和气候特点与世界优质烟叶产区津巴布韦具有高度的相似性。

1. 植烟土壤

丽江金沙江黄金河谷烟区植烟土壤类型为冲积沙壤土，土壤耕层土壤孔隙度较高，物理性沙粒较多，>0.01mm 粒径含量超过 60%，孔隙度 52.7%。pH 值 6.13，有机质含量 4.36%，碱解氮含量 136.3mg/kg，速效磷含量 31.24mg/kg，速效钾含量 222.22mg/kg，土壤交换钙、交换镁含量高，有一定的有效硼和有效钼。而津巴布韦烟区 80%以上的土壤为沙土、沙壤土，沙粒含量在 40%以上，pH 值 6.34，有机质含量 1.35%，碱解氮含量 46.21mg/kg，速效磷含量 20.02mg/kg，速效钾含量 97.25mg/kg，植烟土壤的阳离子交换量较小（小于 5me/100 克土），钾、钙、镁等阳离子不易被吸附和固定。

2. 气温适宜

丽江金沙江黄金河谷烤烟大田期平均温度为 20.42℃，月均温在 18.7~21.4℃，成熟期温度为 20.57℃，昼夜温差 10.5℃；津巴布韦平均温度为 20.75℃，月均温在 19~21.5℃，成熟期温度为 21℃，昼夜温差 11.7℃。在气温平稳、昼夜温差大的条件下，不但有利于烟株体内的糖分积累与分解，更有利于次生代谢产物的形成，进而合成更多的香气物质。

3. 有效降水调匀

丽江金沙江黄金河谷烤烟大田生长期降水量 683mm，津巴布韦为 642mm，丽江金沙江黄金河谷烟区降水量近 60%处于旺长至烟叶成熟阶段，与烤烟大田生育期需水要求吻合度高，提高了水分利用率，这与津巴布韦烟区相似。

4. 光照时数充足

丽江金沙江黄金河谷和津巴布韦分别位于南北回归线附近高原，日照时间长，太阳辐射量大，热量资源丰富。丽江金沙江黄金河谷烤烟大田生长期日照时数为 1 240.6h，津巴布韦为 1 410.0h，大田期日照充足，光照条件良好，日照分布均匀，有利于烟株碳代谢的进行和生物量的积累，有利于合成酯类化合物，形成较多的显香物质，提高烟叶的香气浓度。

5. 太阳辐射强

丽江金沙江黄金河谷太阳总辐射量 147.9kcal/cm^2，而津巴布韦为 165kcal/cm^2，太阳总辐射量接近津巴布韦。

三、烟叶质量风格特点

丽江烟叶风格特色为“清甜香润、香气细腻、甜感突出”，具体质量分析如表 1-25 所示。

表 1-25 丽江市各县区烟叶质量（C2F）

地点	烟叶物理性状			烟叶化学成分				烟叶内在质量			
	颜色	色度	油分	总糖（%）	还原糖（%）	总植物碱（%）	总氮（%）	糖碱比	香气质	香气量	杂气
丽江市	11.8	8.1	10.3	35.6	27.4	2.7	1.89	12.18	5.3	5.2	4.8
玉龙县	11.9	8.5	9.6	34.3	25.7	2.9	1.89	10.79	5.4	5.6	4.8
永胜县	15.0	14.9	14.9	35.9	27.5	2.8	1.91	11.93	5.2	5.3	5
宁蒗县	16.1	9.1	11.3	34.1	28.7	2.4	1.90	14.2	5.1	4.9	4.5
华坪县	9.2	6.3	9.1	35.5	25.6	3.5	1.87	8.57	5.3	5.1	4.9
古城区	8.9	6.1	6.3	35.8	25.7	2.9	1.88	10.79	5.3	5.6	4.8

（一）外观质量

以金黄色为主，成熟度好，身分中等、稍偏薄，结构疏松，烟叶柔软、弹性好，色度强，油分多。

（二）物理特性

烟叶厚度 0.1mm（平均值，下同），单叶重 11.8g（其中，下部叶 8.5g，中部叶 12.3g，上部叶 14.6g），叶面密度 90.22g/m^2，含梗率 30.37%，平衡含水率 12.54%，填充值 4.53cm^3/g。相关特性均在较为理想范围。

（三）化学成分

钾、总糖含量高，分别为 2.39% 和 35.62%，高于云南省的平均值（1.9% 和 30.29%）；烟碱和氮含量适中，分别为 2.26% 和 1.89%，低于云南省的平均值（2.38% 和 1.98%），化学成分整体协调性较好。

（四）评吸特点

香气细腻、甜感突出。在测定的 75 种致香物质中，茄酮、西柏三烯二醇等与甜感密切相关物质含量较高。其中，茄酮占酮类化合物的 33.88%；西柏三烯二醇占醇类化合物的 56.11%；苯甲醇和苯乙醇占醇类化合物的 15.71%；糠醛占醛类化合物的 53.88%；亚麻酸甲酯占脂类化合物的 67.57%。

（五）对品牌的支撑作用

在“苏烟”品牌配方中占据着主导卷烟风格特征的核心原料地位，赋予了“芙蓉王”卷烟主导香气，强化了“中华”卷烟风格特征、增加了香气丰富性，为“黄金叶”提供了烟气骨架和特征烟香，在“黄山”品牌中起到了增加吃味、丰富香气和提高烟气浓度的作用。

四、原料烟叶调拨情况

（一）丽江烟叶调供的省外企业

江苏中烟、河南中烟、湖南中烟、上海烟草集团、安徽中烟，共计调拨烟叶 47.8 万担。其中，江苏中烟 19.8 万担，全部在玉龙调拨，调拨烟站为石鼓、金庄、巨甸、塔城、石头烟站；河南中烟9.1万担，主要在华坪县和宁蒗县调拨；湖南中烟9万担，主要在永胜县永北、顺州烟站调拨；上海烟草集团5.2万担，主要在永胜县片角、期纳、仁和、金官烟站调拨；安徽中烟4.7万担，主要在古城区调拨。

（二）丽江烟叶调供的省内企业

云南省烟叶公司、云南省烟叶进出口公司，共计调拨烟叶12.2万担。其中，云南省烟叶公司7.7万担，调拨烟站为玉龙县龙蟠、九河烟站和宁蒗县翠玉、红旗烟站；云南省烟叶进出口公司4.5万担，在全市四县一区调拨。

五、工业基地单元建设情况

（一）国家局现代烟草农业基地单元建设

全市建设国家局基地单元9个，基地烟生产量43.2万担，占全市生产收购计划的72%，占可调配收购计划资源（除去出口备货4.5万担和省烟叶公司7.7万担）的90.4%。具体如下。

1. 江苏中烟

建设基地单元4个，分别为玉龙的石鼓、黎明、巨甸、塔城基地单元，基地烟叶生产量20.2万担（其中石鼓5万担、金庄5.2万担、巨甸6万担、塔城4万担），调拨烟叶100%实现基地化生产。

2. 湖南中烟

建设基地单元2个，分别为永胜永北、顺州基地单元，基地烟叶生产量9万担（其中永北5万担，顺州4万担），调拨烟叶100%实现基地化生产。

3. 河南中烟

建设基地单元1个，为华坪新庄基地单元，基地烟叶生产量5万担，占河南中烟调拨计划的55%。

4. 上海烟草集团

建设基地单元1个，为永胜期纳基地单元，基地烟叶生产量4万担，占上海烟草调拨计划的76.9%。

5. 安徽中烟

建设基地单元1个，为古城金山基地单元，基地烟叶生产量5万担，调拨烟叶100%实现基地化生产。

（二）特色烟叶基地单元情况

在9个国家局现代烟草农业基地单元中，有特色优质烟叶基地单元4个，分别为石鼓（5万担）、黎明（5.2万担）、新庄（5万担）、金山（5万担）基地单元。共计生产烟叶20.2万担，占全市烟叶生产收购计划的33.7%。

六、基层烟站分布情况

全市共有24个烟站，具体为：玉龙县8个，为塔城、巨甸、金庄、石鼓、石头、九河、龙蟠、大具；永胜县7个，为永北、金官、顺州、板桥、期纳、片角、仁和；宁蒗县4个，为红旗、金棉、翠玉、西布河；华坪县3个，为新庄、龙洞、文乐；古城区2个，为金山、大东。

七、烟草助农增收情况

丽江烟叶收购计划量最高的年份为2012年，当年收购烟叶76.98万担，实现烟农交烟收入8.86亿元。2013年以来，随着烟叶生产宏观政策调整，丽江烟叶生产规模逐年压缩，到2018年，全市计划收购烟叶60万担，与2012年相比减少了近17万担(16.98万担)。

为切实解决种植面积减少与烟农增收的矛盾，我们认真贯彻落实国家局和省局（公司）促农增收工作安排部署，在抓好烤烟主业促增收、多元经营促增收和产业精准扶贫等方面精准发力，确保了烟区人心稳定、烟农收入稳定。近年来，尽管烟叶收购计划总体调减，但全市烟农交烟收入整体稳定在8.5亿元左右（2013年8.6亿元，2014年8.2亿元，2015年8.8亿元，2016年8.4亿元，2017年8.4亿元，2018年8.5亿元)。

紧紧围绕提高亩均、户均和担烟3个收益水平，突出科技种烟支撑能力，通过布局优化调整、规模连片种植、技术引进推广、科技措施落实、机械化水平提高等途径，不断提高单位土地利用率和产出率，努力降低种烟难度，提升有限计划资源含金量，增加种烟纯收入。

1. 提高户均种植规模

围绕“引导烤烟种植向烟叶质量优、市场需求大的区域转移”的思路和发展适度规模种植的要求，按照“优化区域、优化田块、优化农户”三优化的原则，加大在规模连片种植、户均种植规模提高等方面的工作力度，将烟叶种植布局在自然条件好、生态环境优、土地资源丰富、烟叶质量好、有水源保障、生产水平高和发展潜力大的区域，提高连片规模种植水平，引导规模偏下、效益偏低的农户主动放弃种烟，促进烤烟生产向适度规模化、种植集约化、服务专业化方向发展，夯实烤烟生产科技增效和专业化服务减工降本基础，切实发挥烤烟种植规模效益，提高户均种植收益水平。目前，全市户均种植规模在全省排名前列。

2. 严格落实种植面积

切实把种植面积落实作为烟叶生产提质增效的重点环节和重要关口抓紧抓实，加强宣传教育，给烟农讲清当前烟叶生产收购形势和政策，算清收入账，引导督促烟农严格按合同约定面积进行移栽。加强过程管理，严把合同签订、面积落实、烟苗调运、物资供应等关键节点，做到种植和计划相吻合。加强移栽面积核实，移栽后及时组织人员深入田间地头，清塘点棵，核实栽烟田块、移栽面积和株数，做到了计划落实到位，生产平稳可控。

3. 强化技术措施落实

充分发挥科技对增收的促进作用，牢固树立烤烟“一生管理”理念，把提升烟叶生产质量水平作为转型升级、烟农增收的战略举措，以全面实施标准化生产、落实技术措施到位率为抓手，加大壮苗培育、抢抓节令规范移栽、大田中耕管理、封顶留叶、成熟采烤等方面的培训指导和督促检查力度，促进技术落实，提高技术到位率。2018 年，全市施用有机肥 22.22 万亩，实施冬翻深耕 6.67 万亩，开展绿肥种植 2.27 万亩，秸秆还田 4 万亩，蚜茧蜂防治 22.2 万亩，安排烟田农药包装废弃物回收 4 万亩，生物质能源、电能烘烤 325 座，绿色化生产水平不断提升。结合烤烟移栽后阶段性干旱、保苗费时费工的实际，推广节水滴灌技术 2.46 万亩，占移栽面积的 11.1%；开展小苗膜下移栽 13.1 万亩，占移栽面积的 59%，有力助推了干旱缺水区域按节令移栽，节约了栽后抗旱保苗用工，促进了烟株正常生长发育。

4. 狠抓烘烤减损降本

切实抓好组织管理、人才队伍、技术培训、工序流程等各项工作。以烘烤工场、密集烤房群为依托，创造条件，积极推动业主承包烤房商品化烘烤、专业队协议有偿代烤、烟农互助烘烤等模式，大力推进专业化、商品化烘烤服务，确保烤烟提质增效。

5. 加大种植主体培育

培育 10 亩以上的职业烟农为种植主体，逐步优化 5 亩以下的种烟农户，不断提升户均种烟的规模效应，提升户均种烟收益。目前，全市已完成 5 110 户10 亩以上的职业烟农培育认证工作。通过职业烟农培育工作的扎实开展，让烟农懂得了种好烟不但要学科学、用科学，更要懂政策、会经营，利用当前良好的生产政策，抓住机遇，顺势而谋，大力发展现代烟草农业，走专业分工合作之路，适度规模经营，从而实现轻松种烟；懂得了职业烟农是现代烟草农业的重要组成，是实现烟叶生产优质、适产、高效的主力，是新型烟农、体面烟农的必然要求。开启了用现代物资装备烟草农业、用现代科技发展烟叶生产、用现代方式管理烟草农业、用现代烟草队伍发展烤烟生产，走规模化种植、集约化生产、机械化操作、专业化分工道路的新篇章，开启了做新型烟农、体面烟农之路，烟农素质和思想认识得到全面提高。同时，通过职业烟农培育工作的实施，烟农科学种烟意识不断提升，烟叶生产技术落实率进一步提高，有效夯实了烤烟提质增效的烟农队伍基础。

6. 加大专业化服务和机械化作业

以烟农合作社为载体，按照“种植在户、服务在社”模式，依托育苗和烘烤两个工场及农机具设备，在育苗、机耕、植保、烘烤、分级、运输 6 个环节为农户开展专业化服务。目前建设了 13 个综合服务型烟农合作社和 1 个农机合作社，全市入社烟农 1.46 万户，占烟农总户数的 71.3%，形成了“种植在户、服务在社、机械作业、专业服务”的现代农业生产方式。2018 年，全市机耕、机械起垄比例分别为 84.1% 和 67.8%，并积极探索机械移栽、施肥、覆膜、中耕等环节的机械化作业。

第三节　丽江烟草“十二五”发展成果

“十二五”期间，丽江烟叶以现代烟草农业建设为统领，紧紧围绕“原料保障上水平”战略任务和烟叶产业持续稳定健康发展目标，明确差异化发展战略和特色化、精品化发展道路，立足行业严控生产规模的新形势，转变以量取胜的观念，主攻质量和特色，以“生态为本、特色至上”的烟叶工作基本方针，坚持“树立生态意识、强化生态措施、注重生态品质”工作思路，加速传统烟叶生产向现代烟草农业转变，提高生产管理水平，实现“原料供应基地化、烟叶品质特色化、生产方式现代化”，服务保障苏烟、芙蓉王、黄金叶、中华、熊猫、黄山等高端骨干卷烟品牌原料需求，增强丽江烟叶融入卷烟企业高端骨干品牌的保障力、影响力和稳定性，实现丽江烟叶与高端骨干卷烟品牌共同成长，协调发展。

一、烟叶生产保持稳定发展

“十二五”期间，全市烟草公司系统认真贯彻“严格控制、适度从紧”的工作方针，突出保稳定、强基础、提质量、增特色的工作重点，针对全市烟区烟叶生产“控”“稳”并存的压力，以全面完成种植收购计划为目标，在稳控规模上对症下药，通过优化种植布局、强化政策宣传、加大技术培训、严把关键环节、严肃工作纪律等措施落实，累计种植烤烟 128.72 万亩，收购烟叶 335.80 万担，实现烟农交烟收入 40.10 亿元，实现烟叶税 8.82 亿元，烟叶生产保持了持续稳定健康发展，为烟区经济社会发展、烟农增收作出了重要贡献。具体统计数据如表 1-26 所示。

表 1-26 丽江烟叶“十二五”期间种植收购情况统计

年份	县（区）	种植面积（万亩）	收购量（万担）	烟农收入（亿元）	实现税收（亿元）
2011	合计	23.90	62.00	5.72	1.26
	玉龙县	13.10	36.50	3.35	0.74
	永胜县	6.70	15.45	1.39	0.31
	宁蒗县	2.40	5.80	0.55	0.12
	华坪县	1.70	4.25	0.41	0.09
	古城区	—	—	—	—
2012	合计	27.99	76.98	8.86	1.95
	玉龙县	12.82	34.32	3.95	0.87
	永胜县	6.94	19.07	2.22	0.49
	宁蒗县	2.50	6.92	0.80	0.18
	华坪县	2.00	5.91	0.68	0.15
	古城区	2.00	6.08	0.71	0.16
	迪庆州	1.72	4.68	0.50	0.11
2013	合计	27.92	69.49	8.61	1.90
	玉龙县	10.96	29.30	3.66	0.81
	永胜县	7.42	17.96	2.22	0.49
	宁蒗县	2.90	6.49	0.81	0.18
	华坪县	2.60	5.97	0.74	0.16
	古城区	2.60	5.97	0.74	0.16
	迪庆州	1.43	3.81	0.45	0.10

（续表）

年份	县（区）	种植面积（万亩）	收购量（万担）	烟农收入（亿元）	实现税收（亿元）
2014	合计	25.70	63.62	8.21	1.81
	玉龙县	10.10	26.55	3.38	0.74
	永胜县	7.10	17.38	2.27	0.50
	宁蒗县	2.70	6.19	0.82	0.18
	华坪县	2.30	5.50	0.73	0.16
	古城区	2.10	4.91	0.62	0.14
	迪庆州	1.40	3.10	0.38	0.08
2015	合计	23.22	63.71	8.70	1.91
	玉龙县	9.26	26.55	3.63	0.80
	永胜县	7.05	17.68	2.41	0.53
	宁蒗县	2.33	6.39	0.87	0.19
	华坪县	2.03	5.59	0.76	0.17
	古城区	1.55	4.50	0.61	0.14
	迪庆州	1.00	3.00	0.41	0.09

2011 年，丽江烟叶种植规模为 23.9 万亩，种植范围涉及四县一区 49 个乡（镇）、221 个村委会、1 334 个村民小组、30 077 户烟农，收购烟叶 62 万担，实现烟农交烟收入 5.72 亿元，户均收入 19 007.4 元，实现烟叶税 1.26 亿元。

2012 年，丽江烟叶种植规模为 27.99 万亩，种植范围涉及七县一区 56 个乡（镇）、262 个村委会、1 586 个村民小组、33 190 户烟农，收购烟叶 76.98 万担，实现烟农交烟收入 8.86 亿元，户均收入 26 680.3 元，实现烟叶税 1.95 亿元。

2013 年，丽江烟叶种植规模为 27.92 万亩，种植范围涉及七县一区 60 个乡（镇）、267 个村委会、1 512 个村民小组、35 357 户烟农，收购烟叶 69.49 万担，实现烟农交烟收入 8.61 亿元，户均收入 24 365.4 元，实现烟叶税 1.9 亿元。

2014 年，丽江烟叶种植规模为 25.7 万亩，种植范围涉及六县一区 51 个乡（镇）、239 个村委会、1 545 个村民小组、32 023 户烟农，收购烟叶 63.62 万担，实现烟农交烟收入 8.21 亿元，户均收入 25 647.4 元，实现烟叶税 1.81 亿元。

2015 年，丽江烟叶种植规模为 23.22 万亩，种植范围涉及五县一区 50 个乡（镇）、217 个村委会、1 498 个村民小组、29 227 户烟农，计划收购烟叶 63.71 万担，实现烟农交烟收入 8.60 亿元，户均收入 29 425 元，实现烟叶税 1.91 亿元。

二、烟叶质量得到持续提升

“以质量求生存、以特色谋发展”始终是丽江烟叶产业发展永恒不变的主题。“十二五”期间，全市不断深化以质量谋发展的认识，增强危机感和责任感，牢固质量意识，以持续维护和提升丽江烟叶品牌质量形象为己任，把提升烟叶质量效益贯穿于烟叶生产经营全过程，树立生态意识、强化生态措施、注重生态品质，建设出别具一格、独具特色的生态烟叶产业，立足丽江生态自然环境资源，打造富有丽江特色的生态烟叶品牌。

（一）系统定位丽江烟叶风格特色

丽江特色优质烟叶是指以丽江植烟区域独特、优越的生态环境为基础，通过区域特色优质烟叶彰显技术，充分发挥种植品种特性，除具有云南烟叶“清甜香润”风格特征外，更具有“香气细腻、甜感突出”的自身特点，并对稳定和凸显“苏烟”“芙蓉王”等高端骨干卷烟品牌风格起重要作用的特色烟叶。

外观质量：以金黄色为主，成熟度好，身分中等、稍偏薄，结构疏松，烟叶柔软、弹性好，色度强，油分多。

物理特性：烟叶厚度 0.1mm（平均值，下同），单叶重 11.81g，叶面密度 90.22g/m^2，含梗率 30.37%，平均含水率 12.54%，填充值 4.53cm^3/g。相关特性均在较为理想范围。

化学成分：钾、总糖含量高，分别为 2.39%和 35.62%，分别高于云南省的平均值（1.9%和 30.29%）；烟碱和氮含量适中，分别为 2.26%和 1.89%，分别低于云南省的平均值（2.38%和 1.98%），化学成分整体协调性较好。

评吸特点：香气细腻、甜感突出。在测定的 75 种致香物质中，茄酮、西柏三烯二醇等与甜感密切相关物质含量较高。其中茄酮占酮类化合物的 33.88%；西柏三烯二醇占醇类化合物的 56.11%；苯甲醇和苯乙醇占醇类化合物的 15.71%；糠醛占醛类化合物的 53.88%；亚麻酸甲酯占脂类化合物的 67.57%。

（二）不断提高烟叶生产整体水平

持续维护原生态烟区环境。综合应用农业保健栽培措施和生物防治技术，以烟田轮作为基础，以绿肥翻压和深耕晒垡为抓手，以农家肥施用和秸秆还田为重点，狠抓蚜茧蜂生物防治和物理防治技术落实，减少化学肥料和化学农药使用，持续保护和利用烟区土壤生态环境。“十二五”期间，累计实施绿肥翻压 25.6 万亩、深耕晒垡 115.8 万亩，农家肥施用 54.7 万吨，秸秆还田 81.8 万亩，放置黄蓝板 1.5 万张、性诱器 0.5 万套、太阳能杀虫灯 0.3 万盏，蚜茧蜂散放 105.5 万亩。建立基本烟田保护区，完善相应制度，实现丽江特色优质烟叶品牌的可持续发展。

通过突出精益管理，把服务烟农功夫下在生产环节，提高整体生产水平；突出服务烟农，“十二五”期间累计投入产前补贴资金 5.72 亿元扶持生产，组建专业化服务队伍 126 支、完善专业化服务体系，开展自然灾害商业保险补偿烟农受灾损失，切实解决烟农种烟成本高、劳力投入大等问题，消除烟农种烟的后顾之忧，维护烟农种烟的积极性。同时，全面实施专业化分级散叶收购，加大质量监督检查工作频率和力度，全市烟叶收购质量稳步提升，呈现“烟叶收购质量明显提高、等级纯度明显提高、青杂比例明显降低”的“两提高、一降低”特点，切实做到了“总量服从规范、进度服从纯度、结构服从质量”，确保了烟叶收购均衡、平稳、标准，得到了工业企业的一致好评。

突出科技支撑，系统形成了“1+3”的丽江特色优质烟叶的生产技术体系，发布了《丽江烤烟综合标准》，发表科技论文 53 篇，申请专利 2 项、计算机软件著作权保护 2 项，获云南省人民政府科技进步二等奖 1 项，云南省烟草公司科技进步二等奖 2 项，丽江市人民政府科学技术进步二等奖 3 项、三等奖 2 项，华坪县人民政府科学技术三等奖 1 项，2012 年 2 月成功注册了“丽江烟叶”地理商标，明确了以丽江金沙江黄金河谷津巴布韦特色优质烟叶的开发，进一步提升了丽江烟叶的品牌效应。

（三）巩固提升烟叶生产队伍水平

全系统直接从事烟叶生产服务的有 145 人，其中拥有高级专业技术职称人数 1 人，占 0.7%；中级专业技术职称人数 41 人，占 28.3%；初级专业技术职称 103 人，占 71%。人员年龄 30 岁以下的有 31 人，占 21.4%；年龄在 30~45 岁的有 81 人，占 55.9%；年龄在 45~55 岁的有 33 人，占 22.8%。拥有研究生学历 10 人，占 6.9%；大学学历 65 人，占 44.8%；大专学历 61 人，占 42.1%；中专学历 9 人，占 6.2%。通过实行专业技术职务和职业技能等级聘用制，打开了专业技术和职业技能人才的发展通道，实现人才与岗位的最佳配置，充分调动科技队伍干事创业的积极性、主动性、创造性，发挥其效能。培养了一批具有较强创新能力的学科带头人和科技骨干，培育了一批懂技术、懂烟叶生产的科技推广人员，为推动烟叶科技进步与创新提供了较好的人才保障。

三、烟区基础建设成效显著

（一）整体概况

通过多年的烟区基础设施建设，极大地提高了丽江市烟叶发展水平，提升了烟区综合产出能力和抵御自然灾害能力，为农业持续增效、农民持续增收、现代农业持续发展夯实基础。“十二五”期间，全市累计建设烟叶生产基础设施项目 30 839 件，烟草行业补贴资金 73 785.72 万元，受益基本烟田 22.84 万亩。烟草援建宁蒗县傈僳湾水库、古城区金足水库、永胜县水地坪水库、华坪县鱼鼻钗水库、玉龙县岩洛水库和江湾水库等 6 件水源工程项目，援建资金 4.32 亿元。

（二）建设项目

2011 年建设烟叶生产基础设施项目 6 406 件，烟草行业补贴资金 20 709.7 万元。其中，烟水配套项目 578 件；机耕路 93 条；烟叶调制设施 5 383 件；烟草农业机械 305 台套；育苗大棚 46 个；土地整理项目 1 件。

2012 年建设烟叶生产基础设施项目 6 360 件，烟草行业补贴资金 19 989.42 万元。其中，烟水配套项目 658 件；机耕路 17 条；烟叶调制设施 3 605 件；烟草农业机械 2 022 台（套）；育苗大棚 56 个；土地整理项目 2 件。

2013 年建设烟叶生产基础设施项目 7 482 件，烟草行业补贴资金 14 756.87 万元。其中，烟水配套项目 3 111 件；机耕路 62 条；烟叶调制设施 3 908 件；烟草农业机械 390 台（套）；育苗大棚 10 个；土地整理项目 1 件。

2014 年建设烟叶生产基础设施项目 5 793 件，烟草行业补贴 11 716.76 万元。其中，烟水配套工程 3 224 件；机耕路 3 条；烟叶调制设施 1 400 件；烟草农用机械建设 1 119 台（套）；育苗大棚 45 座（群）；土地整理项目 2 件。

2015 年建设烟叶生产基础设施项目 4 827 件，烟草行业补贴资金 7 842.73 万元。其中，烟水配套项目 2 638 件；烟叶调制设施 1 800 件；烟草农业机械 385 台（套）；

育苗设施4件。

（三）取得成效

通过持续提升烟区基础设施综合配套建设水平，各项管理进一步规范，综合效益进一步显现。一是极大地改善了烟区种植烟叶的生产条件，为烤烟最佳节令移栽和正常生长提供了水源保障，奠定了烟叶优质适产的基础，为农民增收起到了积极的促进作用。二是解决了部分烟区干旱缺水的问题，增强了烟叶和粮食作物生产抵抗自然灾害的能力。三是提高了农业综合生产能力，在烤烟轮作制度中，为其他作物种植改善了条件，大大减轻了这部分烟区农民的劳动强度，促进了农业生产降本增效，带动了现代农业进程。四是有效解决了部分干旱缺水严重的山区和半山区的人畜饮用水问题，改善了项目区农民的生产和生活条件。五是基本烟田水利设施及相关的配套建设，大大改善了农村的生活水平和生产环境，成为了新农村建设的亮点。基本烟田基础设施建设工程，被广大农民称为“惠民工程”“德政工程”，给农民带来了实实在在的效益。

四、烟叶市场需求态势良好

“十二五”期间，丽江烟叶坚持计划资源、品牌战略、原料保障、基地建设的有机统一，通过优化产销关系，进一步稳定了“省外购销为主，省内购销为辅”的销售格局，深入了解工业企业品牌发展、原料需求等信息，建立品牌需求及原料生产两个数据库，实现品牌发展与原料供应的有效对接。按照“生态特色、深度协同”的要求，积极与高端骨干卷烟品牌加强烟叶资源合作，逐步提高基地规模与客户集中度，与江苏中烟、湖南中烟、河南中烟、上海烟草集团、安徽中烟等省外知名卷烟工业企业建立了稳定良好的战略合作关系。截至2015年，全市累计建设国家局基地单元9个（分别为江苏中烟玉龙县金庄、黎明、巨甸、塔城基地单元，湖南中烟永胜永北、顺州基地单元，河南中烟华坪新庄基地单元，上海烟草永胜期纳基地单元，安徽中烟古城金山基地单元），生产烟叶43.2万担，占全市烟叶生产收购计划的67.8%，占可调配收购计划资源（除去出口备货4.9万担和省烟叶公司4.41万担）的79.4%。在9个烟叶基地单元中，有特色优质烟叶基地单元4个（分别为石鼓、黎明、新庄、金山基地单元），生产烟叶20万担，占全市烟叶生产收购计划的31.4%。丽江烟叶已成为“苏烟”“芙蓉王”两大高端骨干卷烟品牌的重要原料支撑，高端骨干卷烟产品对丽江烟叶的需求不断增加，市场需求整体较好，烟叶生产呈现出稳定持续健康发展的良好态势。

第四节　丽江烟草“十三五”发展规划

一、指导思想

以邓小平理论、“三个代表”重要思想、科学发展观为指导，深入贯彻落实党的十八大、十八届三中全会和四中全会精神，全面贯彻落实丽江市委、市政府和云南省局

（公司）的有关部署要求，始终坚持用科学理念谋划发展，在认真总结、客观分析、结合实际的基础上，实事求是、与时俱进，立足长远、统筹规划，紧紧围绕稳中求进、做优做强目标，明确发展方向，突出发展重点，把握关键环节，落实政策措施，切实使发展规划引导丽江烟叶加快转变发展方式，巩固特色优质烟叶优势地位，不断加强基础设施建设、管理创新和科技进步，不断提高烟叶基础队伍和烟农队伍建设水平，不断增强丽江烟叶的综合生产能力和有效供给水平，切实推进烟区社会主义新农村建设，巩固提升丽江烟叶在高端骨干卷烟品牌中的原料供应水平，实现丽江烟叶与高端骨干卷烟品牌共同成长、协调发展。

二、规划原则

一是坚持稳定发展的原则。坚持市场引领，以市场为取向推动烟叶资源配置方式改革，立足丽江实际，统筹协调、优化布局、建立稳定的烟叶生产基地，培养稳定的基本烟农队伍，实现丽江烟叶的平稳发展。

二是坚持夯实基础的原则。以基本烟田为中心，统筹规划，分步实施，不断完善烟区基础设施，重点配套烤房、烟水、机耕道和农机具，注重生态环境保护，提升现代烟草农业建设水平。

三是坚持突出特色的原则。立足丽江特有资源优势，坚持自主创新，不断进行先进、实用技术的研究、集成组装和示范推广，积极创新生产组织形式，积极推进标准化生产和精益管理水平，努力提升综合生产水平，不断彰显丽江烟叶风格特色。

三、发展目标

紧紧围绕“严格规范促管理，勇于竞争求发展，强化质量创品牌，提升素质比贡献”工作思路，在严格执行国家局、省局（公司）宏观调控政策的前提下，以设施配套为基础，以市场需求为导向，以提高烟叶质量为核心，以规范生产经营管理为重点，加强组织管理，深化改革创新，牢牢把握优化产区布局调整的有利时机，通过科学规划，积极增加投入，加快烟区基本烟田建设，改善基础条件，创新烟叶生产组织方式，努力推进现代烟草农业建设，积极推动技术进步，稳步提高烟叶质量，不断提升生产水平，努力实现丽江市烤烟生产的可持续发展。

到“十三五”末建成优质基本烟田 55. 18 万亩，年度种植烤烟 27. 59 万亩，收购烟叶 80 万担。具体为：2016 年，全市规划基本烟田 43. 94 万亩，年度种植烟叶 21. 97 万亩，收购烟叶 63. 71 万担；2017 年，全市规划基本烟田 44. 82 万亩，年度种植烟叶 22. 41 万亩，收购烟叶 65 万担；2018 年，全市规划基本烟田 48. 28 万亩，年度种植烟叶 24. 14 万亩，收购烟叶 70 万担；2019 年，全市规划基本烟田 51. 72 万亩，年度种植烟叶 25. 86 万亩，收购烟叶 75 万担；2020 年，全市规划基本烟田 55. 18 万亩，年度种植烟叶 27. 59 万亩，收购烟叶 80 万担。

加强烟田基础设施建设，切实夯实烟田物质装备条件，“十三五”期间完成 19 270 件烟田基础设施建设项目，受益基本烟田 14. 72 万亩；完成大型水源援建工程项目7件，受益基本农田7.34万亩，烟区生产、生活水平不断提高，烟区抵御自然灾害的风险能力有效加强。

加强品牌导向型基地单元建设，不断深化工商研三方合作，充分发挥工业主导、商业主体、科研主力的合力作用。在提升完善现有9个国家局烟叶基地单元（含4个特色烟基地单元）的基础上，到2020年，全市建设10个品牌导向型基地单元（含5个特色烟基地单元），具体为：江苏中烟石鼓、黎明、巨甸、塔城基地单元（其中石鼓和黎明为特色烟基地单元）；湖南中烟永北、顺州基地单元（其中永北为特色烟基地单元）；河南中烟新庄、西布河基地单元（其中新庄为特色烟基地单元）；上海烟草集团期纳基地单元；安徽中烟金山基地单元（特色烟基地单元）。

狠抓烟叶关键实用技术落实和先进实用技术推广，不断提高烟叶生产收购管理水平，烟叶部位结构更加合理，烟叶等级质量稳步提升，烟叶可用性全面加强，推动烟叶生产提质增效。到2020年，全市形成“1~2个当家品种，2~3个搭配品种，3~4个后备品种”的品种格局；加强实用技术推广力度，膜下小苗移栽技术覆盖率占70%以上；滴灌、分根交替灌溉、调亏灌溉等节水技术覆盖率占50%以上；实施秸秆还田、绿肥翻压、客土改良等植烟土壤改良5万亩以上；优化密集烘烤工艺，积极推进“1+N”烘烤模式，做到集群烤房采烤分收一体化技术覆盖率达50%以上；完善病虫害预测预报系统，构建绿色植保防控技术体系，实现蚜茧蜂生防技术100%全覆盖，烟草有害生物生态防控技术推广50%以上，化学农药施用量明显降低，烟叶农残控制在标准范围内。

以提高农机性能、实现农机农艺融合为方向，加强烟用农机的配套，“十三五”期间规划配置烟农农机1 620台（套），力争在起垄覆膜、大田移栽、烟叶采收、拔秆等环节取得突破，实现2020年烟叶生产重点环节综合机械化率达到60%以上。

以提高烟农综合素质和种烟技能为核心，积极引导烟农走职业化发展道路，通过基本烟田的长期、稳定流转，提高户均种植规模，增强烟农对烟叶生产的依赖度，稳定和优化基本烟农队伍。从2016年开始，每年组织培育鉴定职业烟农1 000户左右，力争到2020年，重点培养10亩以上、连续多年种植、有文化、懂经营、善管理、讲诚信的职业烟农5 000户以上。

坚持以品牌原料需求为导向，以降本提质增效为目标，以提高烟叶资源有效利用为核心，积极推进烟叶流通环节改革创新。到2020年，实现基地单元烟叶厂站交接、原收原调100%全覆盖。

四、规划内容

（一）基本烟田及种植布局规划

1. 基本烟田规划原则

“十二五”期间，全市借助GIS手段，并组织人员深入实地开展丽江市宜烟面积调绘调查工作，完成了119万亩基本烟田规划（含迪庆区域14万亩）。截至2015年，受产业结构调整、种植结构调整、劳动力转移等因素影响，原先规划的119万亩基本烟田中非烟化面积约有12万亩。“十三五”期间，在原有规划的基础上，围绕现代烟草农业建设和优质烟叶生产要求，结合年度烟叶生产收购计划目标任务，坚持“好中选好、优中选优”的原则，进一步优化产业布局，把烟叶发展调整到基础条件好、资源有优势、增产有潜力、发展有后劲，能够实现规模化集中连片种植的烟区，按照“生态适宜，基础条件较好，竞争作物较少，劳动力充足，农民种烟积极性高，种烟比较效益较高，具备轮作条件，城镇郊区和部分经济发达的坝区不宜纳入植烟土地规划范围”的规划思路，本着现有烟区基本不变，现有烟农基本稳定，充分尊重烟农意愿，充分尊重客观实际，立足当前、兼顾长远的原则，以乡镇、村委为单位进行规划。

2. 烟区基本烟田规划概况

根据各县（区）产业结构调整和烟叶生产发展变化的实际情况调整基本烟田布局，全市至2020年共规划优质基本烟田3 767片、55.18万亩，当年种植面积27.59万亩（不含烟叶订单生产增加面积，各县区相同），比2015年增加种植片数644片，增加种植面积4.37万亩。其中，涉及216个村委会。玉龙县至2020年共规划优质基本烟田996片、18.66万亩，当年种植面积9.33万亩，比2015年增加种植片数12片，增加种植面积0.07万亩。永胜县至2020年共规划优质基本烟田950片、16.84万亩，当年种植面积8.42万亩，比2015年增加种植片数101片，增加种植面积1.37万亩。宁蒗县至2020年共规划优质基本烟田440片、5.84万亩，当年种植面积2.92万亩，比2015年增加种植片数33片，增加种植面积0.59万亩。华坪县至2020年共规划优质基本烟田750片、5.06万亩，当年种植面积2.53万亩，比2015年增加种植片数100片，增加种植面积0.50万亩。古城区至2020年共规划优质基本烟田310片、4.12万亩，当年种植面积2.06万亩，比2015年增加种植片数164片，增加种植面积0.51万亩。迪庆州至2020年共规划优质基本烟田321片、4.66万亩，当年种植面积2.33万亩，比2015年增加种植片数234片，增加种植面积1.33万亩（表1-27）。

表1-27　丽江市烟叶发展片区规划

县区	2015年		2020年			2020年较2015年增减	
	种植面积（万亩）	种植片数（个）	规划面积（万亩）	种植面积（万亩）	种植片数（个）	种植面积（万亩）	种植片数（个）
合计	23.22	3 123	55.18	27.59	3 767	4.37	644
玉龙县	9.26	984	18.66	9.33	996	0.07	12
永胜县	7.05	849	16.84	8.42	950	1.37	101
宁蒗县	2.33	407	5.84	2.92	440	0.59	33
华坪县	2.03	650	5.06	2.53	750	0.50	100
古城区	1.55	146	4.12	2.06	310	0.51	164
迪庆州	1.00	87	4.66	2.33	321	1.33	234

3. 分年度种植布局规划

根据GIS调绘结果显示，丽江市内海拔1 300~2 300m，坡度<15°，坡向（方位）45°~300°的宜烟面积约129.5万亩，迪庆区域与丽江毗邻的迪庆州两江流域北纬28°10′以南宜烟面积约30万亩。围绕到“十三五”末规划建成优质基本烟田55.18万亩，年

度种植烤烟 27.59 万亩，收购烟叶 80 万担的目标任务，以 2015 年烟叶种植情况为基数，制定“十三五”期间年度规划目标，具体如下。

2016 年，全市规划基本烟田 43.94 万亩，年度计划种植烟叶 21.97 万亩，计划收购烟叶 63.71 万担，规划种植连片 3 099 片，规划种植区域为 7 县（区）、51 个乡镇、221 个村委会、1 548 个村小组、29 649 户烟农。

2017 年，全市规划基本烟田 44.82 万亩，年度计划种植烟叶 22.41 万亩，计划收购烟叶 65 万担，规划种植连片 3 202 片，规划种植区域为 7 县（区）、51 个乡镇、222 个村委会、1 523 个村小组、30 620 户烟农。

2018 年，全市规划基本烟田 48.28 万亩，年度计划种植烟叶 24.14 万亩，计划收购烟叶 70 万担，规划种植连片 3 349 片，规划种植区域为 8 县（区）、53 个乡镇、234 个村委会、1 575 个村小组、32 158 户烟农。

2019 年，全市规划基本烟田 51.72 万亩，年度计划种植烟叶 25.86 万亩，计划收购烟叶 75 万担，规划种植连片 3 494 片，规划种植区域为 8 县（区）、53 个乡镇、236 个村委会、1 610 个村小组、34 160 户烟农。

2020 年，全市规划基本烟田 55.18 万亩，年度计划种植烟叶 27.59 万亩，计划收购烟叶 80 万担，规划种植连片 3 767 片，规划种植区域为 8 县（区）、54 个乡镇、239 个村委会、1 620 个村小组、36 510 户烟农。

各县（区）分年度种植布局规划情况如表 1-28 所示。

表 1-28　丽江市烟叶发展五年（2016—2020 年）年度规划

年份	县区	种植收购计划规划			种植片数规划	种植范围规划					拟新增（缩减）乡镇名称
		规划面积（万亩）	种植面积（万亩）	收购量（万担）		县区（个）	乡镇（个）	村委会（个）	村小组（个）	农户（户）	
2016	合计	43.94	21.97	63.71	3 099	7	51	221	1 548	29 649	
	玉龙县	17.72	8.86	26.55	946	1	12	62	517	11 780	
	永胜县	12.40	6.20	17.68	850	1	14	65	329	7 500	
	宁蒗县	4.66	2.33	6.39	400	1	8	18	134	3 500	
	华坪县	4.06	2.03	5.59	670	1	7	32	285	3 059	
	古城区	3.10	1.55	4.50	152	1	6	27	155	2 500	
	迪庆州	2.00	1.00	3.00	81	2	4	17	128	1 310	
2017	合计	44.82	22.41	65.00	3 202	7	51	222	1 523	30 620	
	玉龙县	17.88	8.94	26.80	961	1	12	62	517	12 000	
	永胜县	12.54	6.27	17.90	865	1	14	65	329	7 700	
	宁蒗县	4.84	2.42	6.60	410	1	8	18	134	3 500	
	华坪县	4.20	2.10	5.80	690	1	7	33	260	3 100	
	古城区	3.24	1.62	4.70	180	1	6	27	155	3 000	
	迪庆州	2.12	1.06	3.20	96	2	4	17	128	1 320	

（续表）

年份	县区	种植收购计划规划			种植片数规划	种植范围规划					拟新增（缩减）乡镇名称
		规划面积（万亩）	种植面积（万亩）	收购量（万担）		县区（个）	乡镇（个）	村委会（个）	村小组（个）	农户（户）	
2018	合计	48.28	24.14	70.00	3 349	8	53	234	1 575	32 158	增维西县塔城镇、拖顶乡
	玉龙县	18.00	9.00	27.10	970	1	12	62	517	12 000	
	永胜县	14.00	7.00	19.90	865	1	14	65	329	7 700	
	宁蒗县	5.08	2.54	7.00	420	1	8	20	141	3 710	
	华坪县	4.60	2.30	6.30	703	1	7	35	296	3 248	
	古城区	3.60	1.80	5.20	210	1	6	27	158	3 200	
	迪庆州	3.00	1.50	4.50	181	3	6	25	134	2 300	
2019	合计	51.72	25.86	75.00	3 494	8	53	236	1 610	34 160	
	玉龙县	18.36	9.18	27.50	981	1	12	62	517	12 300	
	永胜县	15.40	7.70	21.90	910	1	14	65	338	8 600	
	宁蒗县	5.46	2.73	7.50	430	1	8	21	146	3 860	
	华坪县	4.80	2.40	6.70	727	1	7	35	315	3 400	
	古城区	3.84	1.92	5.60	254	1	6	28	160	3 500	
	迪庆州	3.86	1.93	5.80	192	3	6	25	134	2 500	
2020	合计	55.18	27.59	80.00	3 767	8	54	239	1 620	36 510	金山街道办事处
	玉龙县	18.66	9.33	28.00	996	1	12	62	517	12 500	
	永胜县	16.84	8.42	24.00	950	1	14	65	338	9 200	
	宁蒗县	5.84	2.92	8.00	440	1	8	22	151	4 010	
	华坪县	5.06	2.53	7.00	750	1	7	35	320	3 700	
	古城区	4.12	2.06	6.00	310	1	7	30	160	4 000	
	迪庆州	4.66	2.33	7.00	321	3	6	25	134	3 100	

4. 基本烟田保护

基本烟田是指按照市场对烟叶的需求量和国家下达的指令性收购计划，依据土地利用总体规划，安排 2 年或 2 年以上烟叶轮作种植面积的宜烟耕地。通过建立基本烟田保护制度，保持植烟土地面积总量的稳定，改善烟田生态环境。丽江市出台了《基本烟田保护制度》，以法规形式对基本烟田实行立法保护，科学划定基本烟田，建立电子化图册档案，适时掌握每一块土地的信息情况，制定基本烟田保护办法，落实基本烟田保护责任制，建立以烟为主的合理轮作种植制度，重点实施土壤改良、有机肥积造和水肥一体化建设，规划、引导、扶持烟农统一茬口作物和绿肥种植，实施秸秆还田和施用农家肥，进一步培肥地力，改善土壤条件。通过契约关系与地方村民委员会或烟农合作组织建立合作关系，通过土地的合理流转，形成具有一定规模的稳定种植区，最终将基本烟田建成保护制度健全、耕作制度合理、轮作制度落实、用养结合、集中连片、粮烟协调发展的高标准、高规格基本农田，全面提高宜烟耕地质量，改善烟叶生产条件和生态环境，增强烟叶生产可持续发展能力。具体措施如下。

（1）遵循《基本农田保护条例》，建立基本烟田保护制度，落实保护责任。①严格执行《云南省基本农田保护条例》和《云南省农村工作手册》，将划定的基本烟田纳入基本农田保护范畴，以确保划定的基本烟田不被随意变更和占用。②加强宣传教育，强化全民基本烟田保护意识，把学习宣传“两法一条例”作为一项重要工作来抓。通过强化全民基本烟田保护意识，把保护基本烟田摆在日常工作的重要位置，常抓不懈，为实施基本烟田建设与保护创造一个良好的条件。③建立健全各级责任制度，签订责任状。县级与乡（镇）、乡（镇）与村社、村社与农户要签订基本烟田建设与保护责任状，明确各级保护管理责任。各级主要行政领导和分管领导、基本烟田持有人为主要责任人，应承担保护责任，履行保护义务。④村民委员会是基本烟田建设与保护最基层的组织实施机构，应把基本烟田建设与保护纳入《村规民约》《村民自治章程》《用水户协会章程》中，真正做到自我教育、自我约束、自我发展。⑤实行烟叶生产收购计划和建设资金与基本烟田保护挂钩，对基本烟田建设与保护不力的，将取消或减少烟叶生产收购计划和基础设施建设的后续投入。

（2）加大基本烟田建设资金投资力度，按照田地平整、土壤肥沃、路渠配套的要求，加快建设旱涝保收、高产稳产的高标准基本烟田。①基本烟田建设资金以烟草部门投入为主，各级政府要协调好职能部门，采取“统一规划、统筹安排、集中使用、渠道不乱、各司其职、各计其工”的办法，多方筹措基本烟田建设与保护的资金，加快基本烟田建设步伐。同时，各级政府要鼓励、引导烟叶生产经营组织和生产者，逐步增加基本烟田建设的资金投入，提高土地的综合生产能力。②建立完善基本烟田建设工程管理制度。强化基本烟田各项建设工程的监控和管理，建立健全项目法人制、招投标制、工程监理制、合同管理制、责任追究制。根据有关工程建设管理的法律法规，确定建设项目的实施程序、验收标准和考核办法，统一规划和组织实施，避免投入浪费和重复建设。加强建设资金的管理，强化建设过程监督，完善资金审批使用手续，做到专款专用，提高资金使用效率，确保工程质量。③按照“山、水、田、园、林、路”综合治理的原则，对基本烟田进行科学规划布局，切实加强对原有生态的保护，保持生物群落的多样性，把基本烟田建设和保护与小流域的治理、生态环境的建设有机结合起来，维护生态平衡。④加大低标准基本烟田的改造力度。通过适当补贴，鼓励烟农通过坡改梯、治水改土、配套机耕建设等，改善生态环境和生产条件，防止水土流失，建成集中连片、易于耕作的高标准烟田，提高土地综合生产能力。

（3）建立种烟田块隔年轮作制度。按照《云南省烤烟轮作规划》，建立种烟田块轮作制度，按照“隔年轮作”的总体要求，以烤烟生产为主，实行合理轮作。在划定的基本烟田区域内只允许种植一年两熟或三熟农作物，且前作不得种植茄科作物，不允许种植生长年限较长的作物。

（4）加强对基本烟田的改良。大力推行土壤深耕深翻，测土配方，科学施肥。实施烟—粮—肥（绿肥）轮作模式，不断改良熟化土壤，提高土壤肥力，根据不同土壤类型、土壤肥力、供肥状况，制定不同的配方和科学的施肥方法。积极鼓励支持烟农发展绿肥、秸秆还田和施用农家肥，改良熟化土壤，提高土壤肥力。

（5）建立基本烟田保护标志，保护生态环境。基本烟田确定后，在显著的地方设置保护标志，并标明基本烟田保护片区、面积、保护期限、保护措施、责任人等内容。

同时，加强对基本烟田化肥、农药、农膜等烟用物资的使用管理，严禁在烟叶上使用禁用的农药，防止烟叶农残超标和农药环境污染，最大限度降低污染，确保烟叶质量和维护烟区生态环境。对于使用非环保型薄膜的，应当及时清除、回收残膜，防止薄膜对土壤环境的污染。

（二）基础设施建设规划

1. 烟田基础设施建设规划

全市自 2005 年开始现代烟草农业建设以来，积极响应国家局“工业反哺农业、城市支持农村”的政策，高度重视烟叶的基础设施建设，积极筹集资金，加大设施建设力度，不断提高烟区农业基础设施建设配套水平，进一步夯实了烤烟产业跨越式发展基础，烤烟生产能力、抵御自然灾害风险能力得到增强，改善了烟区生产、生活条件，为实现烤烟跨越式发展目标奠定了坚实的基础保障。“十二五”期间，全市共完成建设项目 30 839 件，投入资金 73 785. 72 万元，累计基本烟田受益面积 22. 84 万亩。“十三五”期间，在烟叶生产基础设施建设中长期规划的基础上，充分考虑年度补贴投入规模、已建设施以及烟区和生产收购计划规划等实际，按照“因地制宜、突出重点、注重实效”的原则，实事求是地做好 2016—2020 年烟叶生产基础设施建设项目规划，把有限的资金投入烟叶生产最急需、最实用、最能发挥效益的项目上。丽江市“十三五”期间规划烟叶生产基础设施建设项目 19 270 件，新增基本烟田受益面积 14. 72 万亩，涉及玉龙县、古城区、永胜县、华坪县、宁蒗县 5 个县（区），项目预算总造价 33 359. 21 万元。其中，申请烟草行业补贴资金 31 599. 21 万元。

分年度规划情况如下。

2016 年预计规划上报省局（公司）烟叶生产基础设施建设项目 4 668 件，项目预算申请烟草行业投入资金 6 412. 18 万元，新增基本烟田受益面积 4. 48 万亩。

2017 年预计规划上报省局（公司）烟叶生产基础设施建设项目 4 722 件，项目预算申请烟草行业投入资金 6 937. 79 万元，新增基本烟田受益面积 2. 99 万亩。

2018 年预计规划上报省局（公司）烟叶生产基础设施建设项目 3 464 件，项目预算申请烟草行业投入资金 5 984. 31 万元，新增基本烟田受益面积 2. 15 万亩。

2019 年预计规划上报省局（公司）烟叶生产基础设施建设项目 3 351 件，项目预算申请烟草行业投入资金 6 074. 74 万元，新增基本烟田受益面积 4. 48 万亩。

2020 年预计规划上报省局（公司）烟叶生产基础设施建设项目 3 065 件，项目预算申请烟草行业投入资金 6 190. 19 万元，新增基本烟田受益面积 2. 49 万亩。

2. 大型水源工程援建项目规划

按照“政府主体、烟区受益、定额援建、专款专用”的原则，“十三五”期间，概算资金 60 869. 34 万元（含“十二五”期间已投入 9 001. 61 万元）。其中，烟草援建投资概算 47 212. 67 万元，政府配套资金概算 13 656. 67 万元。完成大型水源工程援建项目 7 件，受益基本烟田面积 7. 34 万亩。

（1）完成“十二五”期间国家局批复的 4 件工程后续建设。投入资金 28 540. 73 万元（含已投入资金 9 001. 61 万元），完成“十二五”期间国家局批复的 4 件水源工程后续建设。

①宁蒗县傈傈湾水库工程。水库工程属于新建小（一）型水库，总库容 101.5 万 m^3，受益面积 0.31 万亩。项目概算总投资 7 383.58 万元，其中烟草援建资金 4 774.1 万元，政府配套资金 1 385.13 万元；烟草援建资金已到位 2 387.05 万元（占计划的 50%），政府配套资金到位 1 300 万元（占计划的 93.85%）。

②永胜县水地坪水库工程。总投资 7 683.87 万元，受益面积 0.54 万亩。其中烟草援建资金 6 021.12 万元，政府配套资金 1 662.75 万元。烟草援建资金到位 3 010.56 万元，政府配套资金到位 654 万元（占计划的 39.33%）。

③古城区金足水库工程。项目概算总投资 6 581.05 万元，受益面积 0.69 万亩。其中烟草援建资金 4 432.93 万元，政府配套资金 1 361.94 万元。

④华坪县鱼鼻钗水库工程。华坪县鱼鼻钗水库工程属新建小（一）型水库，总库容 123.8 万 m^3，受益面积 0.478 万亩。总投资 6 892.23 万元，其中国家水源工程援建补贴资金 5 656.17 万元，政府配套资金 1 236.06 万元。

（2）规划新建大型水源工程援建项目 3 件。概算资金 34 234.96 万元，“十三五”期间规划新建大型水源工程援建项目 3 件。

①岩洛水库：总库容 665.3 万 m^3，受益烟田面积 2.7 万亩。总投资概算 14 150.86 万元，申请烟草援建资金 9 912.38 万元，政府配套资金 4 238.48 万元。

②江湾水库：总库容 473.66 万 m^3，受益烟田面积 0.85 万亩。总投资概算 10 809.17 万元，申请烟草援建资金 8 315.97 万元，政府配套资金 2 493.2 万元。

③小坪水库外流域引水及习朗灌区输水工程：总库容 1 281 万 m^3，灌溉面积 2.08 万亩。总投资 9 274.93 万元。申请烟草援建资金 8 100 万元，政府配套资金 1 174.93 万元。

（三）现代烟草农业建设规划

一是深化品牌导向型基地建设。全市持续推进已建设的 9 个国家局基地单元工作，烟叶基地单元计划收购量为 43.2 万担（其中，特色烟单元 20 万担），对口 5 家工业企业。“十三五”期间，与河南中烟新建西布河烟叶基地单元 1 个，与湖南中烟将永北烟叶基地单元提升为特色优质烟叶基地单元。实行基地单元规划与湿润河谷区、干热河谷区、高原平坝区优势烟叶生态区紧密结合，变生态优势为产品优势；以进入高端骨干品牌原料体系为目标，围绕卷烟品牌发展规划，全面制定基地单元规划和整县推进规划，变区域品牌原料为全国品牌原料。充分尊重工业企业在基地建设中的主导地位，按照工业主导、商业主体、科技主力的要求，建立工商研合作机制，总结、优化、固化种植品种、技术方案、收购模式、工商交接、质量评价等技术标准、管理标准和工作标准；促进品牌、基地、人员、技术、管理、质量、考核落实到位，完善地理信息、生产组织形式、专业化服务等管理保障体系，维护丽江特色优质烟叶品牌、生产规模和销售格局。

二是不断推进专业化服务体系建设。坚持以科学发展观为指导，以现代烟草农业建设为统领，按照“种植在户、服务在社”模式，充分发挥行政区划在组织领导、资源配置等方面的作用，以烟叶基地单元为载体，以乡镇为单位组建综合服务型烟农专业合作社，种烟规模小于 3 000 担的就近并入其他乡（镇）组建，已建合作社进一步完善整合，提高合作社管理效率和服务水平。依托育苗、烘烤和农机具等设施设备，组建育苗、机耕、植保、烘烤、分级、运输6个专业化服务队，为烟叶种植主体提供有偿专业化服务，积极拓展移栽、施肥、采收和物资代销等环节服务范畴，探索开展试验示范、基础设施建设等业务。

三是持续深化烟叶精益生产。紧紧围绕“市场、质量、规范”的烟叶工作要求，坚持“系统设计、整体推进、先点后面、完善提升”的工作思路，以满足工业品牌原料质量需求为出发点和落脚点，以基层规范运行管理为基础，以落实烟叶生产环节作业工序为手段，以提高烟叶生产适用技术措施到位率为核心，全面树立精益生产理念，运用精益管理措施，统筹生产要素，推进烟叶生产全过程精益管理。通过建立烟叶生产基础信息库，在漂浮育苗、耕整地、施肥起垄、大田移栽、植保、采收烘烤和专业分级7个烟叶生产环节开展流程化、工序化作业和规范化、标准化操作的基础上，做到上生产环节精益生产水平明显改善，做出亮点、取得成效。实施过程中，真实、准确摸清7个生产环节的作业成本和关键技术措施落实情况，确保烟叶生产质量水平明显提高，亩均烟叶生产成本降低5%以上，烟农种烟收入不含涨价因素提升3%以上。烟叶收购等级质量达到国家局、省局要求，基地烟叶原料工业满意度达到95%以上。

（四）烟叶生产技术体系建设

1. 优化布局

发展适度规模种植，本着依法、自愿、有偿原则，做好土地承包经营流转，解决适度规模种植对土地集中要求，通过规划引导、扶持支持、示范带动，加快推进烟叶种植规模化、集约化，稳定和提高农户种烟规模，发挥规模种植优势。

一是计划倾斜。在烤烟发展过程中，把计划安排在土地资源充裕、基础设施条件好、烟农积极性高、自然条件良好、党委政府重视烤烟生产的地方。在分解指标时优先满足老烟户，稳步发展新烟户，提高户均种烟规模，提倡适度规模种植，重点发展10亩以上的种烟农户。

二是行政引导。引导乡镇、村、社积极帮助协调解决土地流转问题，鼓励支持土地集中流转，连片种植烤烟。

2. 标准生产

以落实“十大关键技术”为抓手，全面提高烟叶生产标准化水平和技术落实到位率，不断提高烟叶生产、烘烤、分级技术水平，提升烟叶质量，提高丽江特色优质烟叶品牌影响力和竞争力。

（1）合理轮作。合理引导烤烟种植向生态条件适宜、种烟基础好、烟叶质量优的区域转移。在基本烟田区域内科学规划，建立“以烟为主”的轮作种植制度，积极倡导田烟水旱轮作、地烟隔年轮作的种植方式，逐年提高轮作比例。积极推动以村组为单位、以道路和河流等为界线、以连片土地为依托的烤烟隔年连片轮作种植方式。高度重视植烟土壤的用养结合，创新方式方法，大力推广农家肥、生物有机肥、秸秆还田、有机质覆盖、绿肥种植等土壤保育措施，做到农家肥施用量亩均不低于500kg，其他土壤保育措施每年都有新进步、新成效，确保植烟土壤的可持续利用。

（2）壮苗培育。依托烟农专业合作社或专业队，100%实行集约化、专业化、商品化漂浮育苗，坚决杜绝烟农私自育苗、零星育苗。按合同签订面积统一育苗，严格控制种子发放数量，建立种子供应台账，确保育苗数量与合同签订数量吻合、与指导性种植面积相匹配。优化作业流程，规范作业工序，制定作业标准，提高作业效率，降低育苗成本，落实技术措施，确保适龄壮苗率达到90%以上，推动育苗工作向更高层次管理迈进。严格补贴兑现，对未在指定购苗点购苗的烟农，不予兑付育苗补贴。

（3）品种布局。按照“绿色、生态、特色、优质、安全”的绿色生态烟叶生产工作要求，根据上级下达的特色品种烟叶收购计划指标，落实规划布局和种植面积，严把育苗、移栽、收购等关口，确保特色品种纯度，确保按质按量完成特色品种烟叶收购计划。非特色品种区域，根据工业需求和气候土壤条件，加大择优布局和品种结构调整力度，严禁种植劣杂品种和工业不需要的品种，必须100%做到“一乡一品”“一站一品”，着力培育壮大品种特色、区域特色烟叶生产。

（4）整地理墒。依托烟农专业合作社或专业化服务队伍，全面推进机械深耕、深翻和起垄，减轻烟农劳动强度，坝区、半山区机耕面积达85%以上；整地起垄质量达到垡细、沟直、墒饱满。

（5）规范移栽。加大膜下小苗移栽技术推广力度，强化膜下小苗移栽技术指导，确保底肥施用、大塘深栽、明水移栽、害虫防治、打孔控温、适时掏苗、封穴压膜等技术落实到位。常规移栽要坚持壮苗深栽，施好农家肥，浇足定根水，杜绝病苗、弱苗进入大田，杜绝高脚苗，提高移栽成活率。根据品种需肥特性和地块肥力状况，做到大配方小调整，有针对性地制订施肥方案，按比例定量施用基肥，确保烟株营养均衡。按最佳节令移栽要求，合理安排移栽时间，提高移栽集中度。全市移栽集中在4月20日至5月15日。户内移栽时间不超过3d，片内移栽时间不超过7d，一个乡镇移栽时间不超过10d，各县（区）控制在15d内。

（6）中耕管理。抓好查塘补缺，缺塘的及时补上烟苗，弱苗、病苗及时更换，虫害引起的缺苗，先捕杀害虫再补苗。新补烟苗或长势较弱的烟株，浇“偏心水”、施“偏心肥”，确保大田烟株长势整齐一致。根据施肥方案，结合地块肥力和烟株长势，按比例适时追肥，适当补充锌、硼、镁等微量元素，确保烟株营养均衡。通过兑水浇施、精准施肥等方式将肥料施用到烟株根系周围，杜绝因浅施、表塘施肥等造成肥料流失。揭膜区域充分考虑揭膜的因素，适当减少肥料用量，确保烟株均衡生长。适时开展中耕培土，做到深提沟、高培土，培土后田烟墒高达到40cm以上，地烟墒高达到25~30cm，并确保边沟、腰沟比子沟深5~8cm，避免雨季烟田积水，确保排水通畅。适时清除田间杂草，确保田间通风透光，减少病虫为害。地膜烟要在移栽后35~40d实施揭膜培土，杜绝以膜代管、培土不揭膜现象。全面推广GAP管理，实施清洁农业生产，严禁废弃农膜、烟株残体和农药包装物等弃留在田间地头。

（7）科学植保。坚持“预防为主、综合防治”方针，完善管理体系，强化队伍建设，加强烟草病虫害预测预报工作，充分利用病虫监测结果，做到适时科学开展防治工作。加强技术培训指导，强化监督管理，做到科学合理用药，严禁使用除草剂，严格按烟草推荐名录范围使用农药，严控农药用量，严禁多种农药混合使用，严禁在烟叶采收前一周施药，杜绝乱用药和多打药现象发生。加强工作协调，争取党委政府支持，联合植保等相关部门，加强对高毒高残留农药的市场监管和清理，防止施入烟田。大力推广烟蚜茧蜂防治烟蚜，根据成虫迁飞规律科学安排性诱剂使用时间，合理布局黄板诱蚜，防止黄板对烟蚜茧蜂造成负面作用，积极探索使用其他生物防治技术，降低烟叶农残，提高烟叶安全性。

（8）封顶留叶。遵循烟株营养分配规律，适时封顶，留足叶片，彻底抹杈，做到田烟要确保烟株留叶数20~22片，地烟要确保烟株留叶数18~20片，杜绝低封顶现象。封顶打杈时，100%推行化学抑芽，严禁使用含有二甲戊灵成分的抑芽剂，切实做到烤后一棵桩。一如既往地抓实抓好优化烟叶结构工作，不适用烟叶田间清除处理到位，确保烟叶结构优化，烟农收益稳定。

（9）成熟采收。加强成熟采收的指导和服务，全面推行准采证管理，坚决杜绝采青抢烤，坚决杜绝不适用烟叶进入烤房，真正做到下部叶适熟采收、中部叶成熟采收、上部4~6片叶充分成熟一次性采收。

（10）专业化烘烤。切实抓好组织管理、人才队伍、技术培训、工序流程等各项工作。特别是以植烟区域内烘烤工场、密集烤房群、标准化小烤房群为依托，创造条件，积极推动业主承包烤房商品化烘烤、专业队协议有偿代烤、烟农互助烘烤等模式，大力推进专业化、商品化烘烤服务，确保科学烘烤工艺应用到位，切实提高烟叶烘烤整体水平。要强化采、编、装管理，指导烟农按同品种、同部位、同成熟度分类编烟，并根据鲜烟叶素质排队装炉，提高烘烤质量，降低烘烤损失。

3. 专分散收

（1）专业化分级。100%实施专业化分级管理，由烟农专业合作社（村委会）负责组建专业化分级队伍，经烟草部门组织对专业队员培训并考核合格后持证上岗。严把烟农按炉分部位堆放、去青除杂、一工位分组、二工位分级等关键环节，确保分级质量。严把补贴费用管理，按照“谁分级、谁受益”的要求，补助资金直接支付给参与专业化分级的第三方和烟农；协助专业化分级组织建立绩效考核管理制度，根据专业队分级质量和数量，合理兑现专业队劳务报酬，确保资金发挥最大效益。

（2）散叶收购。严格按散叶收购流程组织开展收购，根据烟区分布、合同计划、烘烤进度、分级收储能力，科学合理安排交售时间和日收购量，保证专业化分级数量、交售时间与收购安排高度匹配，确保烟农到站后2个小时内完成交售，确保日均收购量控制在1.5%~2.5%的正常进度。严格监管日收购量超过3%的烟叶站和县（市、区）分公司，防止出现日收购量安排不合理、交售时间安排无顺序造成站点内交售无秩序、收购进度忽快忽慢等现象发生。加强仓库管理，做到库内等级挂牌标识明显，间隔有距，垛形整齐，整洁卫生；做到打包与收购同步，散叶堆放不过夜。

（3）等级质量。邀请基地单元相关工业企业制定烟叶收购指导样品，严格按照既定的收购指导样品坚持对样收购。认真执行专业化分级质量“三员考核机制”，质管员检验烟叶分级质量，考核专业分级队的工作；验级员负责烟叶定级，考核质管员的工作；主检员负责收购眼光平衡、抽检烟叶质量，考核验级员的工作。建立烟叶等级质量眼光定期平衡机制，市公司质量主管部门在收购期间到县（市、区）巡回指导平衡收购眼光；县（区）分公司至少每周平衡1次烟叶站（点）收购眼光，收购站（点）在每天收购开始和结束后统一收购眼光，确保等级质量眼光平稳、平衡。继续加大烟叶收购质量二次验级，定期通报各收购站（点）等级合格率、等级纯度，确保烟叶收购质量和等级纯度混青、混杂率低于5%，等级合格率不低于70%，等级纯度不低于85%。

4. 科技创新

不断提高创新意识，积极打造创新型企业，加强科技队伍建设，推进资源整合，是产业可持续发展的基础和前提。一是强化组织领导。成立烟叶生产技术领导小组和技术执行小组，全方位负责烟叶生产技术落实指导、督促和考核工作，确保各项技术落实到位率。二是加强烤烟品种试验示范。以适应卷烟品牌需求和烟叶生产可持续发展为目标，针对主栽品种云烟87、云烟97种植年限长、品种特征退化的实际，加强新品种的引进和试验示范力度，着力培植区域特征明显，适应卷烟品牌配方需求的优良品种。加强配套生产技术研究，最大程度地挖掘品种的质量潜力，力争在“十三五”末形成“1~2个当家品种，2~3个搭配品种，3~4个后备品种”的品种格局，保持和提升品种特色对丽江特色优质烟叶的贡献作用。三是深化研究以烟为主的耕作栽培技术，建立基本烟田评价和质量管理体系，加强水分及养分全周期综合管理研究，为优质烟叶生产提供良好可靠的自然条件。四是加强病虫害预测预报技术研究。根据烟区布局和气候气象条件，科学布置病虫害重点监测点和辅助观测点，提高病虫害观察、数据分析的科学性和准确性，指导烟区用对药、用好药、科学用药，全面杜绝禁用农药使用，减少推荐农药使用量，精准把握施用时间、方法和施用量，有效降低农药面源污染，提高烟叶安全性。五是大力开展生防技术推广。继续推广蚜茧蜂防治蚜虫技术，确保年度防治面积在烤烟种植面积的90%以上，力争100%全覆盖。六是全面推进精益烘烤。以队伍建设为抓手，以技术指导为着力点，以专业化烘烤为突破口，强化组织管理，推动烟叶烘烤工作规范化、精细化、高效化运作，确保科学烘烤工艺覆盖率、密集烤房利用率、集群烤房专业化烘烤到位率、商品化烘烤到位率、烘烤网络化服务覆盖种植面积到位率、烘烤黄烟率明显提高，烘烤综合损失率明显降低。七是加快先进适用技术的引进、消化、吸收和推广应用，不断增加烟叶生产科技含量。

五、烟叶营销规划

牢固树立市场和质量意识，以工业需求为导向，以提高烟叶质量为核心，以原料购销为纽带，以提高服务水平为抓手，积极适应烟叶发展新常态，深入推进烟叶市场化取向改革，稳固客户关系，不断巩固丽江烟叶市场竞争力。一是围绕市场抓生产。切实转变以往“重生产、轻经营，重烟农、轻客户”的思想观念，强化市场竞争意识、危机意识、责任意识，把烟叶工作重点转移到市场导向、客户需求上来。把烟叶营销工作放在烟叶工作的首位，营造良好的烟叶营销工作氛围，联动技术、生产、经营等相关人员，紧紧围绕市场需求、质量核心组织烟叶生产，为市场提供满足品牌卷烟发展的烟叶原料，牢牢掌控烟叶市场发展主动权。二是狠抓技术上水平。高度重视烟叶质量管理，稳定丽江烟叶良好的市场声誉，为营销创造有利条件。进一步优化生产布局，结合工业企业原料需求和产区烟叶生产实际，调优烟叶生产计划资源配置，确保有限的烟叶生产计划资源向工业需求量大、种植水平高、发展后劲强的适宜烟区转移。进一步强化烟叶生产质量管理，严格落实生产关键技术措施，重点抓好品种结构、水肥管控、绿色植保、成熟采烤等关键环节，严格考核烟叶生产质量、收购质量，持续提高烟叶生产质量水平。三是工商合作促发展。以烟叶基地单元建设为平台，积极邀请工业企业驻点参与烟叶生产、收购过程，切实将烟叶质量改进意见和措施落实到生产技术当中，不断提高烟叶质量与卷烟品牌需求的融合度和适配率，稳定和提高丽江烟叶在卷烟品牌中的核心和主导地位。加强烟叶流通环节改革，认真总结与江苏中烟厂站交接、原收原调工作经验，积极与其他工业企业沟通衔接、沟通、实施，力争在“十三五”末在烟叶基地单元内实现烟叶厂站交接、原收原调全覆盖。四是提升服务强合作。转变生产观念、计划观念和“坐商”意识，每年走访一次工业客户，深入了解工业需求，掌握对口卷烟品牌发展趋势，调查丽江烟叶在卷烟配方中的使用情况，听取工业客户对烟叶品种、结构、纯度等方面的意见，并了解工业品牌发展规划、原料需求潜力等，为烟叶生产提供依据。定期发布烟叶工作简报，及时向工业通报烟叶生产工作情况，强化工商信息交流。加大技术攻关，及时将工业的需求解读为技术要求、管理措施，确保生产出的烟叶符合工业客户需求，满足工业品牌需求，持续强化优质烟叶原料保障能力。通过各项措施的落实，到“十三五”末，确保5家工业企业与丽江合作关系更加稳固，对丽江烟叶需求更加旺盛，确保丽江烟叶保持良好的销售局面（表1-29）。

表1-29　丽江市“十三五”期间烟叶营销规划　（万担）

单位	2016年	2017年	2018年	2019年	2020年	合计
江苏中烟工业有限责任公司	22.00	22.0	23.0	24.0	25.0	116.00
湖南中烟工业有限责任公司	10.00	10.0	11.0	12.0	13.0	56.00
河南中烟工业有限责任公司	11.40	12.0	12.0	13.0	14.0	62.40
上海烟草集团有限责任公司	6.00	6.0	7.0	7.5	8.0	34.50
安徽中烟工业有限责任公司	5.00	5.5	6.5	7.0	7.5	31.50
云南省烟叶公司	4.41	4.5	5.0	5.5	6.0	25.41
云南省进出口公司	4.90	5.0	5.5	6.0	6.5	27.90
合计	63.71	65.0	70.0	75.0	80.0	353.71

六、烟叶生产队伍建设

产业的发展、各项目标的实现需要有人才队伍做支撑。按照人员精炼、队伍精干的要求，打造一支懂经营、会管理、精业务的烟叶基层管理队伍；培养一支理念新、技术过硬的烟叶技术员队伍；培育一批懂技术、善经营、业务精的职业化烟农队伍；培训一批熟练操作的专业机耕、植保、烘烤、分级等合作社产业工人队伍。

（一）打造一支精干的烟叶管理队伍

着力加强烟叶生产技术人才培养，按照“请进来、走出去”的工作思路，有计划、有组织、分期分批地对烟叶生产技术人员进行生产政策、应用基础理论知识、实用新技术和实践操作经验的培训，提高各级烟叶生产技术人员对政策理解把握、先进适用技术接受应用、关键实用技术指导落实等的能力和水平；着力开展专业技能人才培养，按栽培、植保、烘烤、分级四大类开展技术团队建设，将现有技术人员（尤其是引进大学生）按专业类别和个人兴趣归类，重点培养。加强职业技能培训及鉴定工作，着力培养一批具有职业技能等级，在栽培、施肥、植保、烘烤、分级等方面具有专长的技术能手。力争到“十三五”末，实现具有专业技术职务任职资格或通过专业技能鉴定的人数达到100%。培养一批在栽培、施肥、植保、烘烤、分级等方面具有中高级专业技术职务的专业带头人和技术骨干，培养1~2名高级农艺师，基层站各有1名农艺师、烘烤技师和分级技师；着力加强烟叶技术服务队伍建设，强化烟叶技术服务队伍培训，加大考核力度，确保烟叶技术服务队伍作用充分发挥。

（二）打造一支精干的职业化烟农队伍

坚持“引导培育、规范评定，着眼全局、分步实施”的工作方针，以完善烟农户籍信息档案为基础，以烟农等级评定为抓手，以烟农差异化服务为支撑，以职业烟农培育鉴定为落脚点，加快建设职业烟农队伍，力争到“十三五”末培育鉴定5 000户以上种植面积10亩以上的“以烟为主、诚实守信、有文化、懂技术、会经营”的职业烟农，形成以职业烟农为基础、烟农专业合作社为纽带、专业化服务为支撑的烟叶生产组织方式，努力推动烟叶生产方式向烟农职业化、种植规范化、品质特色化方向转变。同时，通过职业烟农的辐射、带动效应，提升全市烟叶生产整体技术水平。

（三）打造一支精干的专业化服务队伍

充分发挥烟农专业合作社平台作用，着力培养培训一批能熟练操作的专业机耕、植保、烘烤、分级等产业工人队伍，努力实现烟叶生产专业化服务“全面覆盖、全程服务、全体受益”。

第二章　丽江烟叶质量技术标准

第一节　烤烟产品质量内控标准

一、范围

本部分规定了丽江市烤烟的质量要求和检验方法。

本部分适用于丽江市烟叶生产指导及质量评价。

二、规范性引用文件

下列文件对于本文件的应用是必不可少的。凡是注日期的引用文件，仅所注日期的版本适用于本文件。凡是不注日期的引用文件，其最新版本（包括所有的修改单）适用于本文件。

GB 2635　烤烟

GB 4285　农药安全使用标准

GB/T 13595—2004　烟草及烟草制品　拟除虫菊酯杀虫剂、有机氯杀虫剂、有机磷杀虫剂残留量的测定方法

GB/T 13596—2004　烟草和烟草制品　有机氯农药残留量的测定

GB/T 19612—2004　烟叶成批取样的一般原则

YC/T 138—1998　烟草及烟草制品　感观评价方法

YC/T 159—2002　烟草及烟草制品　水溶性糖的测定　连续流动法

YC/T 160—2002　烟草及烟草制品　总植物碱的测定　连续流动法

YC/T 161—2002　烟草及烟草制品　总氮的测定　连续流动法

YC/T 173—2003　烟草及烟草制品　钾的测定　火焰光度法

DB53/T 65—2008　烤烟分级扎把技术规范

三、质量控制要求

（一）外观质量

总体外观质量符合 GB 2635 中对正副组烟叶规定的要求。

（二）物理特性

物理特性符合表 2-1 规定。

表 2-1　丽江优质烟叶主要物理特性指标

部位	叶片厚度（mm）	叶片密度（g/m^2）	填充值（cm^3/g）	含梗率（%）	出丝率（%）	拉力（N）
下部叶	0.06~0.08	50~60	3.8~4.0	28~35	90~94	1.1~1.2
中部叶	0.08~0.10	60~80	3.7~3.9	30~35	93~95	1.3~1.4
上部叶	0.09~0.11	80~90	3.6~3.8	25~32	92~95	1.6~1.7

（三）内在化学成分

烟叶内在化学成分符合表 2-2 规定。

表 2-2　丽江优质烤烟主要内在化学成分

部位	总糖（%）	烟碱（%）	还原糖（%）	总氮（%）	氮碱比	糖碱比	氯（%）	钾（%）
上部叶	25~30	2.5~3.5	17~26	1.8~2.2	0.6~0.7	7~12	<1.0	≥1.5
中部叶	26~32	2.3~3.0	22~28	1.5~1.8	0.7~0.8	7~12	<1.0	≥1.5
下部叶	24~31	1.5~2.0	18~26	1.5~1.8	0.9~1.0	7~12	<1.0	≥1.5

（四）烟叶农残控制

烟叶中最高农药残留限量等必须符合 GB/T 13595、GB/T 13596 的规定，烟叶安全性符合表 2-3 的要求。

表 2-3　丽江烟叶安全性指标

项目	最高残留限量（以干烟计）
溴氰菊脂（敌杀死），mg/kg	≤3
抗蚜威，mg/kg	≤1
杀毒矾锰锌，mg/kg	≤30
草乃敌（益乃得），mg/kg	≤2
氯氟氰菊脂，mg/kg	≤3
灭多威，mg/kg	≤3
仲丁灵，mg/kg	≤2
大惠利，mg/kg	≤0.1
抑芽敏，mg/kg	≤20
二甲戊乐灵，mg/kg	≤5
顺式氰戊菊酯，mg/kg	≤10

（五）感官评吸质量

香气质好，香气量较足至足，劲头适中，杂气稍有或无，刺激性有至稍有，余味尚舒适至舒适，燃烧性好，烟灰呈白色，评吸综合分值>70分。

四、验收规则

①外观质量检验结果符合本标准规定的要求，则判该批组产品等级合格。反之则判该批组产品为等级不合格。

②内在质量指标检验若有不合格项，可从该批组产品中加倍抽样对不合格项目进行复验，并以复验结果为准。

③检验中任何一方对检验结果有不同意见时，送上级质量技术监督主管部门进行检验，并以复验结果为准。

④无论结果合格或不合格，在烤烟的交售、贸易过程中，仅作为推荐性指标供指导生产时使用，若没有特殊的合同约定，内在质量检验结果不作为该批组烤烟质量合格或不合格的判定依据。

五、包装、运输、储存

按 Q/LJYC1. 23—2010 初烤烟叶包装、仓储和运输规范执行。

第二节　非烟物质控制技术规程

一、范围

本标准规定了烤烟在大田生产、收购、仓储、运输、复烤各个环节中非烟物质的控制要求、检验方法以及判定。

本标准适用于烤烟在大田生产、收购、仓储、运输、复烤过程中的非烟物质控制。香料烟、白肋烟等其他类型烟叶中的非烟物质控制参照执行。

二、规范性引用文件

下列文件对于本文件的引用是必不可少的。凡是注日期的引用文件，仅注日期的版本适用于本文件。凡是不注日期的引用文件，其最新版本（包括所有的修改单）适用于本文件。

GB 2635　烤烟

GB/T 23220　烟叶储存保管方法

YC/T 147　打叶烟叶　质量检验

三、术语和定义

(一) 非烟物质 NTRM

混杂在烟叶中肉眼可辨的影响卷烟加工和产品质量的物质。

非烟物质按其影响程度划分为：一类非烟物质、二类非烟物质和三类非烟物质。

(二) 烟叶

烟草的叶，从农业生产角度分为采烤烟叶、初烤烟和复烤烟，从加工角度分为烟梗和片烟。

四、要求

(一) 非烟物质的分类

非烟物质的分类见表 2-4。

(二) 条件

烟叶生产加工的条件应符合表 2-5 的要求。

表 2-4 非烟物质的分类

类别	影响程度	内容
一类	严重	各种动物的躯体、虫卵或虫茧、排泄物、毛皮、毛发、羽毛等生物有机体；汽油、煤油、机油、食用油、农药、化肥等化工产品污染的烟叶或杂物；尼龙、化纤、塑料或橡胶等化工制品及其残片碎丝；金属物；玻璃；口香糖；烟头等
二类	中度	纸、麻制品、棉制品、草绳等植物纤维制品；果皮、果核等食品垃圾；石头；沙土等
三类	轻度	杂草、种子、秸秆、树叶、树枝、杨柳絮等非烟草类植物

表 2-5 烟叶生产加工的条件

项目		要求
环境	烟叶的采收、烘烤、分级扎把、收购、加工及临时堆放场所	保持环境卫生清洁干净，无非烟物质污染源
	烟叶收购现场、生产车间各工序段	设置固定的灰尘垃圾摆放区域，与烟叶放置点、出料点的距离应大于 10m
	烟叶分级、分选区域	光照强度应大于 300lx；设置固定的非烟物质收集器；设置非烟物质种类宣传标识牌
	使用生产辅料和工具的工位	设置固定的生产辅料和工具放置区域
	非烟物质挑选工位	光照强度应达到 100lx；设置固定的非烟物质收集器；设置非烟物质种类宣传标识牌

（续表）

项目		要求
运输设备、辅料和工具	运输采收烟叶、初烤烟叶、烟包的车辆	保持干净、干燥，车厢内无非烟物质、水、油污，无油漆气味及其他异味，并具备防雨设施
	油板车、叉车、小推车、烟箱车、烟台、打包机	定期保养，无滴漏油情况，承载面清洁干净，无油漆起皮脱落现象
	包装辅料及产品标识	不应使用一类非烟物质材料制作，使用的辅料及工具应无异味
分级收购、打叶复烤等过程中与烟叶直接接触的工作人员		应穿工作服，戴工作帽，工作时不应涂抹可能对烟叶造成二次污染的化妆品及外用药品
		能识别非烟物质的种类
		不应携带食品进入收购现场、仓库和生产车间

五、非烟物质的控制

（一）种植过程

①及时清除烟田及周边的所有化纤、塑料、玻璃、药瓶、药袋、地膜、化肥袋等废弃物及粪堆等散发异味的物质。

②烟叶采收前一周内不宜叶面喷施农药。

③每 3.33hm^2 植烟面积应设置一个非烟物质收集池，不足 3.33hm^2 的植烟连片区宜设置一个非烟物质收集池。

（二）调制过程

①对鲜烟叶进行编烟、夹烟过程中，应剔除杂草、沙土等非烟物质。

②烤房闲置时，不应用于存放农药、化肥等有异味物资，不应用于饲养家禽和牲畜。

③不宜用有异味物质标记编烟竿。

④应使用麻绳、棉线编（绑）烟。

⑤烟叶回潮时应采用草席、麻片等无气味的覆盖物覆盖。

（三）烟叶分级收购过程

①扎把过程中剔除的非烟物质应放入非烟物质收集器中集中处理。

②应选用剔除非烟物质的同等级烟叶扎把。

③不应使用以一类非烟物质为材质的包装物包裹烟叶。

④入户预检时，发现非烟物质，预检员应指导烟农剔除非烟物质，再进行预检。

⑤烟叶交售时，主检员发现交售烟叶中含有非烟物质，应将烟叶退回，剔除非烟物质后再交售。

⑥宜用麻片包裹烟叶，用麻线捆扎。

⑦验级室、定级室、打包室应设置非烟物质收集器，将发现的非烟物质放入收集器，并应及时清理收集器内的非烟物质。

（四）烟叶运输过程

①运输过程中烟包不应粘到油污。

②运输过程中，若烟包受污染，则受污染烟包与未受污染烟包应分开装车运输，将黏附在烟包上的非烟物质清除干净。

③烟包不应与有异味和有毒物品混运，运输工具不应有异味或被污染。

（五）烟叶仓储过程

①仓库和露天货场的建设应符合 GB/T 23220 的要求。

②不应与一类非烟物质同库存放。

③露天码垛时，应先清扫地面、清除碎石及其他尖锐的非烟物质，周围无非烟物质污染源。

④露天码垛时，密封罩应无裂缝和破洞。

⑤拆运露天垛时，应清理干净掉落在烟包上的草席条等非烟物质。

⑥在仓库内使用叉车、吊车等内燃机械设备时，应开启仓库门窗，并为固定作业的内燃机械设备排气口接驳导气管道。

⑦在原烟和片烟入库前，应对空仓库进行清扫或熏蒸杀虫。

⑧对烟叶产品仓库进行杀虫时，应在库房外面配制药剂。

（六）烟叶工业分级过程

①打开烟包后，应先检查并剔除烟包中的非烟物质，再剔除烟把把头内的非烟物质。

②拆包后的包装物和标识应放置在固定的区域，并定时收走。

（七）打叶复烤过程

1. 非烟物质挑选工位的设置要求

以下工序段后应设置非烟物质挑选工位：铺把输送带最后一个铺把工位；预处理段设置非烟物质精选台；非烟物质剔除装置后；打叶工序段的叶片和烟梗汇集运输带；打叶工序段的筛分振筛处；烟梗复烤后；碎烟干燥机前的筛分振筛处；叶片复烤后、打包工序前。

2. 生产加工设备要求

①应定期维护保养生产设备，设备无跑、冒、滴、漏现象，无其他潜在的污染危险源。

②每次设备检修保养结束后，应彻底检查并清除设备内残留物。

③利用聚氯乙烯接管密封生产设备时，聚氯乙烯不应外漏。

④生产加工线上减速机、液压机等设备均应采取措施防止漏油。

⑤设备上不应有临时固定部件。

⑥应定期检查生产线上各类密封、抛料部件及输送带的磨损情况，应及时处理更换磨损严重或有断裂的部件，并做好相关记录。

3. 生产过程要求

①人工解把时应剔除非烟物质。

②精选台各输送带面上物料应均衡散开，无成堆现象；每个工位的输送带宽度应小

于80cm，输送速度小于等于10m/min，流量小于等于（300±50）kg/h；挑选人员应翻动烟叶剔除非烟物质。

③生产期间出现断料或烟叶换级时，应及时清理安装于输送管或输送带的非烟物质剔除装置上的非烟物质。

④应定时清理打叶段所有振动筛上的非烟物质。

⑤各非烟物质挑选工位出现非烟物质异常情况时应有相应的应急预案。

⑥应收集设备上及地面上的烟片、碎片或烟梗，剔除非烟物质。

⑦每一批次烟叶分选或加工结束后，应及时清理挑选出的非烟物质，并把收集的非烟物质分类计量、统计以及建立相关的数据信息。

六、非烟物质的检测和判定

（一）把烟中非烟物质的检测

1. 取样

原烟交接，以烟包作为取样单位时，每批（同一地点、同一级别）烤烟在100包以内按10%~20%抽样，超过100包按5%~10%取样。如以烟把作为取样单位，应先按烟包的取样方法抽取一定量的烟包，再从所抽取的烟包中抽取10%的把烟。

2. 操作程序

（1）烟包中非烟物质的检验。将烟包放在平台上，打开烟包，挑拣烟把表面的各类非烟物质，翻起表面约10cm厚的烟把后，挑拣烟把表面的各类非烟物质，按类别放入非烟物质取样袋中，参照附录A提供的表格记录非烟物质的类别。

（2）把烟中非烟物质的检验。将把烟放在平台上，先挑出表面的非烟物质，然后解把，挑出把内非烟物质，按类别放入非烟物质取样袋中，参照附录A提供的表格记录非烟物质的类别。

（3）原烟中沙土率的检验。按GB/T 2635的规定进行。

（4）非烟物质检出率计算。按公式（1）计算各类非烟物质的检出率。

$$N_i\ (\%) = \frac{n_i}{n} \times 100 \tag{1}$$

式中：

N_i——各类非烟物质的检出率，以百分数表示。

n_i——检出含有各类非烟物质的烟包（或烟把）数，单位为包（或把）。

n——被检总烟包数（或烟把数），单位为包（或把）。

（二）把烟中非烟物质的判定

1. 以烟包为检验单位

若一类非烟物质的检出率≤5%，二类非烟物质的检出率≤10%和三类非烟物质的检出率≤10%，则判定该批样品该项指标合格，否则不合格。

2. 以把烟为检验单位

若一类非烟物质的检出率≤2%，二类非烟物质的检出率≤5%和三类非烟物质的检出率≤3%，则判定该批样品该项指标合格，否则不合格。

3. 片烟中非烟物质的检测和判定

按 YC/T 147 规定进行。

第三节　烟叶农药最大残留限量

一、范围

本标准规定了丽江烤烟农药残留限量标准和检验方法。

本标准适用于丽江烤烟质量评价。

二、规范性引用文件

下列文件对于本文件的引用是必不可少的。凡是注日期的引用文件，仅注日期的版本适用于本文件。凡是不注日期的引用文件，其最新版本（包括所有的修改单）适用于本文件。

GB 2635　烤烟

GB/T 13595　烟草及烟草制品　拟除虫菊酯杀虫剂、有机磷杀虫剂、含氮农药残留量的测定

GB/T 13596　烟草及烟草制品　有机氯农药残留量的测定　气相色谱法

GB/T 21132　烟草及烟草制品　二硫代氨基甲酸酯农药残留量的测定　分子吸收光度法

YC/T 182　烟草及烟草制品　吡虫啉农药残留量的测定　高效液相色谱法

YC/T 183　烟草及烟草制品　涕灭威农药残留量的测定　气相色谱法

YC/T 218　烟草及烟草制品　菌核净残留量的测定　气相色谱法

三、检验规则

（一）抽样方法

按照 GB/T 19616 中的有关规定执行。抽取的样品必须具有代表性，应在全批货物的不同部位随机抽取，样品的检验结果适用于整个检验批次。

（二）检验结果数值修约

按 GB/T 8170 执行。

四、技术要求

烟叶农药残留限量标准如表 2-6 所示。

表 2-6　烟叶农药残留限量标准　　(mg/kg)

序号	类别	名称	英文名	指标
1	有机氯杀虫剂	六六六	BHC	≤0.2
2		滴滴涕	DDT	≤0.2
3	有机磷杀虫剂	甲胺磷	methamidophos	≤1.0
4		对硫磷	parathon	≤0.1
5		甲基对硫磷	parathion-methyl	≤0.1
6	氨基甲酸酯类杀虫剂	涕灭威	aldicarb	≤0.5
7		甲萘威	carbaryl	≤1.0
8		克百威	carbofuran	≤0.1
9		灭多威	methomyl	≤1.0
10	拟除虫菊酯类杀虫剂	氯氟氰菊酯	cyhalothrin	≤0.5
11		氯氰菊酯	cypermethrin	≤1.0
12		氰戊菊酯	esfenvalerate	≤1.0
13		溴氰菊酯	deltamethrin	≤1.0
14	烟酰亚胺类杀虫剂	吡虫啉	imidacloprid	≤5.0
15	杀菌剂	甲霜灵	metalaxyl	≤2.0
16		菌核净	dimethachlon	≤5.0
17		二硫代氨基甲酸酯	dithiocarbamate	≤5.0
18	抑芽剂	二甲戊灵	pendimethalin	≤5.0
19		仲丁灵	butrslin	≤5.0
20		氟节胺	flumetralin	≤5.0

第四节　烟叶重金属限量

一、范围

本标准规定了丽江烤烟重金属限量标准和检验方法。

本标准适用于丽江烤烟质量评价。

二、规范性引用文件

下列文件对于本文件的引用是必不可少的。凡是注日期的引用文件，仅注日期的版本适用于本文件。

GB 2635　烤烟

GB/T 5009.11　食品中总砷的测定方法

GB/T 5009.12　食品中铅的测定方法

GB/T 5009.15　食品中镉的测定方法

GB/T 5009.17　食品中总汞的测定方法

GB/T 19616　烟草成批原料取样的一般原则

三、技术要求

烟叶重金属限量标准见表 2-7。

表 2-7　烟叶重金属限量指标　(mg/kg)

序号	类别	名称	英文名	指标
1	重金属	砷	As	≤0.5
2		铅	Pb	≤5.0
3		镉	Cd	≤5.0
4		汞	Hg	≤0.1

四、检验规则

(一) 抽样方法

按照 GB/T 19616 中的有关规定执行。抽取的样品必须具有代表性，应在全批货物的不同部位随机抽取，样品的检验结果适用于整个检验批次。

(二) 检验结果数值修约

按 GB/T 8170 执行。

第三章　丽江烤烟品种标准化技术

第一节　烤烟种子管理规程

一、范围

本标准规定了丽江市烤烟生产用种的要求、贮存、调运和用种制度。

本标准适用于丽江市烤烟生产用种管理。

二、规范性引用文件

下列文件对于本文件的应用是必不可少的。凡是注日期的引用文件，仅所注日期的版本适用于本文件。凡是不注日期的引用文件，其最新版本（包括所有的修改单）适用于本文件。

YC/T 20　烟草种子检验规程

YC/21　烟草种子包装

三、采购

（一）计划

在当年烤烟收购结束后，根据下年度上级管理部门下达的产量指标确定用种量，并向上级管理部门申请用种量及品种结构。

（二）来源

按上级管理部门下达的计划，由市公司统一向供种单位按量调拨，各县分公司不得自行到任何单位调拨种子。

（三）质量要求

包衣种或催芽包衣种，要求裂解率达 100%，单粒率 98%，抗压强度 6 200g，室内发芽率 90%，田间发芽率 85%。

四、调运及贮存

（一）就位时间

根据年度生产计划，在当年 1 月下旬按时调运就位。

（二）调运

种子调运由市公司综合服务部统一组织，调运时必须有专人负责，确保各县分公司所属烟站按照计划按时播种，运输车辆必须干燥，无异味、无污染。

（三）验收

检查种子生产日期、种子名称、种子包装规格、数量，相关证件和单据，符合 YC/T 20 和 YC/21 要求的验收入库。

（四）贮存

堆放种子的仓库必须与农药、化肥分离，仓库保持清洁干燥，通风良好。分品种、包装规格整齐堆放，有防鼠、防盗、防潮设施。

五、用种制度

（一）计划供种

种子检验合格后，按市公司下达的产量指标和品种结构，各分公司要组织所属烟站必须在播种前 10d 对当年计划种植的农户进行登记造册，并签订烟叶种植收购合同，监督、核实好种植农户与育苗专业户签订的育苗供苗协议，在播种时将种子配发给育苗专业户。

（二）统一供种

①为确保种子的质量，育苗主体必须使用烟站提供的种子。

②品种布局实行两年一轮作。

③催芽包衣种每袋（2 800 粒）播种 0.067hm^2，常规包衣种每袋（3 800 粒）播种 0.1hm^2。

④严禁烟农自行留种和使用劣质品种。

⑤烟站不得超计划供种。

（三）剩余种子处理

育苗结束后，如有剩余种子，各县分公司要组织统一收回，全部上交市公司综合服务部，由市公司综合服务部统一上交上级管理部门，各县分公司、各基层站（点）不得私自处理剩余种子。

（四）种植品种

“全国烟草品种审定委员会”或“云南省烟草品种审定委员会”审定推广的烤烟品种。当前丽江烟区烤烟种植品种主要为云烟 87、云烟 97、云烟 116 三个品种。

第二节　云烟 87

一、范围

本标准规定了烤烟良种云烟 87 的品种来源、特征特性、产量、品质特点及栽培与烘烤技术要点。

本标准适用于云南省丽江市海拔 1 600~2 250m 烟区使用。

二、品种来源

该品种系云南省烟草农业科学研究院 1995 年以云烟 2 号为母本、K326 为父本杂交选育，采用系谱法选出的优良新品种。2000 年通过全国烟草品种审定委员会审定为推广品种。

三、品种特征

（一）农艺性状

打顶后株高 110~118cm，节距 5.5~6.5cm，茎围 7.1~8.03cm，有效叶 20~22 片。

（二）植物学性状

该品种株型塔形，打顶后近似筒形，腰叶长椭圆形，叶面皱，叶色深绿，叶尖渐尖，叶缘波浪状，叶耳大，叶片上下分布均匀。大田生育期 110~115d，田间生长整齐，生长势较强。花序集中，花枝少，花冠淡红色。蒴果长圆形，单株结实量相对较少，种子黄褐色。

（三）抗逆性

抗黑胫病，中抗南方根结线虫病，耐普通花叶病，抗叶斑病，中抗青枯病。

（四）产量和质量特点

原烟下部叶多为柠檬色，中上部烟叶为橘黄色，叶片厚薄适中，结构疏松。香气质好，香气量充足，杂气微有，刺激性微有，余味尚舒适，燃烧性强，烟灰白色。每公顷产量 2 250~2 625kg，上中等烟比例 90%以上。

四、栽培与烘烤要点

（一）移栽期

该品种宜在 4 月下旬至 5 月上旬移栽。

（二）施肥标准

该品种施肥量中等肥力田（地）施纯氮 105~120kg/hm^2，氮：磷：钾以 1：1：2.5 为宜。

（三）栽植密度

每公顷种植 16 500 株左右，单株留叶 20~22 片，初花期封顶。

（四）烘烤要点

该品种烟叶变黄速度适中，变黄较均匀，失水平衡，定色脱水较快，烟叶变黄定色、脱水干燥较为协调，容易烘烤。变黄期温度 38~40℃，使叶片变黄 9 成以上，定色期 52~54℃，将叶片基本烤干，干筋期温度不超过 68℃，湿球温度不超过 42℃，烤干全炉烟叶。

第三节　云烟 97

一、范围

本标准规定了烤烟良种云烟 97 的品种来源、特征特性、产量、品质特点及栽培与烘烤技术要点。

本标准适用于云南省丽江市海拔 1 500~1 800m 烟区使用。

二、品种来源

该品种系云南烟草农业科学研究院以云烟 85 为母本、CV87 为父本杂交选育而成。于 2009 年 3 月 10 日通过全国烟草品种审定委员会审定为推广品种。

三、品种特征

（一）农艺性状

打顶后株高 100~120cm，节距 5.92cm 左右，茎围 10.72cm 左右，有效叶 18~20 片。

（二）植物学性状

该品种腰叶长椭圆形，叶面皱，叶色深绿，叶尖钝，叶缘波浪状，叶耳中等，叶片上下分布均匀。大田生育期 110~125d，田间生长整齐，生长势较强。花序集中，花枝少，花冠红色。蒴果长圆形，单株结实量相对较少，种子黄褐色。

（三）抗逆性

抗黑胫病，低抗赤星病，感花叶病、根结线虫病及马铃薯 Y 病毒病（PVY）。

（四）产量和质量特点

原烟下部多为柠檬色，中上部烟叶为橘黄色，叶片厚薄适中，结构疏松。香气质好，香气量充足，杂气微有，刺激性微有，余味尚舒适，燃烧性强，烟灰白色。每公顷产量 2 250~2 625kg，上中等烟比例 90%以上。

四、栽培与烘烤要点

（一）移栽期

该品种宜在 4 月下旬至 5 月上旬移栽。

（二）施肥标准

该品种施肥量中等肥力田（地）施纯氮 90~120kg/hm^2，氮：磷：钾以 1：1：2.5 为宜。

（三）栽植密度

每公顷种植 16 500 株左右，单株留叶 20~22 片，初花期封顶。

(四) 烘烤要点

该品种烟叶变黄速度适中，变黄较均匀，失水平衡，定色脱水较快，烟叶变黄定色、脱水干燥较为协调，容易烘烤。变黄期温度36~38℃，使叶片变黄9成以上，定色期52~54℃，将叶片基本烤干，干筋期温度不超过68℃，湿球温度不超过42℃，烤干全炉烟叶。

第四节　云烟116

一、范围

本标准规定了烤烟良种云烟116的品种来源、特征特性、产量、品质特点及栽培与烘烤技术要点。

二、品种来源

该品种系云南烟草农业科学研究院以中间材料8610-711为母本、单育2号为父本杂交，经系谱选择培育而成。于2016年6月通过全国烟草品种审定委员会审定。

三、品种特征

(一) 农艺性状

打顶后平均株高115.5cm，节距5.3cm左右，茎围10.2cm左右，有效叶21片左右，最大腰叶长74.5cm，最大腰叶宽28.3cm。

(二) 植物学性状

该品种株型塔形，叶片长椭圆形，叶色绿，茎叶角度中等。大田生育期126d左右，田间长势较强，烟株整齐度好，分层落黄特征明显。

(三) 抗逆性

中抗黑胫病、根结线虫病和普通花叶病（TMV），中感赤星病和青枯病，感烟草黄瓜花叶病（CMV）和烟草马铃薯Y病毒病（PVY），其综合抗性水平与K326相当。

(四) 产量和质量特点

原烟颜色多金黄，光泽强，正反面色差小，成熟度好，结构疏松，整体原烟外观质量与K326相当，但整体感观质量略低于K326，每公顷产量2 250~2 625kg。

四、栽培与烘烤要点

(一) 移栽期

该品种宜在4月下旬至5月上旬移栽。

(二) 施肥标准

该品种施肥量中等肥力田（地）施纯氮105~120kg/hm^2，氮：磷：钾以1：1：

(2.5~3)为宜。

(三)栽植密度

每公顷种植16 500株左右，单株留叶20片左右，初花期封顶。

(四)烘烤要点

该品种烟叶变黄速度适中，变黄较均匀，失水平衡，定色脱水较快，烟叶变黄定色、脱水干燥较为协调，容易烘烤。变黄期温度36~38℃，使叶片变黄9成以上，定色期52~54℃，将叶片基本烤干，干筋期温度不超过68℃，湿球温度不超过42℃，烤干全炉烟叶。

第四章　丽江烤烟育苗标准化技术

第一节　育苗专业化服务规范

一、范围

本标准规定丽江市烤烟育苗专业化服务运作模式、工作标准、管理、评价考核等。

本标准适用于云南省丽江市育苗专业化服务。

二、术语和定义

育苗专业化服务指在现代烟草农业运作中，由集体和个人为烟农提供专业化育苗服务的商品化运作模式，分为烤烟育苗专业合作社（以下简称合作社）和烤烟育苗专业户（以下简称专业户）。

三、合作社运作模式

（一）组织模式

1. 成员构成

合作社成员由现金出资人与综合服务社理事长、受益村组烟农构成。综合服务社理事长、受益村组烟农代表各自合作社烟农行使权利。

2. 组织机构

按照“地位平等、民主管理”的原则，召开设立大会，采取无记名投票方式，选出理事长 1 名，监事长 1 名，并成立理事会和监事会。

（二）资产组成及量化模式

1. 现金入股

根据现金入股人入股资金分配股份。

2. 烟草补贴

补贴资金量化到烤烟综合服务社与受益村组烟农，按基本烟田面积持有股份。

（三）经济运行模式

1. 烟草生产季节专业服务运行模式

在整个烟草生产季节专业服务运作中坚持“成本运作，普惠烟农”的宗旨，服务成本由育苗成本、维护成本 2 个部分组成。

2. 烟苗价格确定

烟苗价格由合作社、烟农、烟草企业共同确定。

3. 收益分配

出资人建设的资产获得的利润由合作社按照股份进行分配；烟草企业出资部分获得的利润一部分由烟农享有，在烟苗价格中进行抵扣，另一部分用于育苗设施、场地的维修和维护。

（四）非烟草生产季节服务运行模式

非烟草生产季节合作社的所有作业收益，由现金入股人享有，并抽取一部分作为大棚管护资金。综合服务社理事长、受益村组烟农同时享有资产的监管权力。

（五）合作社服务管理

1. 执行考核机构

合作社理事会。

2. 工作职责

①负责全面执行《丽江市烤烟大棚育苗操作技术规程》规范操作。

②育苗记录翔实、完整，交接班记录详细。

③负责对临时用工人员进行培训、调配使用等工作。

④对育苗各环节的作业用工、物资等费用情况进行核实、登记。

⑤按育苗技术操作规程对临时用工人员的作业质量和工时进行现场考核验收。

⑥接受育苗专业合作社和现代烟草农业管理中心站的管理、技术指导及监督。

⑦按合同种植计划做好育苗的发放工作，育苗不足必须如数退还烟苗购买者不足部分的苗款，并承担相应的责任；如育苗数量超过规定的计划数量，在现代烟草农业管理中心站现场监督下集中销毁。

⑧完成合作社交办的其他工作任务。

四、专业户运作管理

（一）专业户的产生

由专业户所在的村委会或村民小组的种烟农户推荐产生。

（二）专业户条件

①有一定经济基础，能承担育苗风险。

②有多年烟叶种植经验，服从村委会和烟站管理。

③具有初中以上文化程度，责任心强。

（三）资产组成及运作模式

①育苗大棚由烟草企业出资修建，育苗场地由专业户提供。

②育苗价格由烟草企业、专业户、烟农共同商议确定。

五、考核管理

（一）考核单位

由专业户所在烟站对专业户进行日常考核，根据考核结果兑现专业化育苗补贴。

（二）考核指标

1. 培育壮苗

壮苗标准及壮苗培育方法见 Q/LJYC 1. 12 烤烟漂浮育苗技术规程。

2. 病害防治

把培育无病壮苗的理念贯穿于育苗管理整个过程中，落实到具体的各个环节的消毒工作当中，切实加强病虫害管理。

3. 痕迹管理

应详实记录育苗管理情况，育苗、供苗、毁苗等育苗档案内容完备、逻辑清晰，确保实现可追踪查询。

4. 大棚维护

按照育苗专业合作社育苗工厂管护办法的规定，切实加强大棚维护，确保大棚运行良好。

5. 烟农意见

把服务好烟农、为烟农提供优质产品、满足烟农生产需要作为商品化育苗工作指导思想，认真履行职能职责，切实兑现供苗协议各项指标要求，让烟农满意。

第二节　烤烟漂浮育苗技术规程

一、范围

本标准规定了丽江市范围内烤烟漂浮育苗的育苗材料、苗棚建造、装盘播种、苗期管理及成苗标准等。

本标准适用于云南省丽江市烤烟漂浮育苗生产。

二、规范性引用文件

下列文件对于本文件的应用是必不可少的。凡是注日期的引用文件，仅所注日期的版本适用于本文件。凡是不注日期的引用文件，其最新版本（包括所有的修改单）适用于本文件。

GB/T 25241. 1—2010　烟草集约化育苗技术规程　第 1 部分：漂浮育苗

YC/T 310—2009　烟草漂浮育苗基质

Q/LJYC 1. 16　丽江烤烟综合标准　第 16 部分：病虫害综合防治规程

三、成苗标准

苗龄6~70d，茎高12 ~15cm，茎秆直径>0.6cm，移栽时有绿色功能叶3~4片，叶色正绿，无病菌（毒）侵染，根系发达，白根多，无明显主根，茎秆韧性强、不易折断，群体清秀、整齐一致。

四、育苗材料

（一）育苗盘

模压泡沫塑料制成，长宽高53cm×33.5cm×6cm，162孔；或长宽高65.5cm×34.5cm×6cm，162孔。两者孔径统一为2.5cm×2.5cm。

（二）基质

符合YC/T 310—2009规定。

（三）营养液肥

使用与基质配套的营养液专用复合肥。

（四）聚乙稀膜

池膜长宽为7.6m×2.0m、厚度为0.1~0.12cm的黑色或白色半透明膜，盖膜为9.0m×3.0m、厚度为0.1~0.12mm的白色半透明聚乙烯膜。

（五）拱架棚

大棚用镀锌铁管焊接的固定拱架。小棚可用铁条制作或竹条捂拱便于拆卸的活动式简易棚，拱架条长度2.9m，宽度1.5~2.0cm，拱定弧形，最高点距池底90cm。

（六）空心砖

用40cm×20cm×20cm的空心砖支砌育苗池。

（七）种子

统一使用上级指定种子供应单位提供的烤烟漂浮育苗专用催芽包衣种。

五、育苗棚建造

（一）育苗场地选择

育苗场地要选择在通风向阳，地势相对平坦，靠近洁净水源，地下水位低，不易积水，交通便利，与村庄、蔬菜地或其他病虫越冬寄主有一定隔离距离且周围无污染的地方。

（二）大棚

长×宽×高为30m×7m×3.5m。棚架用镀锌铁管焊接而成，两侧设通风窗，通风窗距地面高度1m，两端各设一道门，门高1.5m，宽1m。为减少虫害进入，门、窗都要加设40目以上防虫尼龙沙网，可有效防止害虫进入棚内。

（三）小拱棚

用铁条或竹条等拱架材料搭棚。池底距拱顶90cm，拱架间距70~75cm，棚间距30cm（不含埂），棚横向位置拉3道线，纵向位置拉2道线予以固定。加盖40目以上防虫沙网、聚乙烯膜、黑色遮阴网。棚脚用细沙包或其他可用材料压严。

（四）育苗池

用空心砖支砌池埂。池内径长×宽×高为 5.6m×1.38m×0.2m 或 6.7m×1.38m×0.2m。池埂与池底垂直，池底水平，铺一层细土，保证池底无尖硬物，铺上池膜装入水即成，每池漂 40 盘。

（五）营养池用水

选用无污染的地下水或饮用水，pH 值在 6~7.2，不在此范围内的要用氢氧化钠或硝酸进行调整。

池水深 14~15cm，每立方米（吨）水用 15~20g 粉未状漂白粉直接撒入池水中。

严禁使用受污染的水源。

六、装盘播种

（一）消毒

1. 育苗材料

严格对旧漂盘、池膜、盖膜、沙网、空心砖等育苗器具进行消毒。采用当年上级主管部门推荐使用的消毒药剂进行消毒，器具消毒后晾干放置备用。新盘可免去消毒。

2. 剪叶机具

剪刀：用 75%酒精或肥皂、漂白粉浸泡 1min 左右。

剪叶机：每剪完 10 盘用配备好的消毒液对剪叶机刀片喷消 1 次。

3. 操作管理人员

在进入棚群前应洗手。

（二）基质装盘

1. 检查基质水分

基质装盘时水分要求为湿润适宜，即手握能成团、松手落地即散开为宜。

2. 装盘

（1）人工装盘。盘面上装满拌和好的基质后，抬高轻轻反复掷两下，用洁净竹片刮平盘面，露出孔隔，从育苗盘底部检查是否每孔都已填实；两段式育苗所使用的基质应用筛孔径为 5~5.5mm 的筛子过筛，将大颗粒或块状基质除去，但要保留基质中的珍珠岩成分。

（2）机械装盘。严格按机械装盘播种机操作说明规程进行。

（三）播种

1. 播种时间

高海拔（2 100m 以上）的烟区宜在 2 月 25 日前结束。

中海拔（1 700~2 100m）的烟区宜在 3 月 1 日前结束。

低海拔 1（ 700m 以下）的烟区宜在 3 月 15 日前结束。

2. 播种方法

先用压穴板压出播种孔穴，保证播种深度一致。每个孔穴正中放一粒包衣种，每棚用 10%的盘每穴点播 2 粒种子作补苗备苗。播种后撒一层筛过的细基质到种子微露，再用洁净竹片来回轻刮平，露出孔隔。

另外，一般是当天装盘，当天播种，当天漂盘。

七、苗期管理

（一）水分管理

整个育苗期池水保持在10~15cm。

（二）全苗

在小十字期至大十字期前进行查补苗，从备苗中调整，保证全苗。

（三）施肥管理

全市统一用漂浮育苗专用营养液肥，第一次施肥宜在出苗30%左右进行，施肥量用盘计算，每盘30~35g；第二次施肥时间宜在第一次施肥后10~15d进行，施肥量25~30g。在第二次施肥后10~15d，根据烟苗长势情况，确定是否进行第三次施肥，若需第三次施肥，必须在移栽前20d进行，施肥量以每盘15~20g为宜。每次施肥时，池水深度应保持在13cm，以防止肥料浓度过高烧苗或过低影响利用率。

（四）温度湿度管理

播种至成苗前通过盖膜来调控棚内温（湿）度，棚内温度最高不超过35℃，以25~28℃为宜。湿度以棚膜内不滴水为宜；成苗期将四周棚膜卷起，加大通风透光，使棚内温湿度接近自然环境，并适当控水控肥。

（五）剪叶

掌握前促、中稳、后控的原则，剪叶4~5次。当烟苗长到5片真叶基本封盘后，开始第一次剪叶，注意平剪少剪，抑大促小，使之整齐；之后每隔5~7d剪1次，逐步清除茎基黄叶，增强通风透光，增加茎秆韧性，并在第二次剪叶时将伸出盘底的根系用洁净竹片刮掉，协调地上和地下部生长的一致性。剪叶时注意每次只能剪叶片的1/2至1/3，不要伤到生长点。保证剪后棚内外的整洁干净。

（六）病虫害防治

1. 主要防治对象

烟蚜、病毒病（烟草普通花叶病、黄瓜花叶病、马铃薯Y病毒病等）、猝倒病、炭疽病、立枯病、根腐病等。

2. 药剂防治

（1）烟蚜。采用40%氧化乐果乳油1 000倍液对育苗大棚周围的杂草、花椒树进行蚜虫统防统治，以减少迁飞蚜虫的数量和烟田蚜源。育苗大棚内悬挂黄板进行棚内蚜虫的监测，发现棚内有蚜虫时可用以上药剂进行防治1次，移栽前1d再防治1次。

（2）病毒病。在每次剪叶前，喷24%毒消乳油600~800倍液进行保护。移栽前1d可再喷施1次进行预防。

（3）猝倒病、炭疽病、立枯病。“大十字”期间用160~200倍波尔多液喷雾保护，炭疽病发病初期，用50%甲基托布津500倍液喷雾，间隔7~10d，连续2~3次。立枯病、猝倒病发生时，用58%甲霜灵锰锌500倍液喷施1~2次，每次间隔7~10d。

3. 烟苗病毒病的检测

在移栽结束后应及时收集苗盘、棚膜等。苗盘需用水冲洗干净，放在清洁、干净、无鼠害的地方，以防损坏。

八、其他注意事项

每个棚群设立相应的观察棚，所有人员进入育苗棚区禁止吸烟，平时只开放观察棚，无关人员禁止进入育苗棚区。

不能在育苗池水中洗手洗物；保持棚内外环境卫生，间苗、除草、剪叶、剪根时产生的丢弃物一律要清除干净。

随时检查，发现有花叶病苗及时拔除，并进行普遍农药防治。

管理人员进入棚区要洗手，剪叶刀具必须做好清洗消毒。

第五章　丽江植烟土壤保育标准化技术

第一节　基本烟田建设与保护规程

一、范围

本部分规定了丽江市基本烟田的规划和保护。

本部分适用于丽江市烤烟生产。

二、规划

（一）规划依据

1. 生态环境

Q/LJYC 1.6—2010　烤烟生产自然环境条件。

2. 社会经济条件

依据辖区内人口、劳力、土地、水利、交通条件等因素进行规划。

3. 基础设施

依据现有烤房、水池、水窖、育苗设施等基础设施条件对基本烟田进行合理规划。

（二）规划面积

全市耕地面积243.19万亩，1 000~2 300m海拔区域适宜烟区面积128.54万亩，排除劳力、交通、水利、地理位置等不利因素，远期框定全市可用于规划轮作烟叶面积125万亩，近期（2010—2015年）规划基本烟田105万亩，并逐步配套水利设施、田间道路以及土地整理、烤房建设和改造，改善生产基础条件，增强抗御自然灾害的能力。

（三）规划周期

基本烟田规划以5年为1个周期进行。

（四）规划程序

根据烟叶生产发展规划，由烟叶生产经营部牵头，烟叶技术中心、各县局（分公司）配合对基本烟田进行规划，确定全市基本烟田面积后，对基本烟田进行编码，统一整理、分类后由市局（公司）党委研究确定。

三、保护制度

①划定的基本烟田保护区，由当地人民政府设立标志，予以公告。

②基本烟田保护区范围内的种烟村、组，应在《村规民约》或《村民自治章程》中明确基本烟田保护的规定及具体措施。

③建立以烤烟为主的耕作制度。烤烟→大麦、蚕豆、油菜（或绿肥、冬闲）→水稻、玉米→大麦、蚕豆、油菜（或绿肥、冬闲）→烤烟。

④建立基本烟田计算机信息，实行基本烟田户籍化管理，充分利用信息手段实现基本烟田保护的规范化和科学化。

⑤国家重点建设项目经批准占用基本烟田的，除按照《中华人民共和国土地管理法》及相关法规缴纳征用土地补偿费外，还要按照“谁占用，谁补偿”的原则，对被占基本烟田的农业基础设施进行补偿。

⑥建立基本烟田保护的检查、奖惩制度。

第二节　烟区环境质量基本要求

一、范围

本标准规定了丽江市烤烟生产区域的环境质量基本要求。

本标准适用于丽江市辖区内烤烟生产。

二、规范性引用文件

下列文件对于本文件的应用是必不可少的。凡是注日期的引用文件，仅所注日期的版本适用于本文件。凡是不注日期的引用文件，其最新版本（包括所有的修改单）适用于本文件。

GB 1877　有机-无机复混肥料

NY 525　有机肥料

GB 4285　农药安全使用标准

GB/T 8321.1　农药合理使用准则（一）

GB/T 8321.2　农药合理使用准则（二）

GB/T 8321.3　农药合理使用准则（三）

GB/T 8321.4　农药合理使用准则（四）

GB/T 8321.5　农药合理使用准则（五）

GB/T 8321.6　农药合理使用准则（六）

GB/T 8321.7　农药合理使用准则（七）

GB/T 23223—2008　烟草病害药效试验方法

三、控制措施

（一）制度控制

建立以烟为主的耕作制度，合理开发利用自然资源，改善种植区域环境质量，防止土壤污染、水土流失和土地沙化、盐渍化、贫瘠化。使用农药和化肥应符合 GB 1877、NY 525、GB 4285、GB/T 8321.1、GB/T 8321.2、GB/T 8321.3、GB/T 8321.4、GB/T 8321.5、GB/T 8321.6、GB/T 8321.7、GB/T 23223—2008 等规定。

（二）技术控制

①及时为烟农提供施肥配方，合理施用肥料。

②推广使用高效、低毒、低残留农药和生物防治病虫害技术。

③推广配方施肥技术，鼓励秸秆还田，扩种绿肥，增施农家肥，提高土壤有机质，改善土壤理化性状。

四、保护方法

不应向基本烟田保护区内排放、抛弃有毒、有害的“三废”物质，确保烤烟生产安全，促进基本烟田的可持续利用。

在植烟区域内，按面积合理设置垃圾处理池，对废弃物进行分类处理。对烟用农膜、地膜、农药包装物及废弃物进行回收并集中销毁，对烤烟打顶抹芽后的烟株残体进行挖坑消毒和掩埋处理。

不应向农用水体、土地倾倒和排放垃圾、废渣、油类、剧毒废液和含病原体废弃物；不应在农用水体中浸泡、清洗、丢弃装贮过油类、有毒污染物的载体。

要坚持实行轮作制度，注意前茬作物品种的选定工作，严格控制施肥量和施肥品种，防止施肥不当可能对烟叶造成的危害和影响。

积极维护退耕还林政策，不应用木材代替烟煤烤烟，推行烟煤补贴政策，保护区域自然植被。

五、监督管理

对从事烟叶生产的县、乡镇、村社、烟农要严格遵守国家有关环境保护法律、法规，加强对烟叶生产过程中可能对环境带来损害的过程进行控制。若造成土地、森林、草原、大气、水体等资源污染和破坏的，除由有关主管部门依照有关法律、法规的规定追究法律责任外，烟草部门还将报请地方党委政府取消单位（个人）的烤烟种植资格。

第三节　烟田种植轮作要求

一、范围

本部分规定了丽江市烤烟种植轮作要求、管理方法。

本部分适用于丽江市烤烟种植轮作管理。

二、总体要求

实行连片种植。在规划区内的烟田以村社为单位进行统一规划、连片种植，按区域化连片轮作。

坝区连片规模为 3.33hm^2 以上为宜，山区连片规模为 2hm^2 以上为宜。

轮换作物以禾本科作物为主，不应与茄科、葫芦科和十字花科作物轮换种植。

实行隔年轮作为主的种植制。

旱地轮作：烤烟→油菜（空闲）→玉米→油菜（空闲）→烤烟

水旱轮作：烤烟→小麦（蚕豆）→水稻→小麦（蚕豆）→烤烟

全市轮作比例要求达到 80%以上。

三、轮作管理

根据生产任务，以村民委员会或村民小组为单位，组织烟农实施。按计划栽烟面积先规划出界线清楚的轮作种烟区域片区，再由乡（镇）、烟站组成联合落实组，把各规划片区内的田块逐一落实到各家各户。

在年度生产计划落实阶段，由乡（镇）、烟站负责组织调节平衡户间种植面积，保证规划植烟区域内连片轮作。

建立轮作档案，实行微机信息化管理。实行到乡、到村、到片、到户、到田的“五到”轮作档案管理制度，并纳入村规民约中，规范烟农种烟行为。

轮作档案由市、县烟草公司烟叶生产主管部门负责管理。

第四节　植烟土壤改良技术规程

一、范围

本部分规定了丽江市范围内烤烟对土壤的要求、土壤性状监测及改良措施等。

本部分适用于丽江市范围内的烤烟生产。

二、规范性引用文件

下列文件对于本文件的应用是必不可少的。凡是注日期的引用文件，仅所注日期的版本适用于本文件。凡是不注日期的引用文件，其最新版本（包括所有的修改单）适用于本文件。

GB 1877　有机-无机复混肥料

NY 525　有机肥料

三、养分丰缺评价指标

养分丰缺评价指标如表 5-1 所示。

表 5-1　养分丰缺评价指标

项目	贫乏	低	中	高
有机质（%）		<1.99	2.0~2.99	>3.0
碱解氮（mg/kg）		<60.0	60.0~150.0	>150.0
速效磷（mg/kg）		<5.0	5~18	>18.0
速效钾（mg/kg）	<50.0	<80.0	80.0~160	>160.0
速效镁（mg/kg）		0.41~0.47	0.48~0.98	
速效锌（mg/kg）		0.5~1.0	1.1~2.0	
速效硼（mg/kg）	<0.10	0.10~0.49	0.5~0.99	>1.0

四、土壤障碍因子

主要障碍因子包括板结、pH 值较低或较高、冷浸营养缺乏。

五、土壤状况监测

以丽江市烤烟种植区划和丽江市烟叶生产综合管理信息系统为基础，将土壤有机质、pH 值、速效氮、速效磷、速效钾及其他物理性状方面的检测数据进行归类录入，并注意分析动态变化趋势。

六、土壤改良措施

（一）轮作

1. 水旱轮作

（烤烟→小麦或油菜）→（水稻→小麦或蚕豆）→……

2. 旱地轮作

（烤烟→小麦）→（玉米→小麦或冬闲）→……

（二）施用有机肥

1. 绿肥

烤烟前作种植一季绿肥并直接翻耕还田。

2. 农家肥

每亩施用500~1 000kg腐熟农家肥（提倡在烤烟前作施用）或GB 18877、NY 525规定的肥料。

3. 秸秆还田

收获后的作物秸秆直接还田。一是直接将其切碎均匀撒在田间翻犁入土，二是将烤烟前作秸秆铺于烟墒之间，对提高地力、改善植烟土壤结构均具有良好的作用。

（三）pH值调节

土壤pH值在5.5以下，用熟石灰（$CaCO_3$）900kg/hm^{2}撒施，而后翻耕整地，隔年使用，撒施3次以上；土壤pH值在8以上，用石膏（$CaSO_3$）1 000kg/hm^{2}撒施。

（四）排灌沟渠

在基本烟田修建沟渠、水池、水窖，提高烟田抵御干旱和洪涝灾害的能力。

（五）深耕晒垡

能机耕的植烟地块，应采用机耕深翻，深耕25~30cm，并晒垡15~20d。

第五节　烟田整地、起垄技术规程

一、范围

本标准规定了烟田整地、起垄技术规程。

本标准适用于丽江烟草整地、起垄技术。

二、管理内容和方法

（一）整地

1. 深耕晒垡

冬闲田冬前深耕晒垡。前作种植大麦、小麦的田块，收割后及时整地理墒。耕层深度以15~20cm为宜，扩大养分和水分吸收范围。平整土地，做到田平、土细、均匀一致。要大力推行机械化深耕作业，减轻劳作强度，提高深耕质量。

2. 开挖排水沟

田烟必须在四周开挖边沟，较大田块还要开挖腰沟，沟深40~50cm，并理好每块田地四周边沟和腰沟，起到排水和降低地下水位的作用。

3. 理墒规格

田烟墒面宽不低于35cm，墒高不低于30cm；地烟墒宽不低于35cm，墒高不低于20cm；撕膜培土后墒高分别达35cm和30cm。土层深厚，成熟期容易积水的烟田，揭膜培土后墒高要达到 40cm 以上。

4. 理墒方法

（1）定位施肥。待确定行株距后，理墒到田烟墒面高度 20cm、地烟 10cm 时，以栽烟点为中心将基肥环状施于直径 15~20cm 的范围内，然后再理墒到田烟墒高不低于 25cm、地烟墒高不低于 20cm 的高度，连片种植烟田地要统一墒向。无论是田烟还是地烟都要求做到墒与墒之间宽度一致、深浅一致，做到墒面饱满、沟直、土细、排水通畅。

（2）条形施肥。待确定行株距后，在理墒前按照确定的行距，以每亩施 3~10kg 基肥的量，在理墒地位置均匀撒施，起垄时将基肥位于垄心位置理墒，田烟理墒到田烟墒高不低于 25cm，地烟墒高不低于 20cm 的高度，连片种植烟田地要统一墒向。无论是田烟还是地烟都要求做到墒与墒之间宽度一致，深浅一致，做到墒面饱满、沟直、土细、排水通畅。

（二）技术关键

确保墒体宽度达到要求，以便于揭膜后提沟培土，利于烟株根系的发育和营养吸收。连片成方烟田要打破户界，统一按预定的行距划行，行距一般好地为 1.2m，中等地、薄地力为 1.1m。垄高 30cm 左右，上浸易涝、地势低矮地可适当抬高，沙壤旱薄地垄高可适当降低。要求垄直沟平，深浅一致，垄体宽窄一致，土壤细碎，上虚下实。

（三）起垄技术要点

1. 起垄时间

一般要求在清明节前后立即起垄，4 月 20 日前起垄结束。对于地膜覆盖烟田，特别是先覆盖后栽烟和膜下小苗移栽的烟田，更应趁墒早起垄。

2. 垄体规格

垄距根据地势和地力情况为 1.1~1.2m，垄高 30cm 左右，垄体饱满呈弧形，垄底宽依烟行距而定，一般保持两垄及沟宽 20cm 左右即可。土壤细碎，垄行排列整齐。

3. 垄行走势

平地南北走向起垄，缓坡地沿等高线起垄。

4. 起垄方法

人工起垄的，起垄前要充分细犁细耙，使烟田疏松，土碎地平，按规划的垄距划线定位，其后按照双条带施肥方法施入基肥，即可进行起垄，起垄后用锄头或钉耙等整理垄体。

机械起垄的，调试好机械设备，按照设定的宽度，实现旋耕与高标准成垄相结合。

（四）烟田起垄应注意的问题

掌握时机趁墒起垄，以春耕后立即起垄为好。如果起垄过晚，遇旱缺墒不利于移栽和烟株生长。遇上多雨季节，少晴天气，由于土质黏重，耕性较差，往往不能适时起垄，耽误栽烟，或者起垄质量差，土壤板结，影响烟株生长。起垄晚，到栽烟时，土壤已经跑墒，垄体尚未踏实，影响烟株根系发育。

地膜覆盖烟田，起垄一般应在移栽前 15~20d 开始，起垄和施肥可同时进行，起垄时的湿度不宜过大，以相对湿度为 55%最好，如果湿度大，易造成土壤板结，透气性差，对生长发育不利。要求土碎垄直，垄体饱满，精细起垄。

起垄时一定要拉线定位，做到垄直沟平，深浅一致，排灌顺畅。

对于某些特殊的丘陵旱薄地或坡度过大的地块，是否适宜起垄以及起垄的时间和规格，应根据当地的具体情况而定。

第六节　烟田土壤水分管理技术规程

一、范围

本标准规定了丽江烤烟大田水分灌溉及排水技术操作规程。

本标准适用于丽江烤烟大田土壤水分管理。

二、规范性引用文件

下列文件对于本文件的引用是必不可少的。凡是注日期的引用文件，仅注日期的版本适用于本文件。凡是不注日期的引用文件，其最新版本（包括所有的修改单）适用于本文件。

GB 5084—1992　农田灌溉水质标准

SL 13—1990　灌溉试验规范

SL 109—1995　农田排水试验规范

SL 207—1998　节水灌溉技术规范

三、管理内容和方法

（一）烤烟水分管理

丽江雨量分配不均。主要表现在烤烟大田移栽期干旱，影响烟株的早生快发。旺长期雨量偏少，严重制约烟株的生长发育，而在采烤期雨量过分集中，土壤水分含量过多，导致烟株中上部叶片病害滋生，耐养性变差，直接制约烟叶品质的提高。在生产中应根据烤烟大田不同生育期对水分的需求规律，加强对水分的管理，以满足烤烟生长发育的需要。烟水工程设施参照 GB 5084—1992、Q/LJYC 1. 32—2010 执行。

（二）技术要求

1. 移栽期

利用移栽器（如啤酒瓶、圆木柱）实现定位深施底肥，明水移栽，移栽时必须保证充足的水分供给。每塘（株）浇水 1kg 以上，达到明水栽培的要求。

2. 还苗期

移栽 7d 后，是烤烟还苗需水的关键时期，此时必须保证土壤湿度在 60%左右，利于还苗成活，在早晨或者下午浇灌还苗水，每塘（株）浇 0. 5kg。若干旱严重，应每隔 2~3d 浇 1 次。

3. 旺长期

此时是烟株生长中需水最多的时期，应根据烟地墒情，满足烟株需水要求，适当补给水分，促进茎秆伸长和叶片开片良好。

4. 现蕾期

降水量能满足烤烟生长对水的需求时，不需灌溉，但要注意排涝。具体规范参照SL13—1990。

如持续 15d 不下雨，应进行喷灌或人工浇水，防止底烘。

5. 成熟期

烟叶成熟时，由于进入雨季，还要及时提沟，排出多余水分，做到沟无积水。依据 SL 109—1995 规范要求排水。

第六章　丽江烟叶生产标准化技术

第一节　烤烟测土配方施肥技术规程

一、范围

本部分规定了丽江市烤烟施肥的原则、种类、数量、技术及土壤样品的采集与土壤肥力的确定。

本部分适用于丽江市烤烟生产施肥管理。

二、规范性引用文件

下列文件对于本文件的应用是必不可少的。凡是注日期的引用文件，仅所注日期的版本适用于本文件。凡是不注日期的引用文件，其最新版本（包括所有的修改单）适用于本文件。

GB/15063　复混肥料（复合肥料）

GB 18877　有机-无机复混肥

NY 525　有机肥

三、施肥原则

（一）养分平衡原则

通过把测土配方与当地土壤肥料利用状况、施肥经验相结合，促进烟株营养平衡。

（二）有机肥与无机肥混施原则

通过化肥与农家肥适当配比，提高烟叶内在质量。

（三）因土施肥原则

根据土壤类型、质地、耕层深厚、养分丰缺状况确定施肥量和施肥方法。

（四）因品种施肥原则

烤烟品种对营养元素需求的差异是决定施肥量多少的主要依据。

（五）因气候施肥原则

雨水多、气温低的年份肥料流失大而利用率低，肥料施用量尤其是氮肥、钾肥要适当增加。

（六）看苗施肥原则

看烟株长势，适当增减追肥用量和次数。

（七）坚持“控氮、稳磷、增钾、补微肥”的原则

四、土壤取样及分析项目

（一）确定取样数

采样前要详细了解种烟地区的种烟面积、土壤类型、肥力等级和地形等因素，将植烟区域划分为若干个片区，每个片区取5个以上土样。采样点应具有代表性，土壤、地力尽可能均匀一致。

（二）采样时间

确定为植烟的地块，必须在前茬作物收获（秋后）或种植烤烟前取样。旱地一般选晴天或是雨后晾干到土不粘取土工具时进行。

（三）耕层混合土样的采集

1. 选点

在所要采集的区域内，按照“随机”“等量”和“多点混合”的原则进行采样。一般采用“S”形布点采样或五点取样法，能够较好地克服耕作、施肥等造成的误差。在地形变化小、地力较均匀的地方，以梅花形布点采样。布点时要避开沟边、田边地脚、堆肥等特殊位置。

2. 深度

以耕作层（土表面至犁底层）的深度为准，每个采样点的取土深度、上下土体和采样量要均匀一致，一般为0~25cm，深的可达30cm以上。

3. 采样

一般作常规分析的土样用铁铲取，若要分析微量元素，应用不锈钢取土器或木器取样。取样时，先将所取处杂物去掉，挖1个深至犁底层的小坑，选一个较完整的剖面，距剖面2~4cm处用铁铲（或不锈钢取土器、木器）往下压至犁底层，把土撬取并舍去两边的小部分，把中间的土（约1kg）装入样品袋内。同时，注意清除石块、植株残体等杂物。

4. 取舍

将多个采样点的土样混匀，采取四分法（把土样铺成四方形，划对角线，分成4份，把对角的2份分别合成1份，保留1份，弃去1份）将土样留足1kg放入样品袋，再把铅笔填好的标签（写明采集地点、日期、土壤名称、编号及采样人等）于袋内、袋外各放1张。

（四）送样和化验分析项目

土样取好后要送到有资质的化验室进行化验分析，按照取样的目的，由送样人员负责填写送样单，确定分析项目。

土壤化验分析项目：pH值、水分、有机质（%）、全氮（%）、全磷（%）、全钾（%）、碱解氮（mg/kg）、速效磷（mg/kg）、速效钾（mg/kg）和硼、锌、钼等微量元素。

五、肥料种类

无机肥：烤烟专用复混（合）肥、硝铵、普通过磷酸钙、钙镁磷肥、硫酸钾、氮-钾追肥、磷酸二氢钾、硼肥、锌肥以及烤烟允许使用的其他新型肥料。

有机肥：饼肥、充分腐熟的无茄科秸秆（特别是烟株残体）的农家肥等。

有机无机复混肥：无机肥和有机肥的混合物。

所用肥料要符合 GB/ 15063、GB 18877 和 NY 525 的要求。

六、施肥量

（一）不同土壤肥力有机肥施用量

不同土壤肥力有机肥施用量如表 6-1 所示。

表 6-1　不同土壤肥力有机肥施用量

土壤有机质含量（%）	厩肥用量（kg/hm²）	油枯（kg/hm²）
>3	不施	不施
1. 5~3	不施	300~450
<1. 5	15 000~22 500	300~450

（二）土壤中氮肥含量与施氮量确定

土壤氮肥含量与施氮量确定如表 6-2。

表 6-2　土壤中氮肥含量与施氮量确定

级别	有机质（%）	碱解氮（mg/kg）	云 87 纯氮用量（kg/hm²）
高	>4. 5	180	30~60
较高	3~4. 5	120~180	60~75
中等	1. 5~3	60~120	75~105
低	<1. 5	<60	105~135

（三）土壤磷肥含量与氮磷配比

土壤磷肥含量与氮磷配比如表 6-3 所示。

表 6-3　土壤磷肥含量与氮磷配比

级别	速效磷（mg/kg）	云 87（氮：五氧化二磷）
高	>40	1：(0. 2~0. 5)
中等	10~40	1：(0. 5~1)
低	<10	1：(1~1. 5)

（四）土壤钾肥含量与氮钾配比

土壤钾肥含量与氮钾配比如表6–4所示。

表6–4　土壤钾肥含量与氮钾配比

级别	速效钾（mg/kg）	云87（氮：氧化钾）
高	>250	1：1.5~2
中等	100~250	1：2~2.5
低	<100	1：2.5~3

（五）施肥方式和方法

1. 基追肥比例

以纯氮计算，基肥比例不超过30%，沙性较重土壤可不施基肥。

2. 基肥施用方法

用啤酒瓶、秸秆等定位器定位，中层（15~20cm）环状圈施。

3. 含氮追肥施用方法及时间

移栽后7d、15d、25d分3次进行兑水浇施，并做到看烟苗长势、看田块肥力、看天气变化追肥，最好不迟于移栽后第五周。

4. 钾肥追施方法及时间

基肥、追肥、叶面喷施3种方法。主要以追肥为主，时间上以栽后6~7周为宜。叶面肥在供钾不足时作为补充措施，可用0.5%~1%磷酸二氢钾水溶液或1%硫酸钾水溶液，于下午4时后进行，以免阳光灼伤叶片。

5. 磷肥的施用

根据土壤养分测定结果，局部区域适当补充磷肥，由于磷肥不易淋失和被烟株吸收，故一般做基肥施用。

七、注意事项

①根据土壤类型、土壤化验结果、前茬和不同品种特性合理确定施肥方案。

②采用环状施肥方法，基肥和追肥施用必须定量到株。

③在制订施肥方案时，要考虑前茬作物。前茬作物是玉米、大豆时，土壤中积累残存的氮素较多，施氮量可相对减少。

④在具体施肥时，可根据土壤质地适当增减，一般沙壤土适当多施，黏性土壤适当少施。

⑤所有根部肥料应在移栽后30d内施完。

⑥根据烟株长势及营养状况适当喷施叶面肥。

⑦中微量养分的施用以“缺什么，补什么”为原则，通过烟草肥料添加或叶面喷施。

第二节　烤烟地膜覆盖、移栽技术规程

一、范围

本标准规定了丽江市烟草大田覆膜、移栽技术规程。

本标准适用于丽江市烟草大田覆膜、移栽。

二、覆膜

使用地膜覆盖技术应该因地制宜，针对当地烤烟生产中存在的障碍因素来选用与之相应的地膜覆盖综合配套技术，在当地烤烟生产中不存在明显障碍因素的地方，不提倡使用地膜覆盖栽培技术。若使用不当，不仅不能充分显示地膜覆盖的作用，有时还会适得其反，加大生产成本，影响优质烟叶的生产。玉溪烟区田烟均不提倡使用地膜，山地烟根据实际情况进行选择。

1. 地膜规格

使用厚度为0.005～0.01mm、宽90～110cm的黑色或白色地膜，严禁使用聚氯乙烯等有毒薄膜。

2. 理墒

墒高30cm以上，墒面饱满、平整，使地膜紧贴墒面，减少杂草生长空间。

3. 地膜管理

覆膜后四周要用土压严实，发现有破洞要用土封住，以利保温保墒。

4. 覆膜方式

分为移栽后覆膜、覆膜后移栽2种方式。

（1）先覆膜后移栽。理墒前先将全部的磷肥（普钙或钙镁磷）和2/3的烟草专用复合肥双条撒施于距墒中央10～15cm处，然后理墒，按株距打塘、浇水、覆膜，膜四周用土压实以便保温保湿。移栽时，在塘上方划开地膜，浇水，栽烟并浇足定根水，然后将烟苗四周的地膜开口用土压紧封住。剩余1/3的烟草专用复合肥和需要追施的钾肥（如硫酸钾等）于栽后25d内，在距烟株10～15cm的两侧打深15cm左右的穴施入。

（2）先移栽后覆膜。理墒前将全部的磷肥（普钙或钙镁磷）和2/3的烟草专用复合肥双条撒施于距墒中央10～15cm处。然后理墒，按株距打塘、浇水、栽烟、浇足定根水，并及时覆膜，膜四周用土压实；而后在烟苗上方划开地膜，掏出烟苗，并将烟苗四周的地膜开口用土压紧封住。剩余1/3的烟草专用复合肥和需要追施的钾肥（如硫酸钾等）于栽后25d内，在距烟株10～15cm的两侧打深15cm左右的穴施入。

5. 揭膜培土

采用地膜覆盖的烟株在移栽后25～35d内必须进行揭膜（海拔1 900m以上的地区可以根据当地的实际情况考虑是否揭膜），揭膜后及时提沟培土，增加墒体通透性，改

善根系生长环境，促进根系生长，提高养分利用率。培土后烟墒高度不低于 35cm。烟株进入旺长期，土壤墒情不好时，要及时浇水，满足烟株旺长期对水分的需要，使烟株正常生长、发育。揭膜培土田块，应适当减少氮肥施用量，亩施氮量减少 0. 5~1kg。

三、移栽

（一）翻耕整地

烟地应在前冬翻耕，冬翻后经过冻垡晒垡，可以提高土壤疏松度，改善土壤理化性状，从而有利烟苗早生快发和旺盛生长，并减少病虫草害。移栽前 15~30d 进行单行分厢起垄。单行起垄好处多，有利于通风、排湿、透光。整地要求：泥土细碎，垄体饱满，垄面成龟背形；行沟、围沟、十字沟都要做到沟深沟平，沟沟连通，排灌顺畅，雨停水尽，围沟和十字沟略深于行沟。

（二）移栽时间

全市最佳移栽期为 5 月 1 日至 5 月 10 日，5 月 15 日前全面移栽结束。

（三）移栽规格

按照每亩移栽 1 100 株的要求，统一为 120cm×55cm、110cm×60cm。

（四）移栽周期

为提高大田烟株整齐度，同一乡镇的移栽周期严格控制在 10d 以内，同一片区移栽时间控制在 3~5d。

（五）移栽方法

全市统一采用高茎明水深栽的移栽方法，做到烟苗栽后生长点露出土面表层 2~3cm，其余茎秆全部深埋入土中。移栽当天，每亩用 3~5kg 复合肥溶解后兑水随定根水浇施。

（六）技术关键

1. 深栽

要根据烟苗茎秆高度来确定移栽深度，以生长点露出土面表层 2~3cm 为宜，也不宜移栽过深，防止浇水时泥土覆盖生长点。

2. 带肥移栽

肥料应充分溶解，溶解后的肥料浓度不宜过高，不能直接用溶解的肥料水浇苗，要进行二次兑水后再浇施。

3. 深施底肥

每亩优质烤烟大田期的需肥总量为纯氮 9kg 左右，氮、磷、钾之比为 1：1：(2. 5~3)。烤烟生产应采用烟草专用基肥和烟草专用追肥，禁止使用氯化钾和含氯复合肥；要提倡施用有机肥，并作基肥施用，但农家肥必须经过沤制才能施用。在施肥总量中，基肥占 60%~70%，一般用烟草专用基肥 70kg。基肥施用的方法：一是沟穴双层施肥法，即在烟厢中间纵开 30cm 左右的深沟，将烟草专用基肥的 70%及农家肥均匀施于沟中；盖土后再开栽植穴，穴深 20~25cm，将剩下 30%的烟草专用基肥及火土灰施于穴中，并与穴中泥土混合拌匀。二是“101”施肥法，即先开穴，然后在穴与穴之间开“一”字沟，穴与沟的深度及施肥量同上。

第三节　烤烟膜下小苗移栽技术规程

一、范围

本部分规定了丽江市范围内烤烟膜下小苗移栽的育苗、预整地、移栽前后田间管理的时间、操作方法及相关技术要求等。

本部分适用于丽江市范围内烤烟膜下小苗移栽。

二、规范性引用文件

下列文件对于本文件的应用是必不可少的。凡是注日期的引用文件，仅所注日期的版本适用于本文件。凡是不注日期的引用文件，其最新版本（包括所有的修改单）适用于本文件。

YC/T 143　烟草育苗基本技术规程

YC/T 310—2009　烟草漂浮育苗基质

Q/LJYC. 1. 14—2010　烤烟田间管理技术规范

三、育苗管理及烟苗标准

（一）育苗操作及管理

按 Q/LJYC. 1. 12—2010 烤烟漂浮育苗技术规程执行。

（二）膜下移栽烟苗标准

苗龄 30~40d、苗高 5~7cm、叶色正绿、根系发达、茎秆有韧性，烟苗清秀无病虫、均匀一致性好。播种较早的地方，要提早炼苗，合理调控烟苗大小。

（三）育苗时间

高海拔（2 100m 以上）烟区宜在 2 月 25 日前结束；中海拔（1 800~2 100m）烟区宜在 3 月 5 日前结束；低海拔（1 800m以下）烟区宜在 3 月 15 日前结束。

四、预整地

（一）地块选择

选择不种或种植早熟小春作物的地块，并深翻晒垡。

（二）整地理墒

根据移栽时间合理（移栽时间比常规苗提早 15~20d）开展整地、理墒、打塘。理墒要求土要细、墒要饱满、塘要深，规格为行距 120cm，株距 50cm，每亩按 1 100 株安排种植，塘直径 45cm，塘深 12~18cm。

五、移栽

（一）移栽时间

膜下小苗移栽期一般为 4 月 10 日至 4 月 30 日。

（二）移栽要求

1. 杀灭地下害虫

用 90%敌百虫 800 倍液于移栽前对地下害虫进行统防。

2. 浇足定根水

烟苗移栽前要求每个烟塘浇足定根水 2~3kg，以 2kg 为最佳经济浇水量。

3. 明水移栽

待塘水还未全部落完时用烟苗带药进行明水移栽。

4. 施肥

待定根水全部落完后，用底肥施肥总量的 1/3 进行环状施肥（以烟苗为圆心 5~8cm 为半径的圆周上施肥），施肥后用腐熟农家肥或细干土进行覆盖，以见不到湿土为宜，其余底肥待掏苗时全部施下。

六、地膜管理

（一）盖膜

盖膜以黑膜为主，每亩 4. 5~5kg。盖膜要求边栽烟边盖膜，盖膜前在烟墒两边开小沟进行盖膜，地膜覆盖后烟墒两边用细土压实，保证烟苗在膜内保温保湿生长。烟苗移栽后要确保地膜与烟苗顶部有 5cm 以上的距离，以防地膜高温时接触灼伤幼苗。

（二）破口通风排湿

烟苗移栽后，视膜内水汽和膜内温度情况进行破口通风降温。如膜内水汽不大，温度不超过 40℃，则不用破膜；当膜内水分过高、膜内气温超过 40℃时，要求在烟苗顶部的膜上方开一直径为 5cm 的小孔，放出多余水蒸气，以防止塘内温度过高或湿度过大而蒸死烟苗。

（三）掏苗、追肥、封口

当烟苗在膜下生长至距膜顶 1cm 处时，结合追肥（剩余底肥总量的 2/3）及时进行掏苗、压土、封口，将烟苗掏出膜外生长，然后转入大田正常管理。

第四节　烟叶田间管理技术规程

一、范围

本部分规定了丽江市烤烟预整地、施肥及移栽前后田间管理的时间、操作方法及相关技术要求。

本部分适用于丽江市范围内的烤烟生产。

二、规范性引用文件

下列文件对于本文件的应用是必不可少的。凡是注日期的引用文件，仅所注日期的版本适用于本文件。凡是不注日期的引用文件，其最新版本（包括所有的修改单）适用于本文件。

Q/LJYC 1.13—2010　烤烟测土配方施肥技术规程

三、整地理墒

（一）预整地

1. 时间

预整地在小春作物收割后集中进行，全市预整地时间4月30日前结束（含30日）。

2. 规格

翻犁深度25~30cm，保证20~25cm的耕层深度，做到田平土细。

（二）理墒

1. 时间

全市理墒时间在5月1日前结束（含5月1日）。

2. 规格

田烟墒面宽不低于40cm，墒高不低于35cm。

地烟墒宽不低于35cm，墒高不低于20cm，墒面平整饱满。

田烟应统一排水沟，沟深40~50cm，并做好每块田块四周边沟和腰沟，沟深40~45cm。

3. 方法

确定株行距后，理墒到田烟墒面高度20cm、地烟10cm时，以栽烟点为中心将基肥环状施于直径15cm左右的范围，然后再提土到田烟墒高不低于35cm、地烟墒高不低于20cm的高度。

四、移栽

（一）移栽时间

全市最佳移栽期为5月1日至5月15日。海拔在1 800~2 000m烟区移栽期为5月1日至5月10日；海拔在2 100m以上的烟区可再提前5~10d；海拔在1 700m以下的烟区移栽期为5月10日至5月20日。

（二）移栽规格

全市所有种烟区域移栽规格统一为（110~120）cm×（50~55）cm。全市统一要求为高茎明水深栽的移栽方法，用移栽器实现定位移栽，烟苗生长点距土面不超过3cm。

（三）移栽要求

1. 集中移栽

以片区为单位，集中3~5d时间移栽完毕，同一乡镇移栽周期控制在10d以内。

2. 覆膜

海拔 1 800m 以上烟区 100%实行地膜覆盖。

浇足定根水后要及时覆盖地膜，做到“密、严、平、紧”。

五、施肥

见 Q/LJYC 1. 13—2010 烤烟测土配方施肥技术规程。

六、查塘补缺

田块移栽结束后的 3~5d 仔细检查全部烟塘，用与原移栽苗品种相同的壮苗及时更换死苗和弱苗，并进行区别管理，确保田块全苗。

七、中耕培土

栽后 15~20d 进行第一次浅中耕，除净烟塘、墒面和沟底杂草（地膜烟要将膜口撕大到直径 25~30cm 并培好土至茎秆舒展叶片着生部）；团棵至旺长前期（栽后 30~35d）进行第二次中耕薅锄、提沟培土，细土壅根 10~15cm 高，使地烟墒高达 25cm 以上，田烟墒高达 35cm 以上，同时清理边沟和腰沟，达到沟直无积水，墒面饱满无杂草。

八、封顶留叶

适时、集中清扫底脚叶，在第一次采烤前及时清除无烘烤价值的病残、枯黄脚叶。

全田 50%的烟株第一中心花开放时一次水平封顶，将花蕾、花梗连同附着的 2~3 片花叶（小叶）一起打去。

封顶要在晴天进行，先封健株，后封病株。

一般有效留叶数以 20~22 片为宜，长势中下的留叶 16~18 片。

封顶的早晚、留叶的多少，要看烟株长势，品种特性确定，长势差的早封顶、少留叶，长势强的晚封顶，多留几片叶。

九、化学抑芽

抑芽剂必须三证齐全，是上级烟草主管部门推荐使用的化学抑芽剂。

待腋芽长出 3~5cm 时就抹去。一般每隔 5~7d 就要抹 1 次，抹杈时连腋芽的基部一起抹去。

封顶当天以笔涂或杯淋法抑芽，封顶一株，抑芽一株。

化学抑芽不彻底或漏处理的烟株，辅以人工抹杈。

十、田间卫生

大田管理必须注意田间清洁卫生，清除的病残株（叶）、杂草、废膜、农药瓶

(袋) 等带出大田外集中统一处理。

第五节　烤烟肥料合理使用技术规程

一、范围

本标准规定了烟草肥料合理使用的基本原理与准则、方法及主要烟用肥料的使用技术。

本标准适用于指导丽江烤烟生产以提供烟草养分需要为功效的无机和有机肥料施用。

二、规范性引用文件

下列文件对于本文件的引用是必不可少的。凡是注日期的引用文件，仅注日期的版本适用于本文件。凡是不注日期的引用文件，其最新版本（包括所有的修改单）适用于本文件。

GB/T 6274　肥料和土壤调理剂 术语

GB 15063　复混肥料（复合肥料）

GB 15618　土壤环境质量

GB/T 17419　含氨基酸叶面肥料

GB/T 17420　含微量元素叶面肥料

GB 18877　有机-无机复混肥料

GB 20406　农业用硫酸钾

GB 20412　钙镁磷肥

GB 20413　过磷酸钙

GB/T 20784　农业用硝酸钾

GB/T 23221　烤烟栽培技术规程

NY 227　微生物肥料

NY 525　有机肥料

NY/T 798　复合微生物肥料

NY 884　生物有机肥

NY/T 1118　测土配方施肥技术规范

Q/LJYC 1. 13—2010　烤烟测土配方施肥技术规程

YC/T ×××　烟用肥料重金属和有害生物限量指南

三、术语和定义

（一）肥料

以提供植物养分为其主要功效的物料（GB/T 6274，定义 2.1.2）。

（二）有机肥料

主要来源于植物和（或）动物、施于土壤以提供植物营养为其主要功效的含碳物料（GB/T 6274，定义 2.1.40）。

（三）无机（矿质）肥料

标明养分呈无机盐形式的肥料，由提取、物理和（或）化学工业方法制成（GB/T 6274，定义 2.1.3）。

（四）单一肥料

氮、磷、钾 3 种养分中，仅具有一种养分标明量的氮肥、磷肥或钾肥的通称（GB/T 6274，定义 2.1.16）。

（五）微量元素

植物生长所必需的、但相对来说是少量的元素，例如硼、锰、铁、锌、铜、钼或钴等（GB/T 6274，定义 2.1.25.3）。

（六）氮肥

具有氮（N）标明量，以提供植物氮养分为其主要功效的单一肥料。

（七）磷肥

具有磷（P_2O_5）标明量，以提供植物磷养分为其主要功效的单一肥料。

（八）钾肥

具有钾（K_2O）标明量，以提供植物钾养分为其主要功效的单一肥料。

（九）硝态氮肥

具有氮标明量，氮素形态以硝酸根离子（NO_3^-）形式存在的化肥，主要为硝酸钾。

（十）酰胺态氮肥

具有氮标明量，氮素形态以酰胺态形式存在的化肥，主要有尿素等。

（十一）复混肥料

氮、磷、钾 3 种养分中，至少有 2 种养分标明量的由化学方法和（或）掺混方法制成的肥料（GB/T 6274，定义 2.1.17）。

（十二）复合肥料

氮、磷、钾 3 种养分中，至少有 2 种养分标明量的仅由化学方法制成的肥料（GB/T 6274，定义 2.1.18）。

（十三）有机-无机复混肥料

来源于标明养分的有机和无机物质产品，由有机和无机肥料混合（或）化合制成的。

（十四）商品有机肥料

具有明确养分标明的，以大量动植物残体、排泄物及其他生物废物为原料，加工制成的商品肥料。

（十五）饼肥

以各种含油分较多的种子经压榨去油后的残渣制成的肥料，如菜籽饼、豆饼、芝麻饼、花生饼等。

（十六）平衡施肥

合理供应和调节植物必需的各种营养元素，使其能均衡满足植物需要的科学施肥技术。

（十七）测土配方施肥

测土配方施肥是以肥料田间试验和土壤测试为基础，根据作物需肥规律、土壤供肥性能和肥料效应，在合理施用有机肥料的基础上，提出氮、磷、钾及中、微量元素等肥料的施用品种、数量、施肥时期和施用方法（NY/T1118，定义 3.1）。

（十八）施肥方式

为了满足烟草整个生育时期对养分的需求，往往需要多次施肥，一般可通过基肥、追肥的方式来实现。基肥指在移栽前，结合土壤耕作施入土壤中的肥料，主要方法有撒施、条施等。追肥指在烟草生长期间施用的肥料。主要使用方法有开沟条施、穴施、环施等。

条施指结合犁地开沟将肥料集中施在作物播种或移栽行（垄）内并进行覆土的施肥过程。

穴施指在植物根系比较密集处的表土层挖出一个穴，在穴中施肥并覆土的过程。

环施指在以烟株为中心环状开沟，施入肥料后覆土的施肥过程。

四、烟草合理施肥总则

（一）合理施肥目标

烟草合理施肥应达到优质、适产、高效、安全和土壤可持续利用等目标。

（二）合理施肥依据

1. 合理施肥原理

烟草施肥应根据矿质营养理论、养分归还学说、最小养分律、报酬递减律和因子综合作用律等施肥理论确定合理用量。

2. 烟草营养特性

烟草不同生育期、不同产量水平对养分需求数量和比例不同；烟草属喜钾忌氯作物，烟草打顶前对氮需求旺盛，打顶后应减少或停止氮供应；不同烟草品种对养分吸收利用能力存在差异。

3. 土壤性状

土壤类型、物理性质、化学性质和生物性状等因素导致土壤保肥和供肥能力不同，从而影响烟草的肥料效应。适宜烟草种植的土壤应符合 GB 23221 的规定。烟草施肥应根据土壤养分状况采用测土配方施肥技术，土壤采样和分析按照 NY/T 1118 要求执行。

4. 气象条件

干旱、降雨等因素导致养分吸收困难或流失，从而影响烟草的肥料效应。

5. 肥料种类

不同肥料种类和品种及其施用后的土壤农化性质，决定该肥料适宜的土壤类型和施肥方法。烟草肥料应含一定比例的硝态氮肥，不含或含少量氯。烟草肥料不建议使用酰胺态氮肥。

6. 耕作（种植）制度

不同的前茬作物影响烟草生长季的土壤养分有效性，烟叶主产区应建立以烟为主的种植制度，统筹考虑周年养分供应。

7. 土壤环境容量

确定不同生态区烟草肥料用量时，要综合考虑土壤环境容量。

五、允许施用的肥料种类

（一）有机肥料

农家肥料（堆肥、厩肥、作物秸秆肥等）、饼肥、商品有机肥料。

（二）无机肥料

烤烟专用基肥、烤烟专用追肥、普通过磷酸钙、钙镁磷肥、硫酸钾、硝酸钾等。

（三）其他肥料

有机–无机烤烟专用肥、正式登记的不含化学合成调节剂的生物肥料、正式登记的叶面肥料等。

（四）禁止施用的肥料种类

城市生活垃圾、污泥、工业废渣、含病原物或污染物超标的有机肥料；无正式登记的新型肥料和复混肥料；不符合 GB/T 17419 和 GB/T 17420 规范要求的叶面肥料。

六、肥料质量要求

（一）有机肥料

农家肥料使用前必须充分发酵腐熟，商品有机肥料的技术指标应符合 NY 525 要求；农家肥料和商品有机肥中重金属和有害生物限量按 YC/T ×××《烟用肥料重金属和有害生物限量指南》要求执行。

（二）无机肥料

无机复合肥料技术指标应符合 GB 15063 规范要求；过磷酸钙的技术指标应符合 GB 20413 规范要求；钙镁磷肥的技术指标应符合 GB 20412 规范要求；硫酸钾的技术指标应符合 GB 20406 规范要求；硝酸钾的技术指标应符合 GB 20784 规范要求；各类无机肥料中重金属限量按 YC/T ×××《烟用肥料重金属和有害生物限量指南》要求执行。

（三）其他肥料

有机–无机复混肥料技术指标应符合 GB 18877 规范要求；重金属限量按 YC/T ×××《烟用肥料重金属和有害生物限量指南》要求执行。

生物肥料技术指标应符合 NY 884 和 NY/T 798 规范的要求；微生物肥料技术指标应符合 NY 227 规范的要求。重金属和有害生物限量按 YC/T ×××《烟用肥料重金属和有害生物限量指南》要求执行。

七、烟草肥料合理使用技术

（一）烟草肥料合理用量

烟草合理施肥技术包括烟草肥料的使用量、分配比例、使用时期和使用方法等。在不同烟草种植区，因气候、土壤等生态条件的差异，这些指标存在差异。烟草肥料合理用量的确定方法参照资料性附录 A。

肥料最高用量根据以下方法确定。

$$F_{max}<M（Ri-Bi）/（C\times T）\times K$$

式中：

F_{max}——肥料最高用量，单位为千克/公顷。

M——耕层土壤质量，一般可取 $2.25\times10^{6}kg/hm^{2}$；

Ri——i 污染物的土壤评价标准，按 GB 15618 规范中 pH 值 6.5~7.5 时二级标准。

Bi——i 污染物土壤背景值。

C——肥料中的某重金属限量，单位为毫克/千克，取值按 YC/T ×××《烟用肥料重金属和有害生物限量指南》中规定。

T——土壤质量评价年限，一般取 50 年。

K——不同肥料占总用量的比例，用百分率（%）表示，取值依不同肥料种类，农家肥取 100，饼肥和商品有机肥取 25。

（二）施肥量及养分配比

1. 有机肥施用量

有机肥以腐熟菜籽饼肥和农家肥为主。饼肥推荐用量 $150\sim300kg/hm^{2}$，最高不超过 $450kg/hm^{2}$；腐熟农家肥推荐用量 $4\,500\sim7\,500kg/hm^{2}$，最高不超过 $18\,000kg/hm^{2}$；饼肥氮量占总氮用量的 10%~20%为宜，最高不超过 25%。

2. 无机肥施用量

烤烟推荐施氮量 $60\sim120kg/hm^{2}$，最高用量不超过 $150kg/hm^{2}$。氮、磷、钾比例以 1∶(0.8~1.5) ∶(2.0~3.0) 较为适宜。

3. 施肥时期

基肥于移栽前或移栽时一次性施入。追肥分 2~3 次施用，移栽后 30d 内施完。

4. 施肥方式

50%~70%的氮肥和钾肥、100%的磷肥和有机肥做基肥，采用条施、穴施或环施的方式，追肥采用穴施或环施。

附录 A
（资料性附录）
烟草合理施肥量确定方法

A1 养分丰缺指标法

A1.1 基本原理

将土壤有效养分划分为高、较高、中、低、极低等等级，不同等级对应不同的施肥量，根据土壤有效养分含量对应的丰缺指标指导施肥。

A1.2 指标确定

在不同土壤上安排土壤养分丰缺指标田间试验，制订土壤有效养分丰缺指标。田间试验可采用 5 个处理的实施方案。处理 1 为空白对照（CK），处理 2 为全肥处理（NPK），处理 3、4、5 为缺素处理（即 PK、NK 和 NP）。收获后计算产量，用缺素区产量占全肥区产量百分数即相对产量的高低来表达土壤养分的丰缺情况。

A1.3 指标划分

一般将试验中相对产量低于 50% 的土壤养分定为极低；相对产量50%～60%（不含）为低，60%～70%（不含）为较低，70%～80%（不含）为中，80%～90%（不含）为较高，90%（含）以上为高。根据大量田间试验即可确定适用于某一区域烟草种植的土壤养分丰缺指标及对应的肥料施用数量。对该区域其他田块，通过土壤养分测试，就可以了解土壤养分的丰缺状况，提出相应的推荐施肥量。

A2 目标产量法

A2.1 基本原理

根据烟草产量的构成由土壤和肥料两方面供给养分的原理计算肥料养分施用量。肥料养分施用量按下式计算：

$$F = (W - C \times 0.15 \times AS)/(AF \times K) \quad (A.1)$$

式中：

F——施肥量，单位为千克/公顷。

W——目标产量所需养分总量，单位为千克/公顷。

C——土壤测试值，指土壤养分含量测试数值，单位毫克/千克。

AS——土壤有效养分校正系数，一般用百分率（%）表示。

AF——肥料中养分含量，一般用百分率（%）表示。

K——肥料当季利用率，一般用百分率（%）表示。

A2.2 参数的确定方法

A2.2.1 目标产量

目标产量可采用平均单产法来确定。平均单产法是利用施肥区前 3 年平均单产和年递增率为基础确定目标产量，其计算公式：

$$Y = (1 + D) \times T \quad (A.2)$$

式中：

Y——目标产量，单位为千克/公顷。

D——递增率，参考一般粮食作物，为 10%~15%。

T——前 3 年平均单产，单位为千克/公顷。

A2.2.2　作物需肥量

通过对正常成熟的烟草全株养分的分析，测定每 100kg 烟叶经济产量所需养分量，乘以目标产量即可获得作物需肥量，其计算公式：

$$W = Y/100 \times B \tag{A.3}$$

式中：

W——目标产量所需养分总量，单位为千克/公顷。

Y——目标产量，单位为千克/公顷。

B——每 100kg 产量所需养分含量，单位为千克。

A2.2.3　土壤供肥量

土壤供肥量可以通过土壤有效养分校正系数估算。土壤有效养分校正系数是将土壤有效养分测定值乘一个校正系数，以表达土壤“真实”供肥量，其计算公式：

$$AS = A_2/C/0.15 \tag{A.4}$$

式中：

AS——土壤有效养分校正系数，一般用百分率（%）表示。

A_2——缺素区烟草地上部分吸收该元素量，单位为千克/公顷。

C——该元素土壤测定值，单位为毫克/千克。

A2.2.4　肥料利用率

一般通过差减法来计算：利用施肥区烟草吸收的养分量减去不施肥区烟草吸收的养分量，其差值视为肥料供应的养分量，再除以所用肥料养分量就是肥料利用率。

$$K(\%) = (A_1 - A_2)/(F \times AF) \times 100 \tag{A.5}$$

式中：

K——肥料当季利用率，一般用百分率（%）表示。

A_1——施肥区烟草吸收养分量，单位为千克/公顷。

A_2——缺素区烟草吸收养分量，单位为千克/公顷。

F——肥料施肥量，单位为千克/公顷。

AF——肥料中养分含量，一般用百分率（%）表示。

上述公式以计算氮肥利用率为例来进一步说明。

A_1——施用氮磷钾养分时烟草总吸氮量。

A_2——只施用磷钾肥时烟草总吸氮量。

F——施用的氮肥肥料用量。

AF——施用的氮肥肥料所标明的含氮量。

注：如果同时使用了不同品种的氮肥，应计算所用的不同氮肥品种的总氮量。

A2.2.5　肥料养分含量

供施肥料包括无机肥料与有机肥料。无机肥料、商品有机肥料含量按其标明量，不明养分含量的有机肥料养分含量可参照当地不同类型有机肥养分平均含量获得。

第六节　烤烟揭膜培土技术规程

一、范围

本标准规定了丽江烤烟大田揭膜时间、方法及技术操作规程。

本标准适用于丽江烤烟大田揭膜培土方法及技术要求。

二、规范性引用文件

下列文件对于本文件的引用是必不可少的。凡是注日期的引用文件，仅注日期的版本适用于本文件。凡是不注日期的引用文件，其最新版本（包括所有的修改单）适用于本文件。

Q/LJYC 1.14—2010　烤烟田间管理技术规范

三、术语和定义

揭膜培土

是一项优质烟栽培关键技术，在团棵期揭除移栽时覆盖在烟墒上的地膜后，将烟株行间或垄沟的土壤培到烟株茎基部和墒顶部，可有效促进烟株形成较发达的根系，扩大吸收养分面积，便于排灌，增强防涝能力，为烟株早生快发创造良好的环境。

四、揭膜原则

坚持因地制宜原则，宜早不宜迟，依天气状况操作。揭膜时间为烤烟大田生长团棵后开始进入旺长阶段，具体指标为移栽后35~45d，叶片10个左右，株高20~25cm。

技术操作要点如下。

①清除底脚叶。揭膜前3~5d，先摘除底部老黄而无烘烤价值的脚叶（一般2片叶左右），待摘除叶的伤口干结愈合后再进行揭膜培土。

②揭膜。揭除田间地膜，全部清理出烟田，并集中处理。

③中耕除草。距根部10cm范围内浅耕除草，耕深3~5cm；距根部10cm外中耕除草，耕深10cm。除草时要把杂草的地下茎和根消除干净。

④提沟培土。培土高度视田烟和地烟而异，一般地烟在培土后墒高应达25~30cm，田烟培土后应达30~35cm。多雨烟区或稻烟轮作区，培土可适当高些。培土时墒面的松土要与茎基部紧密结合，做到墒体充实饱满。培土后要做到墒面要宽，墒背坡要缓，降雨时水分能缓慢渗透，不致冲刷垄面。沟底要平，保证灌排畅通和通风排湿。操作时土块要打碎，以免压坏烟叶。

五、操作注意事宜

①摘除底脚叶时，应先健株后病株，防人为操作传播病害。

②揭膜干净彻底，被土壤压实的地膜边缘部分也应清除干净。

③揭膜培土应选择晴天，雨天或土壤湿度过大时不宜进行。揭膜后应立即进行培土，以防墒体失水过多。

④培土时尽量避免损伤根茎，以免病原物从伤口侵入。

⑤完成揭膜培土后，将杂草、废膜等杂物带出田间，统一集中处理。

第七节　烤烟中耕培土技术规程

一、范围

本标准规定了丽江烤烟大田中耕培土方法及技术操作规程。

本标准适用于丽江烤烟大田中耕管理方法及技术要求。

二、规范性引用文件

下列文件对于本文件的引用是必不可少的。凡是注日期的引用文件，仅注日期的版本适用于本文件。凡是不注日期的引用文件，其最新版本（包括所有的修改单）适用于本文件。

Q/LJYC 1.14—2010　烤烟田间管理技术规范

三、中耕时间

第一次在移栽后7~10d；第二次在移栽后15~20d；第三次在移栽后露地栽培烟田25~30d，地膜覆盖烟田35~40d。

四、中耕方法

第一次宜浅中耕，疏松近根处表层土壤、保持水分、清除杂草即可。

第二次在近根处中耕深度6~8cm，远根处中耕深度10~14cm并将土培至茎秆舒展叶片着生部。

第三次结合埋塘壅根，中耕的深度要适宜，不能损伤和松动根系。

中耕过程根据垄沟杂草数量进行人工或除草剂除草。

五、提沟培土

（一）培土时间

结合第二次和第三次中耕分别进行第一次和第二次培土。

（二）培土厚度

通过2次培土，使田烟墒高达到40cm，地烟墒高达到35cm以上。

（三）培土要求

地下水位高，多雨年份区域培土宜厚。

地下水位低，少雨年份区域培土宜薄。

行间挖深垄沟的细土培于烟株茎基部及垄面。

与清理排水沟相结合，达到垄直、沟底平，边沟低于垄沟，保证排灌通畅。

（四）揭膜培土

宜揭膜区域，按《揭膜培土技术规程》执行。

第八节　烤烟打顶抑芽技术规程

一、范围

本标准规定了丽江烤烟大田烟株封顶打杈、化学抑芽的方法及技术操作规程。

本标准适用于丽江烤烟大田打顶抑芽技术管理。

二、规范性引用文件

下列文件对于本文件的引用是必不可少的。凡是注日期的引用文件，仅注日期的版本适用于本文件。凡是不注日期的引用文件，其最新版本（包括所有的修改单）适用于本文件。

Q/LJYC 1. 14—2010　烤烟田间管理技术规范

三、打顶抹杈

（一）基本原则

适时封顶，合理留叶，及时抹杈。

（二）打顶时间

打顶的时间应根据烟株的长势长相、叶片留数、土壤肥力、施肥量、气候、品种等因素来决定。

①烟株生长正常，实施见花封顶。

②烟株长势差、肥料不足，实施现蕾封顶。

③烟株长势旺盛、肥料较足、前期干旱肥料没有充分发挥作用，实施盛花封顶。

④一般留叶数以 20~22 片为宜。

（三）打顶方法

①打顶时将烟株上花蕾、花梗连同附着的 2~3 片花叶（小叶）一起打去。

②晴天待早上露水消失后进行。

③连续雨天宜在烟株上无水后进行。

④先打健株，后打病株。

（四）抹杈

抹杈方式分为人工抹杈和化学抑芽 2 种方法。

1. 人工抹杈

①腋芽长出 3~5cm 时连同腋芽的基部一起抹去。

②每隔 5~7d 抹 1 次。

③应在早上露水消失、雨后烟株上无水后进行。

④先抹健株，后抹病株。

2. 化学抑芽

①使用行业推荐使用的抑芽剂。

②一般打顶后待顶叶长度达到 15cm 以上时，人工抹去腋芽，再采用喷雾或壶淋法施用抑芽剂。

③施用 4h 内遇降雨要在雨后补施。

④施用抑芽剂后 4~10d 查看，对打顶晚、漏株补施。

第七章　丽江烟叶植保标准化技术

第一节　烟草病虫害综合防治技术规程

一、范围

本部分规定了丽江市烤烟生产中病虫害主要防治对象和综合防治方法。

本部分适用于丽江市烤烟生产。

二、规范性引用文件

下列文件对于本文件的应用是必不可少的。凡是注日期的引用文件，仅所注日期的版本适用于本文件。凡是不注日期的引用文件，其最新版本（包括所有的修改单）适用于本文件。

GB 5084　农田灌溉水质标准

BG/T 23222　烟草病害分级及调查方法

GB/T 23223　烟草病害药效试验方法

GB/T 23224　烟草品种抗性鉴定

Q/LJYC 1. 10　植烟土壤改良技术及管理规范

Q/LJYC 1. 12　烤烟漂浮育苗技术规程

Q/LJYC 1. 17　农药合理使用技术规范

Q/LJYC 1. 14　烤烟田间管理技术规范

三、防治原则

贯彻“预防为主，综合防治”的植保方针，以测报指导防治，以控制病虫源为中心，以保健栽培为基础，立足于农业防治、生物防治为主，化学防治为辅，提倡使用高效低毒化学农药和规定允许使用的生物农药，提高烟叶安全性，把病虫害造成的损失降到最低。

四、主要防治对象

（一）移栽前

猝倒病、黑胫病、野火病、病毒病、炭疽病、烟蚜。

（二）移栽后

烟草黑胫病、烟草根黑腐病、烟草各种病毒病、赤星病、气候性斑点病、炭疽病、野火病、角斑病、白粉病、根结线虫病、青枯病、烟蚜、地老虎、烟青虫等。

五、农业防治

（一）苗期

1. 育苗场地选择

按 Q/LJYC1. 12—2010 烤烟漂浮育苗技术规程规定执行。

2. 隔离

注意育苗场地用各种方式进行隔离，设置相应防护设备，防止各种迁飞性害虫迁入。

3. 严格消毒

按 Q/LJYC1. 12—2010 烤烟漂浮育苗技术规程规定执行，严格装盘、播种、剪叶等各环节的消毒管理。

4. 适时播种

5. 水质

符合 GB 5084 农田灌溉水质标准、Q/LJYC1. 12—2010 烤烟漂浮育苗技术规程要求。

6. 合理施肥

按 Q/LJYC1. 12—2010 烤烟漂浮育苗技术规程规定，严格肥料浓度和供应时间。

7. 苗床卫生

按 Q/LJYC1. 12—2010 烤烟漂浮育苗技术规程规定执行。

（二）大田期

1. 轮作

按 Q/LJYC1. 10—2010 植烟土壤改良技术及管理规范规定执行。

2. 整地

按 Q/LJYC1. 14—2010 烤烟田间管理技术规范执行。

3. 适时移栽

确保烟苗在最佳节令适时移栽，做到适时采摘，使烟叶成熟期避开高温、高湿，减少叶斑病的流行。

4. 平衡施肥

科学平衡施肥，确保烟株营养协调，增强抗病能力。

5. 合理密植

严格按 Q/LJYC1. 14—2010 烤烟田间管理技术规范中对株行距的要求，协调群体与个体的长势长相，改善田间通风透光条件，减少病虫为害。

6. 田间卫生

①理墒起垄前，全面清理烟地间烟株残体、杂草，带出田间集中烧毁。

②及时进行中耕除草，及时摘除病残叶。

③适时封顶打杈，并把烟花、烟杈、病叶等带出田外集中处理。

④适当早采底脚叶，改善田间的通风透光性。

六、化学防治

（一）病害防治

1. 病毒病防治

移栽后用70%吡虫啉可湿性粉剂13 000倍液防治烟蚜，移栽后15d内用20%吗胍·乙酸铜可湿性粉剂700倍液、8%宁南霉素水剂1 600倍液等防治病毒病，连用2次，隔7~10d再使用1次。移栽后25d前发现病毒病株，全株拔除并换苗。

2. 烟草黑胫病、烟草根黑腐病防治

移栽后2~3d，浇灌58%甲霜·锰锌可湿性粉剂800倍液，每株用药50ml。在发病率较高的田块，还可用70%甲基托布津可湿性粉剂1 000~1 500倍液灌根。

3. 野火病、角斑病、炭疽病防治

烟株摆盘至团棵，炭疽病用80%代森锌500~700倍液进行叶面喷施，隔7~10d喷1次，连用2次。野火病和角斑病初见病斑时，用77%硫酸铜钙可湿性粉剂600倍液喷雾，每隔7~10d喷1次，连用2~3次。

4. 赤星病防治

结合清理底脚叶喷施80%代森锰锌可湿性粉剂（140克/亩）或用2~3次40%菌核净500~800倍液进行防治，每次间隔期7~10d。第一次喷药重点是中下部叶片，第二次是整株。采烤前7d左右不施药，降低烟叶农药残留。

5. 气候性斑点病防治

在低温阴雨季节来临时，喷代森锰锌500~700倍液等。

6. 白粉病防治

结合清理底脚叶，增加烟株下部的通透性，可用70%甲基托布津400~500倍液喷施。

7. 根结线虫病防治

合理与禾本科作物实行3年以上的轮作，选择抗病品种，选择无病田块育苗或进行苗床消毒，培育无病壮苗，可用2.5亿个孢子/克的厚孢轮枝菌微粒剂1 500克/亩穴施。

8. 青枯病防治

发病初期可用0.1亿cfu/克的多黏类芽孢杆菌水分散细粒剂1 250克/亩灌根，或200单位/ml农用链霉素每株用药液50毫升灌根，每隔10d使用1次，连用2~3次。

（二）虫害防治

1. 地老虎药剂防治

在移栽当晚用2.5%溴氰菊酯1 500~2 000倍液等喷雾防治地老虎，施药时间最好在下午6时以后。也可采用人工捕捉，于每天清晨浇水、补苗前，注意拨开被害株周围表土寻捕幼虫。

2. 蚜虫的防治

在烟株旺长期前，单株蚜量50头以内用5%吡虫啉乳油1 200倍液或70%吡虫啉可湿性粉剂13 000倍液喷雾防治。

3. 烟青虫防治

可选用2.5%溴氰菊酯1 500~2 000倍液进行喷雾。

七、生物防治

烟蚜茧蜂防治烟蚜

1. 吸成蜂直接释放大田法

在繁蜂棚繁殖烟蚜茧蜂的中后期，叶片上僵蚜部分或大部分已羽化成茧蜂，此时应用吸蜂器直接吸收棚内成蜂入容蜂器（瓶、袋）中，拿到连片大田释放。

放蜂过程中要注意快吸快放，成蜂在容蜂器（瓶、袋）中不能超过3h，温度不能超过30℃；放蜂时要选择晴天，阴雨天不可放蜂。

放蜂要顺风放飞，打开容蜂器口后慢慢移动，茧蜂自然飞入大田寻找烟蚜寄生。

2. 挂僵蚜叶片法

当繁蜂棚繁殖的烟蚜茧蜂僵蚜量较大（叶片上70%~80%以上已形成僵蚜），可视僵蚜的形成情况、整齐度等，将带有僵蚜的烟株下部叶片采下，以每隔7~10d分次采下中部、上部叶片，将采下的叶片用杀虫剂喷施1次（叶片正反面都要喷施）杀死叶片上成活的烟蚜，第2d挂杆插在连片大田内，杆高60~100cm，每杆挂叶3~4片，视叶片上的有效僵蚜量，计算每亩插杆数，一般每亩有效僵蚜一次挂放不少于1 000个，任叶片上僵蚜自然羽化，寻找烟蚜寄生。僵蚜叶片挂放大田7d后，将挂杆僵蚜叶片清出烟田集中销毁，以免传播病虫害。

3. 放蜂时期

第一次（批）在烟株摆盘期前后，一般在烟苗移栽后15~20d；第二次（批）在烟株团棵期。一般在烟苗移栽后25~30d；第三次（批）在烟株旺长期，一般在移栽后35~40d。

4. 放蜂量

烤烟移栽大田后每隔10d对田间烟蚜的发生情况进行监测，根据监测结果确定第一次放蜂的时间（田间烟株平均蚜量≤5头/株，或烟株移栽后15~20d烟株摆盘时），放蜂量按1 000头/0.067hm^2（1亩），以后再进行1~2次大田放蜂，每次放蜂总量不少于第一次的放蜂数量，放蜂次数不少于2次。

在整个防治过程中，当田间烟株平均蚜量达到30头/株或出现烟蚜茧蜂难以对烟蚜进行有效控制时，结合田间烟蚜茧蜂的数量、烟蚜的寄生情况及近期气候因素等，利用高效低毒低残留的杀虫剂对田间烟蚜进行重点防治，重点对烟蚜发生量大的田块烟株中上部叶片进行喷药防治。

第二节　病虫害预测预报技术规程

一、范围

本部分规定了丽江市烤烟病虫害预测预报网络组成，烟草主要病虫害预测预报调查内容和方法及测报数据上报的时间和要求。

本部分适用于丽江市烤烟种植区主要病虫害，烟草普通花叶病（TMV）、烟草黄瓜花叶病（CMV）、野火病、黑胫病、青枯病、根结线虫病、赤星病、烟蚜、烟青虫。

二、规范性引用文件

下列文件对于本文件的应用是必不可少的。凡是注日期的引用文件，仅所注日期的版本适用于本文件。凡是不注日期的引用文件，其最新版本（包括所有的修改单）适用于本文件。

GB/T 23222—2008　烟草病害分级及调查方法

三、术语和定义

GB/T 23222—2008 确立的术语和定义适用于本部分。

（一）烟草病害

由于遭受病原物的侵害或其他非生物因子的影响，使烟草的生长和代谢作用受到干扰或破坏，导致产量和产值降低，品质变劣，甚至出现局部或整株死亡的现象（GB/T 23222—2008，2.1）。

（二）烟草虫害

能够直接取食烟草或传播烟草病害并对烟草生产造成经济损失的昆虫或软体动物（GB/T 23222—2008，2.2）。

（三）病情指数

烟草群体水平上的病害发生程度，是以发病率与病害严重度相结合的统计结果，用数值表示发病的程度（GB/T 23222—2008，2.3）。

（四）蚜量指数

烟草群体水平上的蚜虫发生程度，是以蚜虫数量级别与调查样本数相结合的统计结果，用数值表示蚜虫的发生程度（GB/T 23222—2008，2.5）。

四、测报网络组成及要求

（一）测报网络

由市测报站（三级站）和县测报站组成，市测报站设在市公司烟叶技术中心，县测报站设在各县分公司生产科，县测报站下设普查点和系统观测点，配备相应的技术人员。

（二）测报网络职能

①调查了解本市主要病虫害为害损失状况，及时上报调查数据，明确关键防治对象，提出防治指导意见。

②调查分析主要病虫害发生规律，及时发布病虫情报指导防治，逐步建立预测模型。

③调查分析本市烟草农药使用现状，逐步规范烟草用药。

④主要病虫害综合防治技术的示范推广，逐步建立完善综合防治技术体系等。

（三）工作要求

1. 人员职责

①各级测报站站长负责上报数据的审核和日常测报管理工作。

②县分公司技术人员负责本县普查点的监督、管理和数据收集、整理、汇总。

③烟站技术人员负责本乡、镇的普查点及平时下乡过程中的调查，有系统监测点的乡镇还要协助市、县对监测点的日常管理工作。

④预测圃系统监测点根据调查方案要求搞好系统调查。

2. 汇报制度

县测报站技术负责人将数据收集整理后，每 10d 上报 1 次（系统监测点每 5d 上报 1 次）。

3. 病虫情报

县级测报站根据病虫危害情况，结合田间生产管理情况采取定期（每月 1 次）和不定期的方式发放病虫简报，及时服务于生产，为科学决策和制订病虫害防治措施提供参考。

五、烟草主要病虫害测报调查内容及方法

（一）测报对象

以“六病二虫”即烟草普通花叶病（TMV）、烟草黄瓜花叶病（CMV）、野火病、黑胫病、青枯病、根结线虫病、赤星病、烟蚜、烟青虫为测报重点，密切关注其发生消长动态。可根据各县实际情况，做相应增减。

（二）基本情况调查

植烟面积、各品种所占面积、连作情况、土壤情况、播种及移栽时间、近年全年气象资料、病虫发生情况等。

（三）调查方法

按照 GB 23222—2008 规范要求执行。

（四）病虫害系统监测点要求

1. 监测圃面积

不得小于1 000m^2（1.5亩）。

2. 预测圃划分

分为病害和虫害观测圃，在整个调查期内不使用对调查对象有防治作用的农业、化学、物理、生物防治方法。

3. 监测圃管理

监测圃严格按照大田技术方案进行移栽、施肥、中耕管理等操作。

（五）病虫害系统检测

1. 烟草普通花叶病（TMV）、烟草黄瓜花叶病（CMV）

烟苗移栽10d后开始调查，每5d进行1次调查，直至烟株采烤结束。

采用五点取样，每点固定50株烟，共250株，对固定烟株（若固定烟株生长不正常或是其他病虫较重的烟株，则更换固定烟株；若固定烟株邻近有其他重病烟株则将其铲除）进行调查。

每次调查时均采取以株为单位的方法进行分级调查，记录每株烟的危害严重度，统计发病株率、病情指数。

2. 野火病

烟苗移栽大田后，采用五点取样法确定固定烟株（若固定烟株生长不正常或是其他病虫害较重的烟株，则更换固定烟株；若固定烟株邻近有其他重病烟株则将其铲除），每点固定20株，共调查100株。

每次调查时按从下到上的叶位顺序对固定烟株进行逐叶分级调查，并计录调查烟株每片烟叶的危害程度，统计发病株率、病叶率及病情指数。

3. 赤星病

6月5日开始取样调查，每5d调查1次。将田间烟株的4片底脚叶剔除后采用五点取样法确定固定烟株（若固定烟株生长不正常或是其他病虫害较重的烟株，则更换固定烟株；若固定烟株邻近有其他重病烟株则将其铲除），每点固定20株，共调查100株。

每次调查时按从下到上的叶位顺序对固定烟株进行逐叶分级调查，一直到采收结束，统计所有调查烟株的发病株率、病叶率及病情指数。

4. 黑胫病

采用五点取样，每点固定50株烟，共250株，对固定烟株（若固定烟株生长不正常或是其他病虫害较重的烟株，则更换固定烟株；若固定烟株邻近有其他重病烟株则将其铲除）进行调查，每5d调查1次。

每次调查时均采取以株为单位的方法进行分级调查，记录每株烟黑胫病的为害严重度，统计所有调查烟株的发病株率、病情指数。

5. 烟草青枯病

调查方法同黑胫病。

6. 烟草根结线虫病

分为地上部和地下部的调查。

烟苗移栽10d后开始调查（主要对地上部分进行调查），每5d调查1次，直至烟株采烤结束。采烤结束进行1次拔根调查（主要对根部的根结量进行调查）。

采用五点取样，每点固定50株烟，共250株，对固定烟株（若固定烟株生长不正常或是其他病虫害较重的烟株，则更换固定烟株；若固定烟株邻近有其他重病烟株则将其铲除）进行调查。

每次调查时均采取以株为单位的方法进行分级调查，记录每株烟根结线虫病的为害严重度，统计所有调查烟株的发病株率、病情指数。

7. 烟蚜

（1）春季越冬寄主调查。从每年2月上旬至5月上旬调查油菜、十字花科蔬菜（选择当地栽培面积较大的主要种类）、田间杂草荠菜（Capsella bursa-pastoris Medic.）、皱叶酸模（羊蹄叶）（Rumex crispus L.）等烟蚜的主要寄主。

每种作物或田间杂草，采用五点取样法进行取样，每点调查20株，记录每株作物或杂草上的有翅烟蚜及无翅烟蚜的数量等，统计每种调查作物或杂草的有蚜株率及蚜量。

（2）烟蚜有翅蚜迁飞动态系统监测

从4月1日开始，在观测圃设置黄皿，共设置3个，呈等边三角形状摆放，黄皿直径35cm、高5cm，黄皿距地面高度为1m，两皿之间相距30~50m。皿内底及内壁涂黄油漆，皿外涂黑油漆，加入约3cm深的洗衣粉水，当皿内黄颜色减弱（褪色时），用新黄皿更换，每天上午9时记录皿内蚜虫数量并注明日期，记录调查日期、有翅烟蚜的数量、其他可识别的有翅蚜种类（如甘蓝蚜）的数量及不可识别种类的总数量，直至开始移栽。统计每天诱集到的有翅烟蚜量及其他蚜虫的总数量。

（3）烟蚜田间种群数量系统调查

每块田采取5点取样法或平行线取样法，定点定株，每点10株，全田共50株，从移栽后10d开始，每5d调查1次，每次都对固定烟株进行调查，采用从下到上的叶位顺序，对烟株每个叶片上的无翅蚜数量进行分级，详细记载每株烟上无翅蚜的级别和有翅蚜数量，直至烟株开始采烤。

每次调查结束统计每株调查烟株的有翅烟蚜量、无翅烟蚜量或蚜情指数、有蚜株率。

8. 烟青虫

（1）诱集成虫。可采用20W黑光灯诱集成虫或性诱剂诱集成虫。

性诱剂诱集成虫方法：诱捕器可用直径30cm塑料盆，盆内装含有少量洗衣粉或洗洁精的清水。盆口上绑有十字交叉的铝片，在交叉处固定一个大头针，针头向上，将诱芯面向下，固定在针头上，以免凹面内存有雨水，盆内水面距诱芯1cm。田间设置方法可参考黄皿（呈三角形摆放）。

统计每晚诱集到的烟青虫（或棉铃虫）雌、雄成虫的数量，并计算雌雄比例。

（2）田间调查虫卵和幼虫

从诱蛾量开始下降的第三天开始调查田间烟株上的着卵量和有卵株率，每块田地调查 5 个点，每点 20 株，记录虫卵和幼虫数量。

幼虫调查可结合蚜虫进行，每 5d 调查 1 次，统计烟青虫的为害株率、虫株率、卵的总量及幼虫的总量。

9. 烟草病虫害普查

（1）苗期普查方法。

（2）普查对象。烟草各类病毒病、猝倒病、黑胫病、根黑腐病、野火病、炭疽病、立枯病、烟蚜、蛞蝓及烟白粉虱等。

（3）调查方法。漂浮苗在苗出齐后开始普查，每 10d 调查 1 次，移栽大田之前必须调查 1 次。普查乡镇选择有代表性的 3 个育苗面积较大的育苗场地进行调查。每个育苗场地随机取 5 个育苗池，每池随机调查 5 盘烟苗，共调查 25 盘烟苗。记录调查的烟苗数、各种病虫害的发病株数及有虫株数，统计每个调查场地苗期各种病虫的病、虫株率。

10. 大田期普查方法

（1）普查对象。烟草各类病毒病、猝倒病、炭疽病、立枯病、野火病、根黑腐病、青枯病、黑胫病、赤星病、角斑病、根结线虫病等烟草病害和烟蚜、烟青虫、斜纹夜蛾、地老虎及金龟子等烟草害虫。

（2）调查方法。普查乡镇选择 3~5 片连片面积较大的烟田，每片采用五点取样，每点 50 株，共调查 250 株烟。烟苗移栽大田 10d 后开始普查。每 10d 调查 1 次，直至田间烟株采烤结束止。记录调查烟株各种病害和虫害的发病株数及有虫株数，统计每片调查田各种病害和虫害的发病株率及虫株率。

11. 病虫害损失估计调查

（1）病害损失估计。

（2）叶斑型病害。从第一次采收开始取样，一般做 3~4 次，即分别采下二棚、腰叶、上二棚或顶叶；每病级至少取 100 片叶，根据病害严重度分级烘烤，烘烤后分别计产、计值，3 次重复。

（3）烟草普通花叶病（CMV）、烟草黄瓜花叶病（PVY）。采收前 1~2d 以株定病级并挂牌，分次采收，做全株损失估计。也可在人工接种条件下获得各级病叶（株）。每重复观察值至少来自 20~30 株的调查结果，3 次重复。

12. 品质损失估计

将各病害烟样按每病级至少取 500 克样品，进行品质分析，取样时同病级烤后烟样按分级后的各等级重量比取样。

13. 烟青虫损失估计

在系统调查田，对不同虫量或不同为害程度的烟株进行计产计值，并进行化学分析，根据计值结果计算烟青虫的为害经济阈值，提出防治指标。

第三节　烟草农药合理使用技术规程

一、范围

本部分规定了丽江市烤烟生产使用的杀虫剂、杀菌剂、植物生长调节剂、除草剂、抑芽剂、消毒剂的种类、使用方法及安全隔离期。

本部分适用于丽江市的烤烟烟用农药使用。

二、规范性引用文件

下列文件对于本文件的应用是必不可少的。凡是注日期的引用文件，仅所注日期的版本适用于本文件。凡是不注日期的引用文件，其最新版本（包括所有的修改单）适用于本文件。

GB 4285　农药安全使用标准

GB/T 8321.1　农药合理使用准则（一）

GB/T 8321.2　农药合理使用准则（二）

GB/T 8321.3　农药合理使用准则（三）

GB/T 8321.4　农药合理使用准则（四）

GB/T 8321.5　农药合理使用准则（五）

GB/T 8321.6　农药合理使用准则（六）

GB/T 8321.7　农药合理使用准则（七）

GB/T 8321.8　农药合理使用准则（八）

GB/T 23223—2008　烟草病害药效试验方法

三、术语和定义

下列术语和定义适用于本部分。

（一）植物生产调节剂

用于促进或抑制植物生长的药剂。

（二）安全间隔期

指农药在作物上使用，距离作物收获期的安全天数。

四、安全用药

（一）对使用农药的要求

1. 证号齐全

在烤烟上使用的农药必须具有“三号一证”，即农药使用的登记证号、产品生产许可证号、产品标准证号和产品合格证。

2. 使用行业推荐农药

严格使用上级烟草主管部门允许或推荐使用的农药品种。

（二）农药配制

严格按照 GB 4285 农药安全使用标准之规定配兑施用。

使用高效低毒低残留农药，避免长期使用同一农药品种；提倡不同类型、不同品种、不同剂型的农药交替使用；严格用干净、清洁、无污染的清水配制农药。

使用前应认真阅读使用说明书，确保“三准确”，即施药时间要准确，农药品种和用量要准确。

2 种以上农药混合使用时，要注意使用说明书，弄清楚是否可以混用，并注意要现配现用。

（三）农药施用

晴天选择在 8:30—11:00 或 16:00—18:30 施药，阴天无雨时整个白天都可以施药。雨季病害大发生时，应抓住阵雨间隙抢施，并用内吸性强的剂型。

根据农药的不同特点，采用种子处理、土壤处理、叶面喷雾和喷粉、涂茎、灌根、撒毒土和投放毒饵等方法。

叶面喷施一般用 16 型背负式手动喷雾器，雾点直径在 200μm 左右，有条件的可用超低容量的电动、机动喷雾机，雾点直径在 75~100μm。

喷药应准确击中靶标，做到喷施均匀，不漏株，不漏叶。

成熟期采烤前 15d 内不用药。

（四）注意事项

①有风时应顺风喷施，不得逆风喷施，刮大风时停止施药。

②农药应妥善保管，未用或未用完的农药不得与食物同贮一室，更不能放在居室内，避免小孩、老人接触。

③施药器械和农药应有明显的标记，如发现瓶上标签脱落或包装袋标记不明，应及时补上或换装。

④施药人员应该身体健康，有一定用药知识的中青年人。小孩、体弱多病、皮肤病患者、孕妇、哺乳期及经期妇女不得参加施药。

⑤施药时应穿长袖衣和长裤（有条件的外穿专用防护衣），戴一次性塑料手套和口罩，防止药液与皮肤直接接触。不得赤膊上阵，禁止在施药过程中进食、吸烟。

⑥施药人员每天连续工作不超过 6h。施药器械若中途发生故障，应减压洗净后，再进行修理。

⑦施药结束后，应把用过的药袋、空瓶等包装物集中烧毁或深埋，不得随地乱扔，更不能盛装食品。

⑧用药后应认真用肥皂水清洗手、脸和衣服，对接触过药剂的秤、量筒和喷雾器等器具，应用 5%~10%氢氧化钠溶液或石灰水浸泡洗涤，再用清水冲净。

五、烤烟生产中允许使用的农药

以当年度中国烟叶总公司的烟草农药使用推荐意见为准。

第四节　烟草病虫害分级及调查方法

一、范围

本标准规定了由真菌、细菌、病毒、线虫等病原生物及非生物因子引起的烟草病害的调查方法、病害严重度分级以及烟草主要害虫的调查方法。

本标准适用于评估烟草病虫害发生程度、为害程度以及病虫害造成的损失，也适用于病虫害消长及发生规律的研究。

二、术语和定义

（一）烟草病害 Tobacco disease

由于遭受病原生物的侵害或其他非生物因子的影响，使烟草的生长和代谢作用受到干扰或破坏，导致产量和产值降低，品质变劣，甚至出现局部或整株死亡的现象。

（二）烟草害虫 Tobacco insect pest

能够直接取食烟草或传播烟草病害并对烟草生产造成经济损失的昆虫或软体动物。

（三）病情指数 Disease index

烟草群体水平上的病害发生程度，是以发病率和病害严重度相结合的统计结果，用数值表示发病的程度。

（四）病害严重度 Severity of infection

植株或根、茎、叶等部位的受害程度。

（五）蚜量指数 Aphid index

烟草群体水平上的蚜虫发生程度，是以蚜虫数量级别与调查样本数相结合的统计结果，用数值表示蚜虫的发生程度。

三、烟草病虫害分级及调查方法

（一）烟草主要病害调查方法

1. 黑胫病

（1）病害严重度分级。以株为单位分级调查。

0 级：全株无病。

1 级：茎部病斑不超过茎围的 1/3，或 1/3 以下叶片凋萎。

3 级：茎部病斑环绕茎围 1/3~1/2。或 1/3~1/2 叶片轻度凋萎，或下部少数叶片出现病斑。

5 级：茎部病斑超过茎围的 1/2，但未全部环绕茎围，或 1/2~2/3 叶片凋萎。

7 级：茎部病斑全部环绕茎围，或 2/3 以上叶片凋萎。

9 级：病株基本枯死。

（2）调查方法。以株为单位分级，在晴天中午以后调查。

①普查：在发病盛期进行调查，选取 10 块以上有代表性的烟田，采用 5 点取样方法，每点不少于 50 株，计算病株率和病情指数。病情统计方法见附录 A。

②系统调查：采用感病品种，自团棵期开始，至采收末期结束，田问固定 5 点取样，每点不少于 30 株，每 5 d 调查 1 次，计算发病率和病情指数。病情统计方法见附录 A。

2. 青枯病、低头黑病

（1）病害严重度分级。以株为单位分级调查。

0 级：全株无病。

1 级：茎部偶有褪绿斑，或病侧 1/2 以下叶片凋萎。

3 级：茎部有黑色条斑，但不超过茎高 1/2，或病侧 1/2~2/3 叶片凋萎。

5 级：茎部黑色条斑超过茎高 1/2，但未到达茎顶部，或病侧 2/3 以上叶片凋萎。

7 级：茎部黑色条斑到达茎顶部，或病株叶片全部凋萎。

9 级：病株基本枯死。

（2）调查方法。以株为单位分级，在晴天中午以后调查。

①普查：在发病盛期进行调查，选取 10 块以上有代表性的烟田，采用 5 点取样方法，每点不少于 50 株，计算病株率和病情指数。病情统计方法见附录 A。

②系统调查：采用感病品种，自团棵期开始，至采收末期结束，田问固定 5 点取样。每点不少于 30 株，每 5d 调查 1 次，计算发病率和病情指数。病情统计方法见附录 A。

3. 根黑腐病

（1）病害严重度分级。以株为单位分级调查。

0 级：无病，植株生长正常。

1 级：植株生长基本正常或稍有矮化，少数根坏死呈黑色，中下部叶片褪绿（或变色）。

3 级：病株株高比健株矮 1/4~1/3，或半数根坏死呈黑色，1/2~2/3 叶片萎蔫，中下部叶片稍有干尖、干边。

5 级：病株比健株矮 1/3~1/2，大部分根坏死呈黑色，2/3 以上叶片萎蔫，明显干尖、干边。

7 级：病株比健株矮 1/2 以上，全株叶片凋萎，根全部坏死呈黑色，近地表的次生根受害明显。

9 级：病株基本枯死。

（2）调查方法。以株为单位分级，在晴天中午以后调查。

①普查：在发病盛期进行调查，选取 10 块以上有代表性的烟田，采用 5 点取样方法，每点不少于 50 株，计算病株率和病情指数。病情统计方法见附录 A。

②系统调查：采用感病品种，自团棵期开始，至采收末期结束，田间固定 5 点取样。每点不少于 30 株，每 5d 调查 1 次，计算发病率和病情指数。病情统计方法见附录 A。

4. 根结线虫病

（1）病害严重度分级。根结线虫病的调查分为地上部分和地下部分，在地上部分发病症状不明显时，以收获期地下部分拔根检查的结果为准。

田间生长期观察烟株的地上部分，在拔根检查确诊为根结线虫为害后再进行调查。以株为单位分级调查。

0 级：植株生长正常。

1 级：植株生长基本正常，叶缘、叶尖部分变黄，但不干尖。

3 级：病株比健株矮 1/4～1/3，或叶片轻度干尖、干边。

5 级：病株比健株矮 1/3～1/2，或大部分叶片干尖、干边或有枯黄斑。

7 级：病株比健侏矮 1/2 以上，全部叶片干尖、干边或有枯黄斑。

9 级：植株严重矮化，全株叶片基本干枯。

收获期检查地上部分的检查同田间生长期的检查，拔根检查分级标准如下。

0 级：根部正常。

1 级：1/4 以下根上有少量根结。

3 级：1/4～1/3 根上有少量根结。

5 级：1/3～1/2 根上有根结。

7 级：1/2 以上根上有根结，少量次生根上产生根结。

9 级：所有根上（包括次生根）长满根结。

（2）调查方法。以株为单位分级，在晴天中午以后调查。

①普查：在发病盛期进行调查，选取 10 块以上有代表性的烟田，采用 5 点取样方法，每点不少于 50 株，计算病株率和病情指数。病情统计方法见附录 A。

②系统调查：采用感病品种，自团棵期开始，至采收末期止结束，田间固定 5 点取样。每点不少于 30 株，每 5d 调查 1 次，计算发病率和病情指数。病情统计方法见附录 A。

5. 烟草叶斑病害

（1）以株为单位的病害严重度分级。适用于所有叶斑病害较大面积调查，以株为单位分级调查。

0 级：全株无病。

1 级：全株病斑很少，即小病斑（直径≤2mm）不超过 15 个，大病斑（直径>2mm）不超过 2 个。

3 级：全株叶片有少量病斑，即小病斑 50 个以内，大病斑 2～10 个。

5 级：1/3 以下叶片上有中量病斑，即小病斑 50～100 个，大病斑 10～20 个。

7 级：1/3～2/3 叶片上有病斑，病斑中量到多量，即小病斑 100 个以上，大病斑 20 个以上，下部个别叶片干枯。

9 级：2/3 以上叶片有病斑，病斑多，部分叶片干枯。

（2）调查方法。烟株进旺长期后开始调查，每 5d 进行一次调查，直至烟株采烤结束。采用五点取样，每点固定 50 株烟，共 250 株，对固定烟株（若固定烟株生长不正常或其他病虫较重的烟株，则更换固定烟株；若固定烟株邻近有其他重病烟株则将其铲除）进行调查。

6. 白粉病

（1）病害严重度分级。以叶片为单位分级调查。

0级：无病斑。

1级：病斑面积占叶片面积的5%以下。

3级：病斑面积占叶片面积的6%~10%。

5级：病斑面积占叶片面积的11%~20%。

7级：病斑面积占叶片面积的21%~40%。

9级：病斑面积占叶片面积的41%以上。

（2）调查方法

①普查：在发病盛期进行调查，选取10块以上有代表性的烟田，每地块采用5点取样方法，每点20株，以叶片为单位分级凋查，计算病叶率和病情指数。病情统计方法见附录A。

②系统调查：采用感病品种，自发病初期开始，至采收末期止结束，田间固定5点取样，每点5株，每5 d调查1次，以叶片为单位分级调查，计算病叶率和病情指数。病情统计方法见附录A。

7. 赤星病、野火病、角斑病

（1）病害严重度分级。适用于在调查过程中病斑明显扩大的叶斑病害，以叶片为单位分级调查。

在烟草叶斑病害的分级调查中，病斑面积占叶片面积的比例以百分数表示，百分数前保留整数。

0级：全叶无病。

1级：病斑面积占叶片面积的1%以下。

3级：病斑面积占叶片面积的2%~5%。

5级：病斑两积占叶片面积的6%~10%。

7级：病斑面积占叶片面积的11%~20%。

9级：病斑面积占叶片面积的21%以上。

（2）调查方法

①普查：在发病盛期进行调查，选取10块以上有代表性的烟田，每地块采用5点取样方法，每点20株，以叶片为单位分级凋查，计算病叶率和病情指数。病情统计方法见附录A。

②系统调查：采用感病品种，自发病初期开始，至采收末期止结束，田间固定5点取样，每点5株，每5d调查1次，以叶片为单位分级调查，计算病叶率和病情指数。病情统计方法见附录A。

8. 蛙眼病、炭疽病、气候性斑点病、烟草蚀纹病毒病、烟草坏死性病毒病、烟草环斑病毒病等（包括烘烤后病斑面积无明显扩大的其他叶部病害）

（1）病害严重度分级。以叶片为单位分级调查。

0级：全叶无病。

1 级：病斑面积占叶片面积的5%以下。

3 级：病斑面积占叶片面积的6%～10%。

5 级：病斑面积占叶片面积的11%～20%。

7 级：病斑面积占叶片面积的21%～40%。

9 级：病斑面积占叶片面积的40%以上。

（2）调查方法

①普查：在发病盛期进行调查，选取10块以上有代表性的烟田，每地块采用5点取样方法，每点20株，以叶片为单位分级凋查，计算病叶率和病情指数。病情统计方法见附录A。

②系统调查：采用感病品种，自发病初期开始，至采收末期止结束，田间固定5点取样，每点5株，每5d调查1次，以叶片为单位分级调查，计算病叶率和病情指数。病情统计方法见附录A。

9. 烟草普通花叶病毒病（TMV）、黄瓜花叶病毒病（CMV）、马铃薯Y病毒病（PVY）

（1）病害严重度分级。以株为单位分级凋查。

0 级：全株无病。

1 级：心叶脉明或轻微花叶，病株无明显矮化。

3 级：1/3叶片花叶但不变形或病株矮化为正常株高的3/4以上。

5 级：1/3～1/2叶片花叶，或少数叶片变形，或主脉变黑，或病株矮化为正常株高的2/3～3/4。

7 级：1/2～2/3叶片花叶，或变形或主侧脉坏死，或病株矮化为正常株高的1/2～2/3。

9 级：全株叶片花叶，严重变形或坏死，或病株矮化为正常株高的1/2以上。

（2）调查方法

①普查：在发病盛期进行调查，选取10块以上有代表性的烟田，每地块采用5点取样方法，每点20株，以叶片为单位分级凋查，计算病叶率和病情指数。病情统计方法见附录A。

②系统调查：采用感病品种，自发病初期开始，至采收末期止结束，田间固定5点取样，每点5株，每5d调查1次，以叶片为单位分级调查，计算病叶率和病情指数。病情统计方法见附录A。

（二）烟草主要害虫调查方法

1. 地老虎

（1）普查。在地老虎发生盛期进行调查，选取10块以上有代表性的烟田，采用平行线取样方法，调查10行，每行连续调查10株。根据地老虎的为害症状记载被害株数，并计算被害株率。计算方法见附录A。

（2）系统调查。采用感虫品种，移栽后开始进行调查，直至地老虎为害期基本结束。选取有代表性的烟田，采用平行线取样方法，调查10行，每行连续调查10株。每3d调查1次，根据地老虎的为害症状记载被害株数，并计算被害株率。计算方法见附录 A。不同烟区可根据当地地老虎的发生情况，在调查期内分次随机采集地老虎幼虫，全期共采集 30 头以上，带回室内鉴定地老虎种类。

2. 烟蚜

（1）蚜量分级

0 级：0 头/叶。

1 级：1~5 头/叶。

3 级：6~20 头/叶。

5 级：21~100 头/叶。

7 级：101~500 头/叶。

9 级：大于 500 头/叶。

（2）普查。在烟蚜发生盛期进行调查，选取 10 块以上有代表性的烟田，采用对角线 5 点取样方法，每点不少于 10 株，调查整株烟蚜数量，计算有蚜株率及平均单株蚜量。若在烟草团棵期或旺长期进行普查，也可采用蚜量指数来表明烟蚜的为害程度，选取 10 块以上有代表性的烟田，采用对角线 5 点取样方法，每点不少于 20 株。参照蚜量分级标准，调查烟株顶部已展开的 5 片叶，记载每片叶的蚜量级别，计算蚜量指数。蚜量指数的计算方法见附录 A。

（3）系统调查。采用感虫品种，移栽后开始进行调查，烟株打顶后结束调查，调查期间不施用杀虫剂。选取有代表性的烟田，采用对角线 5 点取样办法，定点定株，每点顺行连续调查 10 株。每 3~5d 调查 1 次，记载每株烟上的有翅蚜数量、无翅蚜数量，有蚜株数以及天敌的种类、虫态和数量，计算有蚜株率及平均单株蚜量。计算方法见附录 A。

3. 烟青虫、棉铃虫

（1）普查。在烟青虫或棉铃虫幼虫发生盛期进行调查，选取 10 块以上有代表性的烟田，采用平行线 10 点取样方法，共调查 10 行，每行连续调查 10 株，调查每株上的幼虫数量，计算有虫株率及百株虫量。计算方法见附录 A。

（2）系统调查。采用感虫品种，在烟青虫和棉铃虫初发期开始进行调查，直至为害期结束，调查期间不施用杀虫剂。选取有代表性的烟田，采用平行线 10 点取样方法，定点定株，共调查 10 行，每行连续调查 10 株。

①查卵：每 3d 调查 1 次，记载每株烟上着卵量，调查后将卵抹去，计算有卵株率。计算方法见附录 A。

②查幼虫：每 5d 调查 1 次，记载每株烟上的幼虫数量，并计算百株虫量和有虫株率。计算方法见附录 A。

4. 斜纹夜蛾

（1）普查。在斜纹夜蛾幼虫发生盛期，选取 10 块以上有代表性的烟田进行调查。若幼虫多数在 3 龄以内，则采取分行式取样的方法，调查 5 行，每行调查 10 株；若各龄幼虫混合发生，则采取平行线取样的方法，调查 10 行，每行调查 15 株。计算有虫株率及百株虫量。计算方法见附录 A。

（2）系统调查。采用感虫品种，在斜纹夜蛾初发期开始进行调查，直至为害期结束，调查期间不施用杀虫剂。选取有代表性的烟田，采用平行线10点取样方法，定点定株，共调查10行，每行连续调查10株。每5d调查1次，分别记载每株烟上卵块、低龄幼虫（1~3龄）及高龄幼虫（3龄以上）的数量，并计算百株虫量和有虫株率。计算方法见附录A。

5. 斑须蝽、稻绿蝽

（1）普查。在发生盛期进行调查。选取10块以上有代表性的烟田，采用平行线10点取样方法，共调查10行，每行连续调查10株。调查每株烟上的成虫、若虫以及卵块的数量，计算有虫株率及百株虫量。计算方法见附录A。

（2）系统调查。采用感虫品种，在初发期开始进行调查，直至为害期结束，调查期间不施用杀虫剂。选取有代表性的烟田，采用平行线10点取样方法，定点定株，共调查10行，每行连续调查10株。每5d调查1次。

记载每株烟上各虫态的数量，并计算百株虫量和有虫株率。计算方法见附录A。

附录A
（规范性附录）
烟草病虫害发生程度计算方法

A.1　发病率

发病率按式（A.1）进行计算。

发病率（%）=（发病株数/调查总株数）×100　　（A.1）

A.2　病情指数

病情指数按式（A.2）进行计算。

病情指数=［Σ（各级病株或叶数×该病级值）/（调查总株数或叶数×最高级值）］×100　　（A.2）

A.3　被害株率

被害株率按式（A.3）进行计算。

被害株率（%）=（被害株数/调查总株数）×100　　（A.3）

A.4 有蚜（虫）株率

有蚜（虫）株率按式（A.4）进行计算。

有蚜（虫）株率=［有蚜（虫）株数/调查总株数］×100%　　（A.4）

A.5 蚜量指数

蚜量指数按式（A.5）进行计算。

蚜量指数=［Σ（各级叶数×该级别值）/（调查总株数或叶数×最高级值）］×100　　（A.5）

A.6　平均单株蚜数

平均单株蚜量按式（A.6）进行计算。

平均单株蚜量=总蚜量/总株数　　（A.6）

A.7　百株虫量

百株虫量按式（A.7）进行计算。

百株虫量=（总虫量/总株数）×100　　（A.7）

A.8　有卵株率

有卵株率按式（A.8）进行计算。

有卵株率（%）=（有卵株数/调查总株数）×100　　（A.8）

第八章　丽江烟叶烘烤标准化技术

第一节　烟叶成熟采收技术规程

一、范围

本部分规定了丽江市烤烟不同部位烟叶的成熟特征、采收时间、方法、存放和特殊烟叶的采收。

本部分适用于丽江市烤烟成熟采收的管理。

二、规范性引用文件

下列文件对于本文件的应用是必不可少的。凡是注日期的引用文件，仅所注日期的版本适用于本文件。凡是不注日期的引用文件，其最新版本（包括所有的修改单）适用于本文件。

GB/T 23219—2008　烟叶烘烤技术规程

三、术语和定义

（一）采收成熟度

采摘时烟叶生长发育和内在物质积累与转化达到的成熟程度和状态（GB/T 23219—2008，3.5）。

（二）成熟

烟叶生长发育和干物质转化适当，具备明显可辨认的成熟特征（GB/T 23219—2008，3.8）。

（三）欠熟

烟叶尚处于发育阶段，不完全具备成熟特征（GB/T 23219—2008，3.6）。

四、鲜烟叶成熟外观特征

叶面绿中泛黄，通常表现是绿色减少，变为深浅不同的黄色，中上部叶有明显的成熟斑。

主脉变白发亮、弯曲，支脉褪青转白。

叶面茸毛少数至大部分脱落，富有光泽，叶面发皱，有黏手感。

叶尖、叶缘下卷，叶片下垂，茎叶角度增大。

叶基部产生分离层，容易摘下，采收时声音清脆，断面整齐呈马蹄形。

五、不同部位烟叶的成熟特征

（一）下部叶

烟株在大田生长55~70d，叶面出现5~6成黄的绿黄色，主脉变白，支脉淡绿，茸毛少数脱落。

（二）中部叶

大田生长天数在70~105d，叶面显现6~8成黄的浅黄色，有黄白色成熟斑，主脉全白发亮，支脉绿白，茸毛基本脱落，茎叶角度增大。

（三）上部叶

大田生长天数在105~115d，叶面起皱，呈现8~9成黄的淡黄色，黄白色成熟斑明显，主脉全白发亮，支脉浅白，茸毛大部分脱落，茎叶角度增大。

六、烟叶采收

（一）采收原则

①按照“多熟多采，少熟少采，不熟不采”的原则，采收烟叶分期进行。

②下部叶应适熟早收，不允许过熟不采。

③中部叶成熟采收。

④上部叶应充分成熟后采收，做到不熟不采，熟而不漏。

（二）采收时间

①多云、阴天整天均可采收。

②晴天应避免在烈日下采收。

③旱天宜采露水烟，雨天宜在雨后采收。

④若遇长时间降雨，烟叶出现返青，应等其重新落黄后及时采收。

（三）采收叶数

生长整齐、均衡、成熟一致的烟田烟地，每次每株要采2~3片，下二棚烟叶采收后间隔10d左右再采下一炉，上部叶5~6片一次性采收。

（四）采收方法

烟叶采收做到不漏墒，不漏株，不漏叶，熟一片，采一片，不采青，不漏熟。

采下的烟叶不带皮，采收时用食指和中指手托住叶基部，大拇指放在主脉基部上，向下一压，并向左右摇摆采下。

将采下的烟叶叶脉对齐，整齐堆放。

（五）特殊烟叶采收

假熟叶，叶尖黄，主支脉变白，茸毛脱落时方可采收。

成熟或接近成熟的病烟叶应及时抢收，并清理病残叶防止蔓延为害。

肥力比较充足、难以均匀落黄的烟叶，待成熟斑明显、主脉支全白后采收。

（六）注意事项

①采收数量应与烤房容量相配套。

②采收应根据品种、部位、栽培水平和气候条件而定，采收烟叶成熟度一致。

③采收时应轻拿轻放，避免挤压、磨擦、黏土、日晒损伤烟叶。

④应根据不同的土壤类型、气候条件和移栽后的天数来确定采烤时间，一般沙质土壤、雨水较多年份应及早采收，干旱或土壤黏重的烟叶应充分养好成熟度。

⑤做好成熟度控制，尽可能避免采烤生青烟叶或过熟烟叶。

第二节　烟叶烘烤技术规程

一、范围

本部分适用于丽江市烤烟烘烤技术。

本部分适用于丽江市烤烟生产。

二、规范性引用文件

下列文件对于本文件的应用是必不可少的。凡是注日期的引用文件，仅所注日期的版本适用于本文件。凡是不注日期的引用文件，其最新版本（包括所有的修改单）适用于本文件。

GB/T 23219—2008　烟叶烘烤技术规程

三、术语和定义

（一）烘烤

由田间成熟采收的鲜烟叶以一定的方式放置在特定的加工设备（通常称为烤房）内，人为创造适宜的温湿度环境条件，使烟叶颜色由绿变黄并不断脱水干燥，实现烟叶烤黄、烤干、烤香的全过程。通常划分为变黄阶段、定色阶段、干筋阶段（GB/T 23219—2008，3.1）。

（二）烤房

烤烟生产中烘烤加工烟叶的专用设备，按气流循环方式分为气流上升式和气流下降式烤房，按装烟密度分为普通烤房和密集烤房。

1. 气流上升式烤房

指烤房内的热气流是由下向上流动运动的烤房。

2. 气流下降式烤房

指烤房内的热气流是由上向下流动运动的烤房。

3. 普通烤房

烤烟生产中烘烤加工烟叶的专用设备，包括各种建筑材料与结构、热源与供热形式、进风洞和天窗形式的自然通风气流上升式烤房、自然通风气流下降式烤房，以及有机械辅助通风、热风循环烤房和温湿度自控或半自控装置的烤房（GB/T 23219—2008，3.2）。

4. 密集式烤房

烤烟生产中密集烘烤加工烟叶的专用设备，一般由装烟室、热风室、供热系统设备、通风排湿和热风循环系统设备、温湿度控制系统设备等组成。基本特征是装烟密度大（为普通烤房装烟密度的 2 倍以上），使用风机进行强制通风，热风循环，有温湿度自控系统（GB/T 23219—2008，3.3）。

5. 装烟室

特指烤房用来挂置烟叶的地方，平面称为仓，垂直面称为台，密集烤房一般为两仓三台，普通烤房为两仓五台。

6. 加热室

特指卧式密集烤房，室内设火炉和热交换器，并在适当的位置安装风机。风机按一定方向向装烟室输送热空气，经与烟叶接触进行湿热交换后，循环回到加热室。

（三）三段式烘烤

指根据烟叶外观特征变化与内部的有机联系，将烟叶烘烤全过程划分为烟叶外观状态与温度要求相应的阶段，包括变黄阶段、定色阶段、干筋阶段。

（四）干湿球温度计

烟叶烘烤必备的测温仪表，由 2 支完全相同的温度计组成，单位均为摄氏度。

1. 干球温度

显示烤房内（烟层中）空气的受热程度，单位为摄氏度。

2. 湿球温度

特定温度下烤房内空气中的水蒸气压与湿球表面的水蒸气压相等时，湿球温度计上所显示的温度值，单位为摄氏度，反映了该温度下烤房内的空气湿度。

3. 干湿球温度差

干球温度与湿球温度的差值，单位为摄氏度。反映烤房内空气的相对湿度大小，差值越小湿度越大，差值越大湿度越小。

（五）烘烤温湿度自控仪

用于检测、显示和调控烟叶烘烤过程工艺条件的专用设备。通过对烧火供热和通风排湿的调控，实现烘烤温湿度自动调控。由温度和湿度传感器、主机、执行器等组成。在主机内设置有烘烤专家曲线和自设曲线，并有在线调节功能和断电延续功能（GB/T 23219—2008，3.4）。

（六）烟叶变化

烘烤进程中烟叶的变黄程度与相应的干燥形态变化。一般以烤房内挂置温湿度计棚次的烟叶变化为主，兼顾其他各层（GB/T 23219—2008，3.13）。

（七）变黄程度

烟叶变黄整体状态的感官反映，以烟叶变为黄色的面积占总面积的比例（“几成黄”）表示。通常涉及应用到的有：五到六成黄，叶尖部、叶边缘变黄，叶中部开始变黄，叶面整体50%~60%变黄；七到八成黄，叶尖部、叶边缘和中部变黄，叶基部、主支脉及其两侧绿色，叶面整体70%~80%变黄；九成黄，黄片青筋叶基部微带青，或称基本全黄，叶面整体90%左右变黄；十成黄，烟叶黄片黄筋（GB/T 23219—2008，3.14）。

四、干燥程度

烟叶含水量的减少反映在外观上的干燥状态。通常以叶片变软、充分凋萎塌架、主脉变软、勾尖卷边、小卷筒、大卷筒、干筋表示（GB/T 23219—2008，3.15）。

叶片变软：烟叶失水量相当于烤前含水量的20%左右。烟叶主脉两侧的叶肉和支脉均已变软，但主脉仍呈膨硬状。用手指夹在主脉两面一折即断，并听到清脆的断裂声。

主脉变软：烟叶失水量相当于烤前含水量的30%~35%。烟叶失水达到充分凋萎，手摸叶片具有丝绸般柔感，主脉变软变韧，不易折断。

勾尖卷边：烟叶失水量相当于烤前含水量的40%左右。叶缘自然向正面反卷，叶尖明显向上勾起。

小卷筒：烟叶失水量为烤前含水量的50%~60%。烟叶约有一半以上面积达到干燥发硬程度，叶片两侧向正面卷曲。

大卷筒：烟叶失水量为烤前含水量的70%~80%。叶片几乎基本全干，更加卷缩，主脉1/2~2/3未干燥。

干筋：烟叶主脉水分基本全部排出，此时叶片含水量5%~6%，叶脉含水量7%~8%。

五、编烟装烟

（一）编烟

1. 分类编烟

把烟叶依据成熟度、厚薄、病残等进行分类，同类型编为一杆。

2. 编烟密度

根据烟叶大小、部位、含水量高低等确定适宜的杆编烟数量。一般1.35m的烟杆可编40~45撮/杆，每撮2片，小叶可编3片，叶基对齐，叶片相叠时要求叶背相对，编扣牢固，撮与撮之间距离均匀。

3. 编烟注意事项

编烟宜在阴凉处，防止日晒、雨淋、粘带灰土和破损。

（二）装烟

1. 装烟原则

同一烤房装同品种、同部位、同一成熟度的烟叶，同质同层，上下稀密一致。

病残叶装高温区，成熟稍差的装底温区，适熟的装中温区。

2. 装烟密度

下部叶一般平均杆距0.23~0.25m，中部叶平均杆距0.21~0.23m，上部叶平均杆距0.18~0.2m。

3. 注意事项

装烟时不装潮炉，不装热炉，装稀密一致，不在底台下面加杆装烟。

4. 挂温度计

气流上升式普通烤房和密集式烤房，干湿温度计（温湿度自控仪传感器）挂置在烤房内底棚烟叶环境中。

气流下降式普通烤房和密集式烤房，干湿温度计（温湿度自控仪传感器）挂置在烤房内上棚烟叶环境中。

六、烟叶烘烤

（一）烘烤技术操作原则

1. 四看四定原则

看鲜烟质量定烘烤技术。

看烟叶变化定温、湿度高低。

看干球温度定烧火大小。

看湿球温度定排气窗和进风洞开关大小。

2. 四严四灵活原则

按鲜烟质量定烘烤方法要严，具体实施方案要灵活。

干湿球温度高低与烟叶变化相适应要严格，各阶段保持时间长短要灵活。

干球温度控制范围要严，烧火大小要灵活。

湿球温度要严，排气窗和进风洞的开关大小要灵活。

3. 三表一计对照使用原则

烘烤技术图表、钟表、记录表与干湿温度计互相对照，科学烘烤。

（二）烘烤工艺及技术

1. 烟叶烘烤操作技术

把烟叶变黄干燥的3个时期规定为4个阶段，即变黄阶段、过渡阶段（凋萎）、干叶阶段、干筋阶段。

2. 烘烤工艺技术

（1）气流下降式卧式密集型自动化烤房烘烤工艺技术。见表8-1所示。

表8-1 气流下降式卧式密集型自动化烤房烟叶烘烤工艺（适用于装烟密度30~50kg/m³）

阶段	干球温度（℃）	湿球温度（℃）	干湿差（℃）	烘烤时间（h）	烟叶变化目标
低温调湿变黄	35.0~37.0	33.0~34.0	2.0~3.0	24~36	顶台烟叶，叶耳必须变黄，总体变黄程度在30%以上
	39.0~40.0	34.0~35.0	4.0~5.0	18~24	顶台烟叶达到青筋黄片

（续表）

阶段	干球温度（℃）	湿球温度（℃）	干湿差（℃）	烘烤时间（h）	烟叶变化目标
稳温排湿凋萎	44.0~46.0	35.0~36.0	9.0~10.0	12~16	顶台烟叶钩尖卷边，轻度凋萎；中下层烟叶达到青筋黄片
	49.0~50.0	35.0~36.0	14.0~15.0	24~36	顶台烟叶叶干 1/2~2/3；中下层烟叶钩尖卷边，充分凋萎
通风脱水干叶	54.0~56.0	36.0~37.0	18.0~19.0	24~36	顶台烟叶叶片干燥，中下层烟叶叶干 1/3~1/2，全炉烟叶主脉翻白
控温控湿干筋	62.0~63.0	37.0~38.0	25.0~26.0	12~18	全炉烟叶主脉干燥 1/2 以上
	67.0~68.0	39.0~43.0	25.0~28.0	24~36	全炉烟叶干燥

①低温调湿变黄：具体措施是：采用较低的温度、较低的湿度，使烟叶受热、失水、发软、塌架、变黄。掌握的原则是："烧火要小而忍""失水与变黄相适应，边排湿、边变黄"，不可过急。

起火后，以平均 1℃/h 的升温速度，在 6~8h 内，将顶台干球温度升至 35~37℃，湿球温度调整在 33~34℃。保持这样的干湿球温度，烤到顶台烟叶的叶耳变黄，总体变黄程度在 30%以上。这一阶段，通常需要 24~36h。达到这一烘烤目标后，再以 1℃/h 的升温速度，将干球温度从 37℃升至 39~40℃，湿球温度调整在 35~36℃，保持这样的干湿球温度，烤到顶台烟叶青筋黄片为止。这一阶段，通常需要 18~24h。

低温调湿变黄，要注意烟叶变黄程度达不到要求时，不要提前转火。

②稳温排湿凋萎：具体措施是：稳定温度，降低湿度，使烟叶稳定变黄。掌握的原则是：稳温排湿，温度不宜高，湿度不宜大，"烧成中火"。技术关键是："黄色临界值 67%的应用"。

干球温度在 3~5h 内，由 40℃以平均 1℃/h 的升温速度，升至 44~46℃，湿球温度达到 35~36℃，相对湿度控制在 56%~44%。稳定这种干湿球温度，烤到顶台烟叶钩尖卷边，轻度凋萎，中下层烟叶达到青筋黄片为止。这一阶段称为凋萎前期，一般需要 12~16h。

干球温度在 3~5h 内，以平均 1℃/h 的升温速度，由 46℃升至 49~50℃，湿球温度保持在 35~36℃，持续 24~36h，烤到顶台烟叶叶干 1/2~2/3，中上层烟叶钩尖卷边，充分凋萎。这一阶段称为凋萎后期，一般需要 24~36h。

稳温排湿凋萎，要注意湿度控制，使烤房内空气相对湿度必须控制在 67%以下。

③通风脱水干叶：具体措施是：加大通风排湿，用较高的温度、较低的湿度，脱去烟叶水分。掌握的原则是："保持一定的升温速度，并做到稳温、恒定、持久，不掉温，不猛升温，延长时间，加快脱水，烤干支脉和叶肉"。烧火"要大而稳"。技术关键是："先排湿，后升温"或"稳步升温排湿"。干球温度在 3~5h 内，以平均 1℃/h 的升温速度，由 50℃升至 54~56℃，湿球温度保持在 36~37℃，持续 24~36h，烤到顶

台烟叶叶片干燥，中下层烟叶叶干 1/3~1/2，全炉烟叶主脉翻白为止。

通风脱水干叶，需要注意升温的平稳和通风脱水速度适当。

④控温、控湿干筋：具体措施是：用较高温度和较低湿度，加速主脉水分的排除。

控制湿球温度在 39~43℃，适当降低通风排湿力度。掌握的原则是："烧火由大变中而均匀，烧成中火，慢升温、稳温，排尽湿气，烤干主脉"。技术关键是："温度不宜太高，湿度不宜大"。

以 1℃/h 的升温速度，从 56℃升至 62~63℃，湿球温度调整在 37~38℃，稳定干湿球温度，持续 12~18h，全炉烟叶主脉干燥 1/2 以上转火。再以 1℃/h 的升温速度，升至 67~68℃，湿球温度上升至 39~43℃，稳定干湿球温度，烤到底台烟叶 95%以上的主脉干燥时，停火，利用余热把未干的主脉烤干，通常需要 24~36h。

控温控湿干筋，要求保持中火烘烤。需要注意的是，干球温度不得超过 68℃，湿球温度不得超过 43℃。

（2）普改密烤房烘烤工艺技术。见表 8-2 所示。

表 8-2　普改密烤房烘烤工艺技术（适用于装烟密度 26~30kg/m³）

阶段	干球温度（℃）	湿球温度（℃）	干湿差（℃）	烘烤时间（h）	烟叶变化目标
低温调湿变黄	32.0~33.0	30.0~31.0	1.0~2.0	5~8	烟叶预热，适应烤房内部不良环境条件，避免火管辐射热，烤青烟叶
	35.0~37.0	33.0~34.0	2.0~3.0	24~36	底台烟叶，变黄程度 30% 以上，叶尖、叶缘必须变黄
	38.0~39.0	34.0~35.0	3.0~4.0	18~24	底台烟叶达到青筋黄片
稳温排湿凋萎	42.0~44.0	35.0~36.0	7.0~8.0	12~16	底台烟叶钩尖卷边，轻度凋萎，中上层烟叶达到青筋黄片
	47.0~48.0	35.0~36.0	12.0~13.0	24~36	底台烟叶叶干 1/2~2/3，中上层烟叶钩尖卷边，充分凋萎
通风脱水干叶	51.0~53.0	36.0~37.0	15.0~16.0	24~36	底台烟叶叶片干燥，中上层烟叶叶干 1/3~1/2，全炉烟叶主脉翻白
控温控湿干筋	62.0~63.0	37.0~38.0	25.0~26.0	12~18	全炉烟叶主脉干燥 1/2 以上
	67.0~68.0	39.0~43.0	28.0~29.0	24~36	全炉烟叶干燥

①低温调湿变黄：具体措施是：采用较低的温度，较低的湿度，使烟叶受热、失水、发软、塌架、变黄。掌握的原则是："烧火要小而忍""失水与变黄相适应，边排湿边变黄"，不可过急。

起火后，以平均 1℃/h 的升温速度，在 14~17h 内，将底台干球温度升至 32~33℃，湿球温度达到 30~31℃，保持干湿球温度稳定，持续 5~8h。然后从 33℃以 1℃/h 的升温速度，升至 35~37℃，湿球温度调整在 33~34℃。在这种干湿球温度条件下，烤到底台烟叶变黄 30%以上，底台烟叶的叶尖、叶缘变黄，这一阶段通常需要 24～36h。达到这一烘烤目标后，再以 1℃/h 的升温速度，将干球温度从 37℃ 升至 38～39℃，湿球温度调整在 34～35℃，保持这样的干湿球温度，烤到底台烟叶青筋黄片为止，这一阶段通常需要 24～36h。

低温调湿变黄，要注意烟叶变黄程度达不到要求时，不要提前转火。

②稳温排湿凋萎：具体措施是：稳定温度，降低湿度，使烟叶稳定变黄。掌握的原则是：稳温排湿，温度不宜高，湿度不宜大，“烧成中火”。技术关键是：“黄色临界值67%的应用”。

干球温度在 3～5h 内，由 39℃以平均 1℃/h 的升温速度，升至 42～44℃，湿球温度达到 35～36℃，相对湿度控制在 65%～54%。稳定这种干湿球温度，烤到底台烟叶钩尖卷边，轻度凋萎，中上层烟叶达到青筋黄片为止。这一阶段称为凋萎前期，一般需要 12～18h。

干球温度在 3～5h 内，以平均 1℃/h 的升温速度，由 44℃升至 47～48℃，湿球温度保持在 35～36℃，持续 24～36h，烤到底台烟叶叶干 1/2～2/3，中上层烟叶钩尖卷边，充分凋萎。这一阶段称为凋萎后期，一般需要 24～36h。

稳温排湿凋萎，要注意湿度控制，使烤房内空气相对湿度必须控制在 67%以下。

③通风脱水干叶：具体措施是：加大通风排湿，用较高的温度、较低的湿度，脱去烟叶水分。掌握的原则是：“保持一定的升温速度，并做到稳温、恒定、持久，不掉温，不猛升温，延长时间，加快脱水，烤干支脉和叶肉”，烧火“要大而稳”。技术关键是：“先排湿，后升温”或“稳步升温排湿”。

干球温度在 3～5h 内，以平均 1℃/h 的升温速度，由 48℃升至 51～53℃，湿球温度保持在 36～37℃，持续 24～36h，烤到底台烟叶叶片干燥，中上层烟叶叶干 1/3～1/2，全炉烟叶主脉翻白为止。

通风脱水干叶，需要注意升温的平稳和通风脱水速度适当。

④控温控湿干筋：具体措施是：用较高温度和较低湿度，加速主脉水分的排除。

控制湿球温度在 38～40℃，适当降低通风排湿力度。掌握的原则是：“烧火由大变中而均匀，烧成中火，慢升温、稳温，排尽湿气，烤干主脉”。技术关键是：“温度不宜太高，湿度不宜大”。

以 1℃/h 的升温速度，将干球温度从 53℃ 升至 62～63℃，湿球温度调整在 37～38℃，稳定干湿球温度，持续 12～18h，全炉烟叶主脉干燥 1/2 以上转火。再以 1℃/h 的升温速度，将干球温度升至 67～68℃，湿球温度上升至 38～40℃，稳定干湿球温度，烤到顶台烟叶 95%以上的主脉干燥时，停火，利用余热把未干的主脉烤干，通常需要 24～36h。

控温控湿干筋，要求保持中火烘烤。需要注意的是，干球温度不得超过 68℃，湿球温度不得超过 40℃。

七、回潮和堆放

回潮水分要求控制在15%~17%。

采用自然回潮方法进行回潮。烤烟季节空气湿度小情况下，在烟叶干筋后停止加热，待烤房温度降低到45~50℃时打开装烟门和进排湿口，使烟叶自然吸潮达到要求的水分标准，或将烟叶出房放置于地面使其回潮。

烟叶堆放地点要干燥，不受阳光直射，远离化肥、农药等异味物质。烟堆下部要架设防潮层。

不同烤次、不同部位的烟叶分开堆放。

不同烤次、不同部分的烟叶堆放在一起时，要做明显的标记。

堆放时叶尖向里，叶基向外，叠放整齐，个别湿筋或湿片应剔除。

堆好后用塑料膜、麻布等盖严，并覆盖遮光物。

烟垛长宽根据需要确定，高度不超过1.5m。

八、注意事项

①干球温度不得超过68℃，湿球温度不得超过40℃，以防烤红烟，烧火不能猛降温，克服洇筋、蒸片。

②定期检查烟堆内温度，若堆内温度超过37℃应打开烟堆，将烟叶放在通风阴凉处降低水分，然后再行堆放。

第三节　烟叶烘烤专业化服务规程

一、范围

本部分规定了丽江市烘烤专业化服务运作模式、工作标准、管理、评价考核等。

本部分适用于丽江市烘烤专业化服务。

二、术语和定义

烘烤专业化服务是指在现代烟草农业运作中，利用综合专业合作社为烟农提供专业化烘烤服务。

三、运行模式

（一）组织机构

专业化烘烤队由烤烟综合服务专业合作社中具有烘烤专业技能的人员组成，设队长1名。

（二）经济运行模式

由综合服务专业合作社全体社员开会讨论通过，确定专业化烘烤的具体服务价格。

四、烘烤专业队管理

（一）考核执行机构

综合服务社理事会。

（二）烘烤专业队工作职责

①参加烘烤技术培训，取得烘烤师资格证，持证上岗。

②指导烟农进行分类编烟。根据全炉鲜烟叶情况制订切实可靠的烘烤方案，坚持科学烘烤，严格按烘烤设备使用说明操作设备，确保烘烤记录翔实、完整。

③严格按照卧式密集烤房烘烤工艺进行指挥调度，确保烤房群正常运行。

④指导烘烤助理进行科学合理装烟，适时准确地进行烤房供热。

⑤做好本职工作，不断钻研业务，掌握烟叶变化规律及烤房使用规律，努力提高烘烤质量，降低烘烤成本。

⑥严格遵守安全制度，加强用火、用电管理，做到上班不离岗、不脱岗。

⑦按照烘烤师要求，科学合理装烟、适时供热、认真观察并详细记录烘烤过程中烟叶的变化情况。

⑧负责保持烘烤工场卫生维护工作，烘烤物资堆放整齐，煤灰、煤渣及生活垃圾定点堆放，保持仓库卫生及干燥，防止烟叶污染、霉变。

⑨上班不离岗、不脱岗，阻止无关人员进入烘烤作业点。

⑩不断钻研业务，扎实掌握供热、控温技术，更好的为烘烤工作服务。

⑪完成理事长要求完成的其他工作任务。

（三）考核细则

1. 烘烤质量

按照卧式密集烤房烘烤工艺进行烟叶烘烤，烘烤质量较好、烟农满意度高。

做好烤房调度工作，有效提高烤房连续作业率节约烘烤成本，按照“宜烤则烤、不间断使用”的原则，严格按照烟叶品质指导烘烤助理分类装烟，确保烘烤质量，节约烘烤成本。

指导烘烤助理装烟、烤房供热、回烟出炉有效到位。

按烘烤设备操作规程使用烘烤设备，维护好烘烤设备，确保烘烤工作正常进行。

严格执行烘烤工场安全管理制度，烤季内未发生安全事故。

严格按照烘烤师的烤房调度安排进行分类装烟工作，有效提高烤房连续作业率节约烘烤成本。

服从指导进行装烟、烤房供热、回烟出炉工作有效到位。

扎实掌握供热技术，达到精确控温。

2. 痕迹管理

烘烤专业队应翔实记录烘烤管理情况，档案内容完备、逻辑清晰，确保实现可追踪查询。

3. 烘烤机械维护

切实加强烤房维护，确保烤房运行良好。

4. 烟农意见

把服务好烟农，为烟农提供优质产品，满足烟农生产需要作为烘烤专业队工作指导思想，认真履行职能职责，切实兑现烘烤协议各项指标要求，让烟农满意。

第九章　丽江金沙江特色优质烟叶开发研究

第一节　丽江金沙江区域烟叶质量评价

中式卷烟发展战略，以市场为导向，立足于适应和满足中式卷烟发展的需要。烟叶资源有效配置，维持原料供应的质量稳定，紧密对接原料研究、生产与使用，发挥区域生态条件优势，彰显烟叶特色，并保持和发扬风格特点。开展特色烟叶研究，明确丽江金沙江区域烟叶质量及风格特色并进行开发，对于解决当前烟叶生产中趋同性、同质化的问题，充分利用生态资源，为卷烟工业提供稳定批量优质原料具有重要意义。根据湖南中烟、江苏中烟等工业企业的长期使用反馈，丽江金沙江区域烟叶已成为中华、芙蓉王、苏烟、帝豪、黄山等重点卷烟品牌配方的主料，形成了“吃味纯正、舒适、香气清雅、细腻”的丽江金沙江区域特色优质烟叶风格。开展丽江金沙江区域烟叶质量及风格特色分析和研究，可为丽江烟草及相关卷烟工业企业的生产和发展提供参考。

一、常规化学成分

从2008年烤烟生产季节丽江市所辖古城、玉龙、永胜、华坪、宁蒗五县区植烟区范围内21个乡79个村88户3个部位等级（X2F、C3F、B2F）共计243份烟叶样品，其中12个乡2个以上样品，17个乡样品品种涵盖了当年丽江烟区生产上大量推广种植的品种。2008年种植品种均为云烟系列品种（表9-1）。

表9-1　烟叶常规化学成分总体描述

等级	项目	样本数	最小值	最大值	平均值	标准差	变异系数（%）
B2F	钾（%）	81	2.27	3.52	2.66	0.46	14.44
	氯（%）	81	0.06	0.46	0.15	0.07	45.96
	烟碱（%）	81	1.17	5.19	3.12	0.92	29.51
	还原糖（%）	81	17.92	39.56	27.59	4.16	15.07
	总糖（%）	81	24.72	44.20	35.55	3.58	10.05
	总氮（%）	81	0.75	4.03	2.24	0.66	29.32
	石油醚提取物（%）	54	4.05	5.85	5.08	0.45	8.85

（续表）

等级	项目	样本数	最小值	最大值	平均值	标准差	变异系数（%）
C3F	钾（%）	80	2.16	3.59	2.59	0.44	14.20
	氯（%）	80	0.05	0.84	0.17	0.15	88.04
	烟碱（%）	80	1.06	3.96	2.06	0.59	28.74
	还原糖（%）	80	21.75	40.79	29.71	3.23	10.88
	总糖（%）	80	29.74	47.83	38.03	2.96	7.79
	总氮（%）	80	0.57	4.23	1.78	0.57	32.00
	石油醚提取物（%）	54	4.05	5.90	4.80	0.45	9.40
X2F	钾（%）	81	1.87	3.41	2.41	0.41	13.98
	氯（%）	81	0.07	0.66	0.16	0.12	70.84
	烟碱（%）	81	1.02	2.78	1.59	0.34	21.60
	还原糖（%）	81	13.28	36.35	25.73	4.12	16.00
	总糖（%）	81	21.22	44.65	33.31	5.17	15.51
	总氮（%）	81	0.28	3.37	1.65	0.57	34.41
	石油醚提取物（%）	56	3.80	5.49	4.65	0.41	8.89
总体	钾（%）	242	1.86	3.59	2.56	0.45	14.78
	氯（%）	242	0.05	0.84	0.16	0.11	71.61
	烟碱（%）	242	1.02	5.19	2.26	0.92	40.73
	还原糖（%）	242	13.28	40.79	27.67	4.18	15.10
	总糖（%）	242	21.22	47.83	35.62	4.44	12.46
	总氮（%）	242	0.28	4.23	1.89	0.65	34.33
	石油醚提取物（%）	164	3.80	5.90	4.84	0.47	9.72

表 9-2　云南省 2008 年 12 州市 100 个县（市）烤烟化学成分分析统计值

等级	统计项目	化学成分					
		钾（%）	氯（%）	烟碱（%）	还原糖（%）	总糖（%）	总氮（%）
B2F	样本数	249	302	302	244	302	302
	平均值	1.7	0.26	3.11	25.27	28.05	2.18
	变异系数	23.69	80.26	28.7	17.99	20.24	16.55
	最大值	3.85	1.31	7.28	38.39	42.74	3.09
	最小值	0.66	0.02	0.58	11.12	9.57	1.23
C3F	样本数	322	375	375	243	375	373
	平均值	1.83	0.24	2.36	28.11	32.32	1.94
	变异系数	20.8	86.05	42.19	13.06	14.39	21.79
	最大值	2.99	1.4	7.8	36.07	43.95	3.66
	最小值	0.81	0.01	0.64	18.46	15.38	1.18
X2F	样本数	242	295	295	241	295	295
	平均值	2.19	0.27	1.56	26.66	30.43	1.67
	变异系数	22.13	85.31	28.9	16.38	16.53	15.96
	最大值	3.75	1.41	3.27	37.11	40.94	2.74
	最小值	1.09	0.03	0.55	11.66	12.77	1.05

（续表）

等级	统计项目	化学成分					
		钾（%）	氯（%）	烟碱（%）	还原糖（%）	总糖（%）	总氮（%）
总体	样本数	1 215	1 374	1 374	728	1 374	1 372
	平均值	1.9	0.25	2.38	26.68	30.29	1.98
	变异系数	24.06	84.5	44.48	16.36	19.8	22.46
	最大值	3.85	1.59	7.8	38.39	43.95	3.86
	最小值	0.66	0.01	0.3	11.12	3.14	1.05

丽江金沙江区域烟叶化学成分特点为：钾、还原糖、总糖含量较高，烟碱和总氮含量适中，氯含量低，内在化学成分协调。其中钾含量总平均值 2.39%，标准差 0.45，变异系数 14.78%，范围值 1.86%~3.59%。除古城区 3 个点和玉龙 1 个点的 X2F 含钾量小于 2%外，所有样品均大于 2%，高于同年云南省烟叶总体含钾量（1.9%）。

还原糖含量总平均值 27.67%，标准差 4.18，变异系数 15.1%，范围值 13.28%~40.79%；总糖含量总平均值 35.62%，标准差 4.44，变异系数 12.46%，范围值 21.22%~47.83%。

烟碱和总氮含量适中，烟碱含量平均 2.26%，总氮含量 1.89%，氯含量均<1%，石油醚提取物含量平均为 4.84%。

与云南烟叶总体比较（表 9-2，图 9-1）总体上，丽江烟叶的钾、还原糖、总糖含量均高于云南省整体平均水平，氯、烟碱和总氮低于云南省整体平均水平。烟碱和总氮与云南省烟叶整体平均水平接近。

上部烟叶（B2F），丽江烟叶钾、还原糖、总糖含量均高于云南省整体平均水平，氯含量低于云南省整体平均水平。烟碱和总氮含量与云南省整体平均水平接近，略高。

中部烟叶（C3F），丽江烟叶钾、还原糖、总糖含量均高于云南省整体平均水平，氯、烟碱和总氮含量低于云南省整体平均水平。

下部烟叶（X2F），丽江烟叶钾、总糖、烟碱含量均高于云南省整体平均水平，氯、还原糖、总氮含量低于云南省整体平均水平。

二、外观质量

丽江烟叶外观颜色以深黄色和金黄色为主，色度均匀、饱满，烟叶的色度正常至强。烟叶的厚薄适中，叶片之间差异小，烟叶充分成熟、组织疏松、成丝率高；油分足、柔软、有弹性，烟叶质量稳定性和均一性好，在储存过程中烟叶的颜色加深，耐储存。

三、感官评吸

丽江金沙江区域特色优质烟叶在风格特色上，不仅充分体现了云南烟叶“清、甜、香、润”的典型风格特征（即清—清逸—清新自然、优雅飘逸，甜—甜韵—甜感突出、

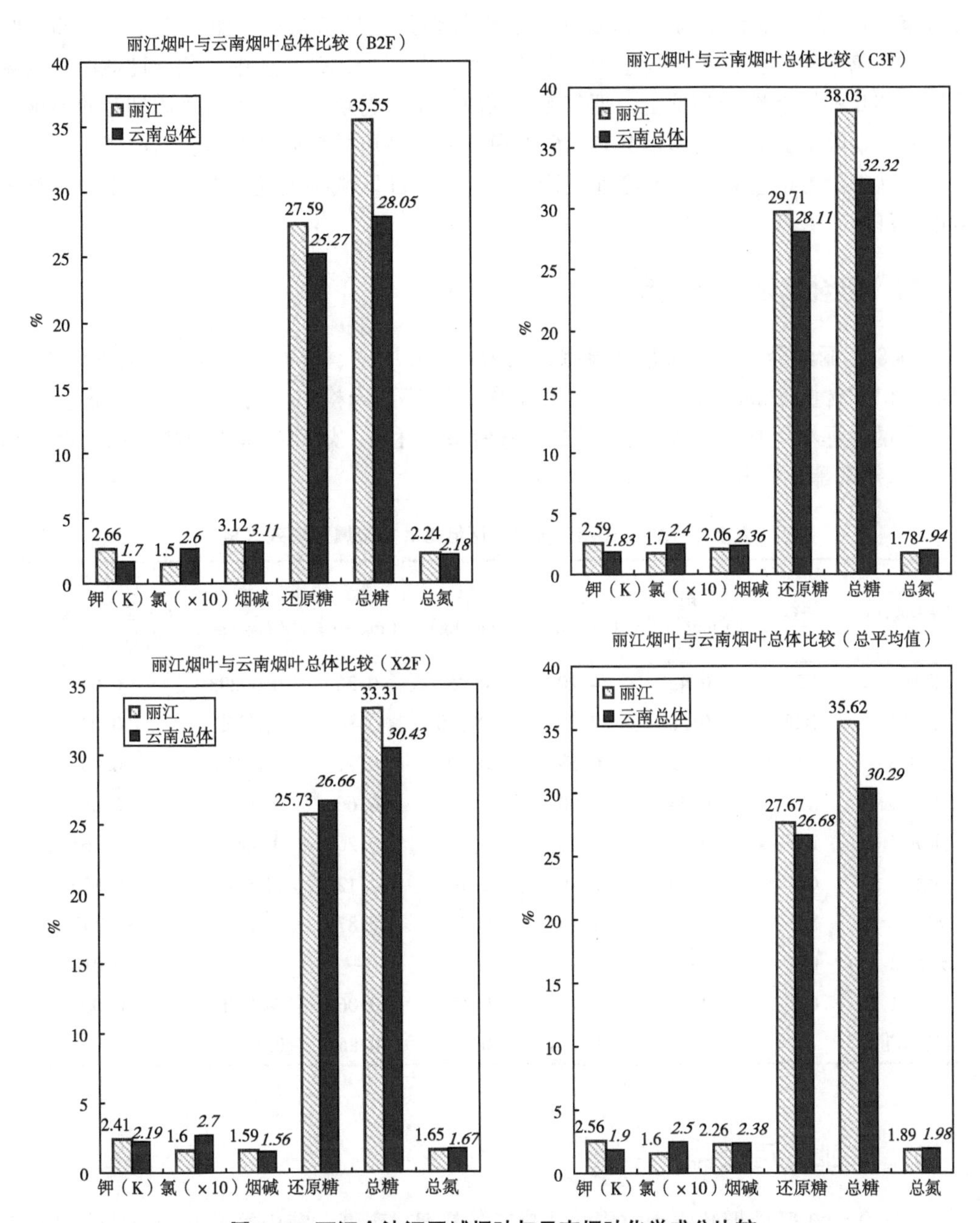

图 9-1　丽江金沙江区域烟叶与云南烟叶化学成分比较

回味甘纯，香—香馨—香气丰满、芳香愉悦，润—圆润—津润舒适、纯净柔顺），更具有自身独特的风格特点：吃味纯正、舒适，香气清雅、细腻、飘逸，被誉为“云南清香型烟叶的代表”。国家烟草监督检测中心研究表明，丽江烟叶属于典型的清香型烟叶，香气量足，香气质好，吃味醇和；丽江烟叶具有清雅、飘逸、俊秀、细腻的香气风格，烟味浓度适中，吃味醇和，劲头柔软舒适，独有的丽江金沙江区域特色清香风格特征突出，不可多得、不能复制。评吸结果表明丽江市烟叶具有显著的清香型特点，香气质有至有+，香气量有至有+，吃味醇和，燃烧性好，烟灰灰白，丽江市中、上部烟叶香气质都属中等偏上，香气量适中，吃味醇和，杂气少，劲头适中，刺激性适中，余味较好，烟叶的燃烧性中等偏上，烟灰颜色灰白，符合卷烟工艺配方对优质烟叶的要求。

丽江烟叶除具有云南烤烟共有的独特风格外，品质类型亦很明显，已经成为国内重点卷烟品牌配方的主料，工业企业反馈的丽江金沙江区域特色优质烟叶的风格为：吃味纯正、舒适、香气清雅、细腻。

四、重金属及农药残留

2008 年丽江金沙江区域烟叶检测结果为：烟叶中铅、镉、铬、砷、汞的含量均少，均低于相关含量的最高残留限量。尤其汞含量低甚至未检出。功夫菊酯（三氟氯氰菊酯）含量远远小于 0.5mg/kg 的烟叶最高残留限量标准，烟叶中未检出敌杀死（溴氰菊酯）、氯氰菊酯、甲胺磷、氧化乐果（表 9-3）。

表 9-3　2008 年丽江金沙江区域烟叶重金属及农残含量

取样地点	等级	铅（mg/kg）	镉（mg/kg）	铬（mg/kg）	砷（mg/kg）	汞（mg/kg）	功夫菊酯（三氟氯氰菊酯）含量（mg/kg）
玉龙 1	X2F	0.43	4.20	0.25	0.36	0.00293	0.032
玉龙 2	B2F	0.28	2.20	0.098	0.36	未检出	0.037
玉龙 3	C3F	0.52	0.58	0.20	0.21	未检出	0.202
玉龙 4	X2F	0.44	13.90	0.32	0.66	0.0231	0.044
玉龙 5	B2F	0.22	6.20	0.18	0.26	0.00986	0.161
永胜 1	C3F	1.00	0.89	0.16	0.12	未检出	0.106
永胜 2	X2F	1.80	1.40	0.23	0.87	未检出	0.147
永胜 3	C3F	—	—	—	—	—	0.018
华坪 1	C3F	2.30	1.40	0.17	0.066	未检出	0.007
参考标准		<15	<0.2143	<0.5	<0.857	<0.5	

五、工业可用性

丽江金沙江区域烟叶成为中华、芙蓉王、苏烟、帝豪、黄山等重点卷烟品牌配方的主料，烟叶市场反映好。工业反馈为烟叶出丝率高、配伍性好。

第二节　丽江金沙江植烟区生态因子分析研究

由于云南省具有显著的季风气候特征，加之其地处低纬高原，地形十分特殊复杂，地理纬度、海拔高度、时间序列长、气候变化对烤烟品质等有强烈影响方面，加上深受孟加拉湾气流和南亚季风的影响，其气候特征表现出一定的区域特殊性。

一、丽江金沙江区域自然地理

丽江市位于北纬25°59′~27°56′与东经99°23′~101°31′，滇西北高原中部，青藏高原东南缘，跨横断山峡谷与滇西高原两个地貌单元的衔接地带。位于金沙江中上游；地处青藏高原和云贵高原连接部，下辖一区四县（即古城区、玉龙县、永胜县、华坪县、宁蒗县），山河壮丽，坡陡谷深，江河纵横，金沙江流域环绕境内流长600多km。地处地形总趋势为西北高、东南低。东西最大横距212.5km，南北最大纵距213.5km。全市总面积20 600km^2（206万hm^2）。水能资源、土地资源、生物资源和独特的旅游资源丰富，烤烟种植适宜区面积为128万亩。

山地多，平坝少，垂直气候明显，属低纬高原季风气候区，年降水量911~1 040mm，年日照数2 298~2 566h，海拔高（县城2 393m）、辐射强、温差大。全市年平均气温在12.6~19.8℃，全年无霜期191~301d。立体气候、立体农业十分明显，地形极为复杂，具有独特的山地季风气候特色，有南亚热带、中亚热带、北亚热带、暖温带、寒温带6种气候，具有干湿季分明、冬暖夏凉四季不分明、气候垂直差异显著、年温差较小而日温差较大等特点。

二、金沙江水系

金沙江对丽江自然生态环境有强烈的影响。金沙江是长江上游，始于青海省玉树县巴塘河口，东南流入四川省石渠县境、得荣县入云南省境德钦县。金沙江流经丽江615km。金沙江南偏东过奔子栏，右纳周巴洛曲，经中甸县境，东南至丽江县石鼓，金沙江上游段即止于此。中游段始于云南省石鼓，以下绕丽江县玉龙雪山形成大弯，称“长江第一湾”，转东北入虎跳峡（鲁甸至大具）；又北偏东至川滇边界上曲折转东，于三江口左纳木里河；又急转而南，经鹤庆、永胜、大姚诸县境，曲折转北，入四川省攀枝花市境。曲折东南又转南，过攀枝花市与会理县；转东南又转南，入云南省永仁、元谋县境。转东又折北，过四川省会理县与云南省武定县。转东北后下为会理县与云南省禄劝县、会东县与云南省东川市、北偏西流为会东县与云南巧家县，过四川省宁南县与云南省巧家县、四川省布拖县、四川省金阳县，又转东偏北，过金阳县与云南省昭通县、永善县，四川省渡口、四川省雷波县、四川省屏山县与云南省绥江县。中游段止于此新市镇右纳西宁河。金沙江自直门达至宜宾市河长22 951km，其中四川省境内两段共长162km，川青、川藏、川滇界河1 393km。在金江街、三堆子、檬古、巧家等地有开敞河谷，其余河段多为峡谷。流域地处新构造运动强烈上升地区，跨越不同地貌单元，地质构造十分复杂。河流走向多沿南北向大断裂带，或与褶皱走向一致。流域内多年平均降水量741mm，径流深347mm。金沙江以降水和雪山融水为主，水质少有污染，水资源丰富（图9-2）。

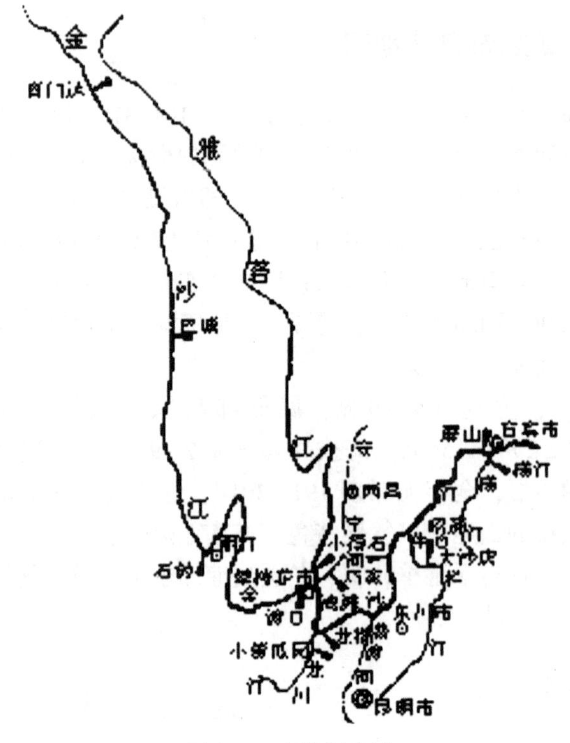

图 9-2　金沙江水系

三、丽江金沙江区域气候形成重要因素

在太阳辐射、季风环流和地形 3 个因素相互作用和相互制约下，丽江市气候既表现出我国西部季风气候的共同性，又有着水平方向和垂直方向的明显差异。

西部季风型气候区。夏半年在西南季风控制下，水汽来源充沛，云浓雨密，凉爽潮湿；冬半年受热带大陆气团控制，又基本上不受寒潮浸袭，故晴空万里，太阳辐射强，干燥、少雨、温暖。

整个金沙江区域地势高亢，山脉高耸，地形大幅度起伏，使从北方南下的寒潮在重重高山阻挡下，很难入侵，加上高度和坡度的不同，从而形成了比较复杂的山地气候。“一山分四季”的垂直气候带发育明显。

云南地处中国西南部的低纬高原地区，地形、地貌、经度、纬度和高程以及大气透明度和天空遮蔽状况对太阳辐射有强烈影响。

（一）土壤因子

20018—2009 年在丽江金沙江区域植烟区内一区四县的 27 乡、239 个村的 273 个土壤取样点进行了养分分析，总体结果如表 9-4 所示。土壤取样点包含了部分燥红土和地带性分布的红壤、冲积土、水稻土、紫色土等各类土壤类型、海拔高度从 1 260~2 507m 的广大区域。

表 9-4　丽江金沙江植烟区土壤养分总体统计描述

项目	样本数	最小值	最大值	平均值	标准差	变异系数（%）
pH 值	273	4.49	7.75	6.13	0.80	13.10
有机质（%）	273	0.57	10.01	4.36	1.76	40.36
碱解氮（mg/kg）	273	15.87	303.83	136.30	58.39	42.84
速效磷（mg/kg）	273	1.39	101.77	31.24	21.06	67.42
速效钾（mg/kg）	273	37.60	1 861.81	222.22	180.79	81.36
交换 Ca（mg/kg）	273	164.93	11 763.12	3 338.82	2 354.12	70.51
交换 Mg（mg/kg）	273	18.87	1 698.00	342.26	240.53	70.28
有效 Zn（mg/kg）	273	0.35	8.70	2.21	1.39	62.96
有效 B（mg/kg）	272	0.01	2.75	0.54	0.36	66.00
有效 Mo（mg/kg）	268	0.00	2.08	0.45	0.38	84.56
氯离子（mg/kg）	273	9.90	154.46	38.37	17.09	44.55

丽江金沙江流域植烟土壤有机质、速效磷、速效钾、交换钙、交换镁高，碱解氮较高、适中，有一定的有效硼和有效钼。水溶态硼含量低。土壤速效钾高是烟叶中含钾量高的主要原因。土壤弱酸性，pH 值 4.49~7.75，氯离子平均值低于 45mg/kg。土壤生产能力较高，理化性质总体上适宜优质烤烟生产的要求，均为适宜发展烤烟生产的土壤。同时，耕层土壤孔隙度较高，物理性沙粒较多，>0.01mm 粒径含量超过 60%，质地及层次的配合以及孔隙度 52.7%等土壤物理性状使丽江金沙江区域典型土壤具有一定的保水、保肥、保温性，同时水分利用率较高（表 9-5）。其中，玉龙县金庄乡茨可村为丽江金沙江区域典型土壤，其土壤类型为冲积土，土壤养分含量较高，但保水能力差，保肥能力低，容易造成钾、镁离子随雨水和灌溉水而流失。根据其母质不同分为石灰性冲积土和中性冲积土 2 个亚类。

表 9-5　丽江金沙江植烟区典型土壤质地

地点	层次	容重（g/cm^3）	比重	<0.01mm 粒径含量（%）	土壤总空隙度（%）	土壤质地名称（卡庆斯基制）
丽江金庄茨可	A 耕层	1.25	2.61	35.67	52.70	中壤土
	B 中心层	1.59	2.77	32.18	41.48	中壤土
	C 底层	1.47	2.77	5.64	45.44	紧沙土
昆明云农大后山	A 耕层	0.86	2.84	58.72	65.57	重壤土
	B 中心层					
	C 底层					

（二）光因子

对生产优质烤烟而言，和煦而充足的光照是必要条件。在一般生产条件下，烟草大田期的日照时数最好达到 500~700h，日照百分率最好达到 40%以上；采烤期间要达到 280~300h，日照百分率要达到 30%以上，才能生产出优质烟叶。

丽江市光照较强，年总辐射量较大。丽江烟区 3—4 月日照时数最多，各月可达 200~270h，为培育壮苗提供了较好的光照条件。5 月日照时数在 200h 左右，烤烟大田期的 6—9 月主要是雨季，常常是晴间多云和多云间晴的天气，漫射光多，形成一种和煦的光照条件，对优质烟的生长和品质非常有利。从海拔 1 200 多m 到 2 400m 年日照时数均在 2 300h 以上，为云南全省较高值区；大田生长期 6—9 月正值雨季，云量多，日照时数比 4—5 月减少，但各月日照时数都比较均匀，在 150h 左右。年日照百分率 50%左右；在烟叶成熟期的 8—9 月，日照百分率为 35%左右，能满足优质烟生产对光照的要求。

1. 太阳辐射总量

太阳辐射能是气候形成的能量源泉。以丽江站为例，年太阳总辐射能量达 136Kcal/cm^2，仅次于我国西部干旱地区与青藏高原。如丽江市太阳辐射为 147. 9Kcal/cm^2，仅次于拉萨 188. 1Kcal/cm^2 和西部干旱地区 183. 0Kcal/cm^2，热量条件比较优越。丽江光照较强，年总辐射量较大，烤烟主要种植在海拔 1 300~2 300m 的地带。烤烟大田期的 6—9 月主要是雨季，常常是晴间多云和多云间晴的天气，漫射光多，形成一种和煦的光照条件，对优质烟的生长和品质非常有利。

2. 日照时数

从全年日照时数看（表 9-6），丽江最高，体现了降水天数及地带性的影响。从生长期日照时数看，除弥勒外，丽江最高，海拔的影响超过了纬度的影响。从生长期日照时数占年日照时数看，弥勒和文山处较低纬度，其日照时数稍多，保山受降水天数影响日照时数稍低，丽江纬度较高日照时数稍低，而其余比较接近。丽江市气候特征天气晴朗，太阳辐射强，日照时数多，气温偏高，丽江市全年日照时数为 2 546. 5h/y 明显高于保山 2 297. 0h/y、大理 2 291. 4h/y 和中甸 2 177. 9h/y，仅次于永仁 2 826. 0h/y 和宾川2 712. 0h/y（表 9-6）。

表 9-6　云南典型烟区日照时数对比

地点	大田期日照时数（h）					年日照时数（h）	生长期日照时数占年日照时数（%）	5—8 月日照时数
	5 月	6 月	7 月	8 月	9 月			
玉溪	207. 6	135. 5	118. 7	135. 2	119. 9	2 072. 4	28. 9	597. 0
曲靖	199. 6	135. 0	135. 7	160. 0	127. 1	2 112. 4	29. 8	630. 3
昆明	212. 2	135. 0	124. 3	144. 9	123. 5	2 196. 7	28. 1	616. 4
楚雄	213. 9	147. 9	117. 3	130. 2	123. 6	2 177. 1	28. 0	609. 3
大理	201. 3	154. 0	134. 2	148. 7	138. 5	2 227. 5	28. 7	638. 2
弥勒	204. 5	155. 0	151. 8	167. 2	142. 5	2 106. 5	32. 2	678. 5
文山	199. 3	145. 9	147. 1	148. 4	142. 2	1 972. 0	32. 5	640. 7
保山	222. 3	151. 0	116. 8	148. 8	156. 3	2 411. 9	26. 5	638. 9
丽江	225. 1	156. 7	134. 2	155. 0	138. 8	2 469. 1	27. 2	671. 0

丽江市主要站点的各月日照情况（表 9-7），从海拔 1 200m 的华坪站到 2 400m 的丽江站，年日照时数均在 2 300h 以上，为云南全省较高值区；6—9 月的日照时数也在 500~700h。5 月日照时数在 200h 左右；大田生长期 6—9 月正值雨季，云量多，日照时数比 4—5 月减少，但各月日照时数都比较均匀，在 150h 左右。丽江主要气候区域 4—9 月的月平均日照时数和日照百分率如表 9-8 所示，年日照百分率在 50%左右；在烟叶成熟期的 8—9 月，日照百分率为 35%左右，能满足优质烟生产对光照的要求。

表 9-7　丽江市代表站月平均日照时数

地名	海拔（m）	日照时数（h）						
		5 月	6 月	7 月	8 月	9 月	全年	6—9 月
玉龙/古城	1 393	222.7	153.3	139.7	160.8	147.2	2 498.1	601
永胜	2 140	226.2	159.3	138.4	152.7	141.9	2 400.2	592.3
华坪	1 244	240.8	167.5	166	183.8	148	2 463.5	665.3
宁蒗	2 242	221.9	148	130.1	140.2	118.8	2 323.3	537.1

表 9-8　丽江市各主要气候区 4—9 月日照时数和日照百分率

气候带	代表点	日照	4 月	5 月	6 月	7 月	8 月	9 月	全年
亚热带	永胜期纳	h	236.4	168.4	203.3	166.4	164.3	193.7	2 422.4
		%	62.0	41.0	49.0	40.0	41.0	53.0	55
	华坪中心	h	255.0	240.8	167.5	166.0	188.8	148.0	2 483.5
		%	66.9	57.9	41.1	39.6	45.8	40.3	58.7
温带	玉龙巨甸	h	157.1	93.3	124.0	112.5	126.6	142.2	2 077
		%	41.0	22.0	30.0	27.0	31.0	39.0	49.5
暖温带	永胜永北	h	229.5	226.2	159.3	138.4	152.7	141.9	2 400.2
		%	60.0	54.5	39.3	33.0	37.9	38.8	50.5
	古城七河	h	219.9	201.7	136.8	125.2	140.1	135.7	2 314.3
		%	57.0	49.0	33.0	30.0	35.0	37.0	54.0

3. 太阳辐射方式

烤烟在半漫射光下品质最好，3/4 漫射光次之，全部直射光最劣。玉龙金庄的太阳总辐射大于昆明农大后山，无论是分波段光质中的紫外光、可见光、近红外光，而玉龙金庄较昆明有更多的漫射光成分（表 9-9）。

表 9-9 丽江、昆明两地 200～1 100nm 太阳辐射光质及辐射方式

（辐射强度单位：μw/cm²・nm）

地点	辐射方式		分波段光质				
			紫外光（UV）	可见光（PAR）	近红外光（NIR）	全波段辐射总计	占总辐射比例（%）
玉龙金庄	直射光	辐射强度	12 014.39	24 121.40	32 553.09	68 518.03	
		占全波段辐射比例（%）	17.53	35.20	47.51	100.00	44.62
	漫射光	辐射强度	9 252.53	22 392.29	11 912.65	43 452.13	
		占全波段辐射比例（%）	21.29	51.53	27.41	100.00	28.29
	总辐射	辐射强度	28 377.08	74 091.42	51 464.45	153 569.17	
		占全波段辐射比例（%）	18.48	48.25	33.51	100.00	100.00
昆明农大后山	直射光	辐射强度	13 384.16	39 416.80	37 344.71	89 941.29	
		占全波段辐射比例（%）	14.89	43.83	41.52	100.00	60.75
	漫射光	辐射强度	8 260.34	18 475.74	8 779.93	35 430.60	
		占全波段辐射比例（%）	23.31	52.15	24.78	100.00	23.93
	总辐射	辐射强度	27 545.41	69 814.58	51 039.81	148 051.30	
		占全波段辐射比例（%）	18.61	47.16	34.47	100.00	100.00

4. 光质

不同波长的光对烤烟生长的作用不同，红光即长波光对生长没有抑制作用，而短波的蓝光及紫光，尤其是紫外光有明显的“紫外生物效应”，对伸长生长有抑制作用，对烟草香气的积累有正效应。紫外辐射是指波段在 100～400nm 的太阳辐射，通常分为 UV-A（320～400）、UV-B（280～320）和 UV-C（100～280，200～280）三部分。UV-C 基本被完全吸收；UV-A 的相当一部分直接到达地面，对植物光合作用也有影响；UV-B 大部分被吸收，但此段辐射即使到达地面数量少，也可以导致明显的环境生态效应。

紫外辐射与总辐射相关性很好。紫外辐射与总辐射一致表现为强度大。紫外辐射与总辐射年变化规律一致，紫外辐射占总辐射的比值相对稳定。海拔越高，紫外辐射越强，海拔较高的高原地区，大气质量较小，空气稀薄，透明度高，对紫外辐射的散射和吸收相对较少，因而紫外辐射强度较平原地区大。南方低值区的形成主要是受天气的影响，当南方雨季来临，云雾天气较多，削弱了紫外辐射。青藏高原、云南地区紫外辐射最强，华南和其他省份次之，并向北递减（图 9-3）。高值区在青藏高原一带，西北明显高于东南。云南紫外辐射强度的地域分布特点大致是：南部大于北部，西部大于东

部，与光能资源的地理分布特征完全吻合。无论是直射、漫射还是总辐射，其中紫外光成分丽江玉龙均高于昆明。

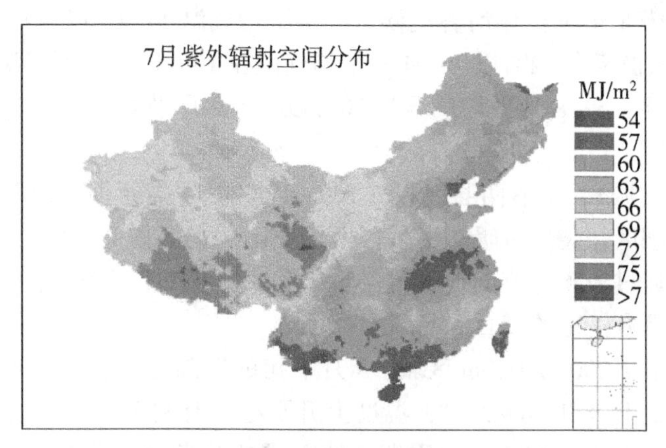

图 9-3　7 月全国紫外辐射空间分布

同纬度地区丽江的紫外辐射强度较高。紫外辐射强度随纬度的升高而减少。最高值出现在滇西南地区，滇西北为次高区（表 9-10）。紫外辐射随地理纬度的增高和海拔高度的降低均有明显而强烈的改变。海拔高的高原地区，大气质量较小，空气稀薄，大气透明度高，对紫外辐射的散射和吸收相对较少，因而紫外辐射强度比同纬度平原地区大。云对紫外辐照度有很大的影响，而且低云对紫外辐照度的削弱作用大于中云的削弱作用。UV-B 部分随着纬度的降低而有强烈的增加，而随着地面海拔高度的增高而有强烈的增加。云量、海拔高度、纬度对紫外辐射变化有强烈的影响，引起在同一云量条件下丽江地区的紫外辐射高于勐腊地区。

表 9-10　云南代表性点紫外辐射强度比较（2003 年 8 月至 2004 年 9 月，11：30-12：30）

测点	经度（E）	纬度（N）	海拔高度（m）	夏季（6—8 月）紫外辐射强度（W/m^2）	年平均紫外辐射强度（W/m^2）
普洱（UV312）	101°03′	23°02′	1 320.0	5.977	6.468
富宁（UV297）	105°38′	23°39′	685.5	0.867	0.919
昆明（UV312）	102°41′	25°01′	1 891.4		2.593
华坪（UV312）	101°16′	26°38′	1 244.0	6.090	4.645
丽江（UV312）	100°13′	26°52′	2 393.0	4.437	5.453
昭通（UV297）	103°43′	27°21′	1 949.5	0.922	0.933

（引自周平等，2008）

（三）温度因子

从平均气温来看，在丽江市海拔 1 200~2 000m 范围，平均气温满足优质烤烟生产的要求；在海拔 1 000~1 200m 区域内，气温偏高；而在海拔 2 000~2 300m 区域，气温偏低，但与云南滇东北烟区比较则可通过地膜覆盖技术得到弥补。

金沙江河谷区属北亚热带气候，分属北亚热带暖润平坝气候区、北亚热带暖润山地气候区和北亚热带半干旱暖热河谷气候区，年平均气温 14.4~17.7℃，无霜期 200d 以上，3 月平均气温稳定在 12℃以上，4 月平均气温在 15℃以上，可以满足种子发芽和苗期生长发育的需要，6—8 月平均气温为 20℃以上，9 月平均气温在 19℃左右，是烤烟生长的最适宜温度。

玉龙（包括古城）、宁蒗两县海拔 2 100~2 600m 的高原坝区属暖温带气候区，分属暖温带干凉平坝区和暖温带暖润平坝区两个亚区。在海拔 2 100~2 200m 区域内，气温稍偏低，但是通过薄膜育苗、地膜覆盖、抗旱早栽等技术措施后，气候基本满足烤烟的正常生长，并具有一定的产量和品质。

在丽江市海拔 1 200~2 000m 区域，3 月下旬的气温稳定在 14℃以上，4 月初稳定通过 15℃，5 月初上升到 18~20℃，温度上升平稳，有利于培育壮苗。5—8 月是烤烟生长期，平均温度在 19~25℃，优质烟区处于或接近烤烟最适温度范围（20~24℃），与世界知名产烟地区的大田生长期平均气温非常相似。虽然 2 000~2 300m 海拔高度的月平均气温略低于 20℃，但大部分高度烤烟大田期各月的平均气温比较稳定，变化幅度小，大田生长期平均气温最高月与最低月相差仅 2~5℃，各月气温仍处于烤烟生长的适宜范围内，且绝大部分地区气温日较差大，白天气温相对较高，基本处于烤烟生长的最适宜温度范围内，弥补了丽江主要海拔高度烤烟大田期平均气温略低的弱点。主要海拔高度 1 400~2 200m 烟区在烤烟成熟期（8—9 月）的月平均温度为 17~23℃，前期（8 月）为 18.4℃以上，与世界优质烟产地相似，后期（9 月）为 21.5~17℃，虽然部分地方的月平均温度小于 20℃，但高于 17℃，仍处于最适宜或适宜生长的温度范围，再加上采用地膜覆盖栽培技术，移栽期适当提前，采烤期相应得以提前到 9 月上旬结束，确保了烟叶品质（表 9-11，表 9-12）。

表 9-11　丽江市气候区域 4—9 月平均气温

气候区域	代表乡镇	海拔（m）	平均气温（℃）						
			4 月	5 月	6 月	7 月	8 月	9 月	全年
南亚热带干热河谷区	永胜涛源	1 170	23.3	25.9	26.0	25.8	24.7	23.7	20.6
	永胜期纳	1 480	22.2	24.5	24.0	23.8	22.8	22.1	19.4
南亚热带热润河谷区	华坪中心	1 244	23.3	25.5	24.9	24.6	23.7	22.1	19.3
北亚热带暖润平坝区	永胜金官	1 500	17.9	21.9	22.2	22.2	21.6	20.2	16.2
北亚热带暖润山地区	华坪永兴	1 580	20.5	23.1	23.0	22.7	21.9	20.3	17.7
北亚热带半干旱暖热河谷区	玉龙石鼓	1 814	16.3	19.9	21.2	21.1	21.3	18.9	15.0
	玉龙巨甸	1 960	15.5	17.5	21.4	21.3	20.8	19.3	14.4

（续表）

气候区域	代表乡镇	海拔（m）	平均气温（℃）						
			4月	5月	6月	7月	8月	9月	全年
暖温带干凉平坝区	玉龙七河	2 233	14.5	18.0	19.0	19.2	18.3	16.9	13.5
暖温带暖润平坝区	永胜永北	2 140	14.6	18.4	19.2	19.1	18.3	16.9	13.5
	玉龙大研	2 393	13.3	16.6	18.0	17.9	17.3	15.9	12.6

表 9-12　不同海拔高度和站点逐月平均气温　（℃）

	海拔（m）	5月	6月	7月	8月	9月	全年	5—8月
理论计算值	1 000	26.9	26.1	25.8	24.9	23.5	20.9	25.93
	1 200	25.4	24.9	24.7	23.8	22.5	19.6	24.70
	1 400	23.9	23.7	23.6	22.8	21.4	18.3	23.50
	1 600	22.3	22.5	22.4	21.7	20.3	17.0	22.23
	1 800	20.8	21.3	21.3	20.6	19.2	15.7	21.00
	2 000	19.3	20.2	20.2	19.5	18.1	14.4	19.80
	2 200	17.8	19.0	19.1	18.4	17.0	13.1	18.58
	2 400	16.3	17.8	18.0	17.4	15.9	11.8	17.38
	2 600	14.7	16.6	16.9	16.3	14.8	10.5	16.13
玉龙、古城	1 636	16.6	18	17.9	17.3	15.9	12.6	17.45
永胜	2 140	18.4	19.2	19.1	18.3	16.9	13.5	18.75
华坪	1 244	25.5	24.9	24.6	23.7	22.1	19.8	24.68
宁蒗	2 242	17.5	19.3	19.3	18.5	16.8	12.7	18.65

丽江 1 836m 海拔高度的各月平均气温，比玉溪气象站（1 636m）的各月平均气温明显要高 2℃左右；与玉溪站各月平均气温相近的海拔高度比玉溪站至少高出 200m（表 9-13）。因而丽江烟区 2 000m 左右区域，具备有玉溪 1 800m 左右区域的平均气温条件，原因是丽江金沙江区域受热带大陆气团控制，再加上高山屏蔽作用，寒潮难以入侵。

表 9-13　丽江市与玉溪各月平均最高气温、最低气温及日较差

项目	地名	5月	6月	7月	8月	9月	全年
最高气温（℃）	玉龙、古城	23.1	23.6	23.2	22.6	21.5	19.2
	永胜	24.8	23.6	23.4	23.3	22.2	19.9
	华坪	33.0	30.9	30.4	29.5	28.0	26.5
	宁蒗	24.7	24.8	24.7	24.6	23.2	21.0
	玉溪	27.0	25.7	25.7	25.8	24.8	22.8

（续表）

项目	地名	5月	6月	7月	8月	9月	全年
最低气温（℃）	玉龙、古城	11.1	14.1	14.2	13.7	12.4	7.6
	永胜	11.5	14.6	15.6	14.8	13.4	7.5
	华坪	18.9	19.9	20.2	19.4	18.2	13.4
	宁蒗	10.5	14.6	15.6	14.4	13.2	6.0
	玉溪	15.4	17.4	17.8	17.0	15.5	10.9
日较差（℃）	玉龙、古城	12.0	9.5	9.0	8.9	9.1	11.6
	永胜	13.3	9.0	7.8	8.5	8.8	12.4
	华坪	14.1	11.0	10.2	10.1	9.8	13.1
	宁蒗	14.2	10.2	9.1	10.2	10.0	15.0
	玉溪	14.2	10.2	9.1	10.2	10.0	15.0

云南烟区育苗期（3—4月）的温度较高，3月月平均气温在13℃以上，3月下旬的气温稳定在14℃以上，4月初稳定通过15℃，5月初上升至18~20℃，温度上升平稳。从生长期（5—8月）看，云南主要烟区的月平均温度为18.6~22.9℃，与美国阿什维尔、巴西圣保罗和库里蒂巴等世界名烟产地的大田生长期气温非常相似。虽然云南部分烟区的月平均温度略低于20℃，缺乏“高温期”，导致旺长期热量不够充裕，遇秋温偏低年份，对烟叶成熟中后期威胁较大，但大部分烟区生长期各月的平均气温比较稳定，变幅小于2℃，仍然处在烤烟生长的适宜温度范围内；加之高原地区夜间气温低，气温日较差大，有利于干物质的积累，特别是糖分的积累，生长期昼夜温差大，有利于烟草香气的形成。白天气温高，弥补了平均气温略低的弱点，虽然积温偏低，但积温有效性高。生长期≥10℃的活动积温为2 300~2 700℃，能满足烤烟生长，缓慢增温构成了独持的热量条件，使烟叶积累了更多的同化物质，导致烟叶内含物质协调，表现出清香的特点。成熟期（8—9月）月平均温度为17.5~22.2℃，前期（8月）为19.2~22.2℃，与世界优质烟产地相似，后期（9月）为17.5~20.8℃，仍处于最适宜和适宜生长范围，再加上采用薄膜覆盖技术，移栽期和采烤期都提前，使云南大部分优质烟区采烤期提前到9月中旬前结束，确保烟叶优质。云南烟区与美国烟区气候条件不尽相同，各具特点，云南烟区烤烟大田生长和叶片成熟期虽然气温比美国低、日照比美国少，但都在生产优质烟叶的范围内；云南烟区地势地貌与美国相似，又处在低纬度高海拔地区，光质较好，积温有效性高，大田生长期无高温之虞，这些条件弥补了自然条件的某些不足（表9-14）。

表 9-14　云南典型烟区各月平均气温　（℃）

地点	经度（E）	纬度（N）	海拔（m）	5月	6月	7月	8月	9月	年均温（℃）
玉溪	102°33′	24°21′	1 636.7	20.2	21.2	20.9	20.5	19.3	15.9
曲靖	103°16′	25°30′	1 906.2	18.6	19.8	20.0	19.5	17.5	14.8
昆明	102°41′	25°01′	1 891.4	19.0	19.9	19.8	19.4	17.8	14.9
楚雄	101°32′	25°01′	1 772.0	20.5	21.4	20.9	20.4	18.9	16.0
大理	100°11′	25°42′	1 990.5	18.7	20.2	19.9	19.2	17.8	14.9
弥勒	103°27′	24°24′	1 415.2	21.7	22.4	22.0	21.6	20.2	17.1
文山	104°15′	23°23′	1 271.6	22.1	22.9	22.7	22.2	20.8	18.0
保山	99°10′	25°07′	1 653.5	19.5	21.3	21.0	20.8	19.6	15.9
丽江	100°13′	26°52′	2 393.2	16.6	18.4	18.0	17.3	15.8	12.5
丽江金庄	99°09′	27°09′	2 000	16.4	20.7	20.9	20.1	19.4	14.2

（四）水分因子

云南优质烟区烤烟生长期降水量以550mm左右为宜，适当分布为好，烟草旺长期与多雨季需同步，使烟草需水与季节降水最佳吻合，若自然降水与生育期不相匹配，须完善排灌体系。此外，云南烟区降水的时间分配还有一个特点是雨日多，降水强度小，且多夜雨，降水能保证热量得到充分的利用，降水的有效性高，6—8月云南主要烟区的降水日数为50~60d，占年降水日数的50%左右，雨日平均降水量为8mm左右，年一日最大降水量80~120mm，其降水强度远小于中国黄淮、福建等烟区。若降水强度过大则易引起洪涝，云南烟区独特的降水气候特点是云烟优质高产的一个重要因素。在实际生产中，水分对烤烟生长发育的影响主要是受降水的影响（表9-15）。

表 9-15　云南典型烟区各月平均降水量

地点	5月	6月	7月	8月	9月	年降水量（mm）	生长期降水占年降水（%）	最热月降水量（mm）
玉溪	86.7	138.3	177.6	186.2	107.9	918.4	64.1	138.3
曲靖	104.9	176.5	173.2	156.6	107.4	954.3	64.0	173.2
昆明	97.4	180.9	202.2	204.0	119.2	1 011.3	67.7	180.9
楚雄	69.0	139.1	190.7	167.5	126.3	862.7	65.6	139.1
大理	61.9	164.5	185.6	209.1	167.6	1 051.1	59.1	164.5
弥勒	101.6	164.5	181.5	165.3	119.8	952.0	64.4	164.7

（续表）

地点	5月	6月	7月	8月	9月	年降水量（mm）	生长期降水占年降水（%）	最热月降水量（mm）
文山	120.8	134.8	206.4	185.4	119.4	1 005.3	64.4	134.8
保山	69.9	138.4	157.4	172.6	147.5	988.2	54.5	138.4
丽江	55.8	167.3	242.2	206.2	160.8	980.0	68.5	167.3
丽江金庄	85.1	49.2	194	100.95	77.75	940.2	45.7	49.2

从表9-15可以看出，云南主要烟区育苗期（3—4月）正值干季，月降水量仅为10~50mm，苗期降水量与津巴布韦索尔兹伯里和哈拉雷等国外名烟产区极为相似。但云南绝大部分烟区大都采用漂浮育苗，降水的多少不会对烟苗苗期生长产生影响，而此时期由于受西方干暖气流的影响，光照充足，气温较高，对培育壮苗十分有利。移栽期（5月）降水量适中，为60~120mm，与美国阿什维尔、巴西库里蒂巴和津巴布韦索尔兹伯里等名烟产地相似，能满足优质烤烟生长的需要，再加上气温适宜，日照充足，有利于蹲苗，促进根系生长，为优质适产打下基础；旺长期（6—7月）降水充足（100~200mm），但不过多，再加上和煦的光照、适宜的温度，烟叶生长良好，叶片组织疏松，氮化物含量较低，叶脉较细；成熟采烤期（8—9月）降水适中，前期月降水量200mm左右，后期降水减少，月降水量100mm左右，符合烟叶成熟期对水分的需求。美中不足的是，个别年份7月、8月降水量过多，导致光照不足。在烤烟生长过程中，若水分过多，根系发育受阻，根系活力差，吸收力减弱，地上部分表现出生理缺水的症状，引发病害和引起烟株倒伏，特别是叶片成熟阶段，过多的降水还会使气温降低，日照减弱，叶片含水量增加，导致细胞间隙加大，组织疏松，烟叶有机物质积累减少，烘烤后叶片薄，颜色淡，缺乏弹性，烟味淡，香气不足，品质差。反之水分供应不足，会导致烟株矮小，叶片窄长，叶色暗绿，组织紧密，成熟不一致，烟叶内蛋白质、烟碱含量过高，碳水化合物含量过低，烟叶内在成分不协调而影响品质；在缺水的情况下上部叶片会从下部叶片夺取水分和养分，使下部叶片过早衰老变黄，形成假熟，严重时会使植株萎蔫死亡。

丽江市各气候区域主要站点降水量表明，烤烟育苗阶段（3—4月）的降水量较少，月降水量为3~20mm，须有浇水或灌溉条件，降水不会对烟苗生长构成影响，特别是由于这段时间降水少，气温相对较高，光照充足，对培育壮苗十分有利。凡是降水较多的年份，往往日照较少，气温较低，烟苗的生长较差。移栽期主要在5月，降水量适中，为50mm左右，能满足伸根期烤烟生长的需要，再加上温度较高、日照充足，有利于蹲苗，促进根系生长，为烤烟优质适产打下基础。旺长期（6—7月）降水充足，一般有100~200mm/月，加上和煦的光照、适宜的温度，对烤烟生产十分有利。成熟采烤期（8—9月），降水适中，前期月降水量200mm左右，后期降水减少，月降水量100mm左右，符合烟叶成熟期对水分的要求（表

9-16)。此外，丽江雨量分布还有一个特点，雨日多，降水强度小，降水的有效性高。

表 9-16 丽江市主要站点降水量

地名	海拔（m）	5月（mm）	6月（mm）	7月（mm）	8月（mm）	9月（mm）	全年（mm）	5—8月（mm）
丽江/古城	2 393	55	172.8	241.3	205.6	149.3	950	674.7
永胜	2 140	47.9	146.8	244.6	222.8	135.4	920.6	662.1
华坪	1 244	48.5	178	262.3	261.7	187.5	1 053.8	750.5
宁蒗	2 242	52	169	225.9	222	142.9	918.3	668.9

丽江市不同的气候区域内降雨有较为明显差异。丽江主要气候区代表乡镇的降雨情况表明，在降水量偏多或偏少的气候区内种植烤烟，须有相应的水利设施，确保烟田排灌的需要，才能保证烤烟优质适产（表 9-17）。

表 9-17 丽江不同气候区域 4—9 月平均降水量

气候区域	代表乡镇	海拔（m）	平均降水量（mm）						
			5月	6月	7月	8月	9月	5—8月	全年
南亚热带干热河谷区	永胜涛源	1 170	33.8	87.2	125.7	156.8	93.3	403.5	568.8
南亚热带热润河谷区	华坪中心	1 244	48.5	178.0	262.3	261.7	187.5	750.5	1 055
北亚热带暖润平坝区	永胜金官	1 500	45.8	119.9	194.3	202.4	178.3	562.4	817.4
北亚热带暖润山地区	华坪永兴	1 580							1 600
北亚热带半干旱暖热河谷区	玉龙石鼓	1 814	34.5	118.9	210.3	199.6	99.8	563.3	767.5
	玉龙巨甸	1 960	50.3	87.9	105.2	211.3	94.0	454.7	753.2
暖温带干凉平坝区	古城七河	2 233	12.8	46.2	160.3	226.9	264.0	446.2	
暖温带暖润平坝区	永胜永北	2 140	47.9	146.8	244.6	222.8	135.4	662.1	920.6
	古城大研	2 393	55.0	172.8	241.3	205.6	149.3	674.7	950.0

生产地的光、温、水因子配合方式可能是形成烟叶特色的重要生态学外因。试对云南典型烟区做生态因子组合分析（图 9-4），丽江烟叶产区光照和降水配合与其他烟区基本相似，但除金沙江区域外丽江最大的差异在于月均温稍低，且日较差大。而金沙江区域（以玉龙金庄为代表）月均温并不低，尤其在 6 月中旬至 7 月中旬旺长期间，生态因子的组合较独特。

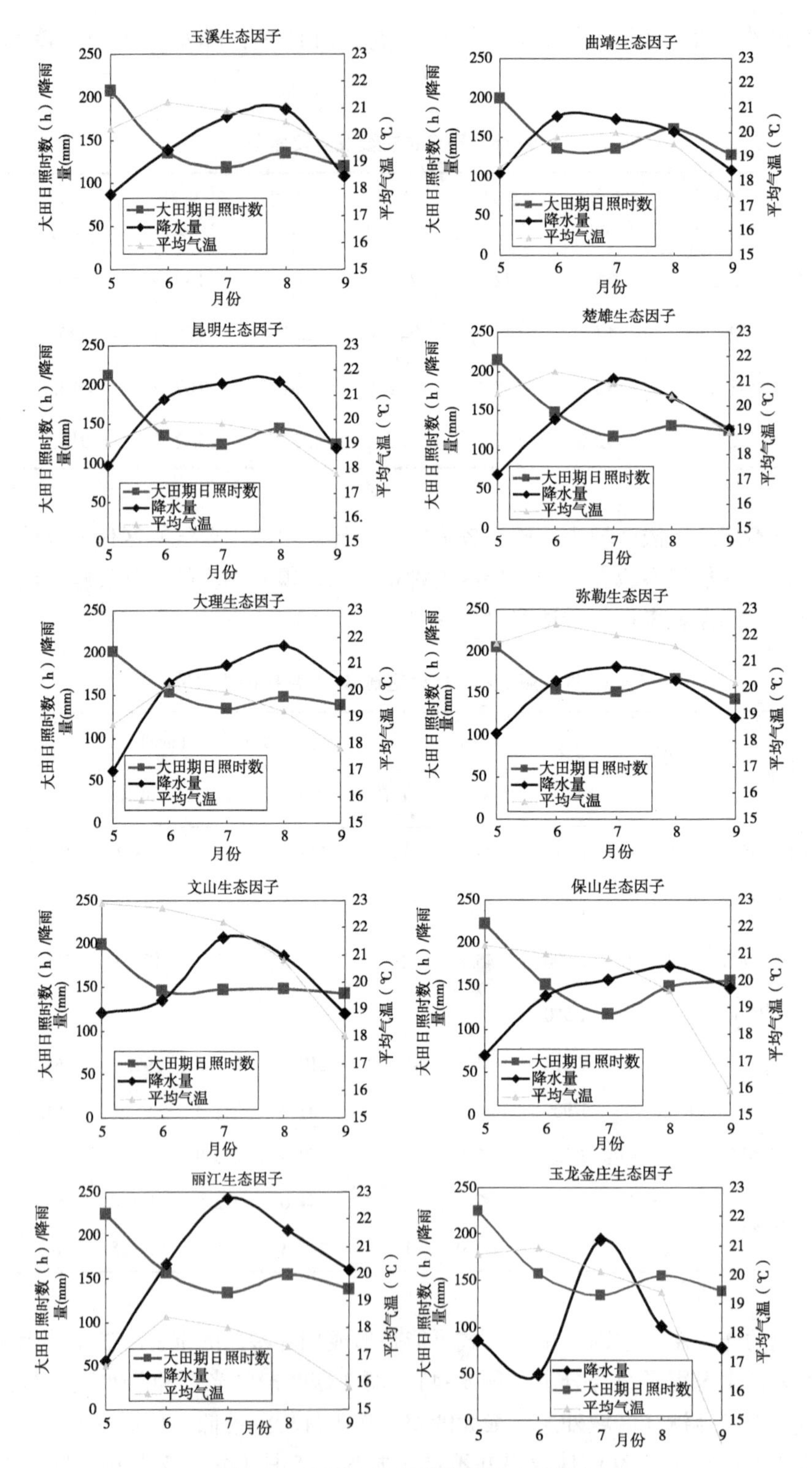

图 9-4　气温、日照时数及降水的配合

四、结　论

除云南西南烟区具有的季风气候特征、地处低纬高原的特点外，丽江金沙江区域沙质土壤、有机质和速效钾高、光照充足、紫外辐射强、温度适中、日温差大以及生态因子之间的独特组合是丽江特色烟叶形成的生态学外因。

良好的生态环境和环保的生产技术是安全烟叶的重要保证。高海拔、日温差大、污染少、植烟土壤重金属少、植被丰富，故病害少。用药量少，故烟叶中重金属、农药残留均少。形成的地膜覆盖、多次水施追肥技术、良好的排灌条件等生产技术特色是丽江烟区优质烟叶的保证。

第三节　丽江、昆明生态气候条件及烤烟质量对比研究

生态因素是烤烟风格特色形成的基本因素。丽江金沙江区域特有的生态条件造就了“吃味纯正、舒适、香气清雅、细腻”的丽江金沙江区域特色优质烟叶风格。本研究试验点分别选在昆明云南农业大学后山烤烟大田和丽江玉龙县黎明乡茨科村烤烟大田进行对比试验，以研究不同生态条件对烤烟生长及质量的影响，为丽江特色烟叶开发提供理论依据。

一、材料与方法

(一) 试验材料

供试品种为云烟 87。

(二) 试验设计

1. 大田试验

试验于 2009 年 5—9 月在昆明云南农业大学后山烤烟大田（昆明大田）和丽江玉龙县茨科村烤烟大田（玉龙大田）同时展开，小区面积各 52.2m^2，种植规格为行距 120cm，株距 50cm，南北墒向，于 5 月 24 日移栽。统一采用丽江当地优质烟栽培方法，三段式烘烤工艺烘烤。丽江采用智能化烤房，昆明采用 YHSJ-1 型电动智能烤烟机。

2. 盆栽试验

在昆明云南农业大学后山做不同土壤盆栽对比试验，与大田试验同时开展，丽江烤烟大田土壤和昆明烤烟大田土壤盆栽各 4 盆，丽江大田土壤属冲积土，昆明大田土壤属红壤土。盆高 45cm，盆顶开口直径 35cm，盆底直径 25cm，在昆明大田试验小区旁沿南北向摆放，统一采用丽江当地优质烟栽培方法，YHSJ-1 型电动智能烤烟机三段式烘烤工艺烘烤。

3. 施肥方法

肥料用烤烟专用复合肥 $N-P_5O_2-K_2O$（12-12-24）和硫酸钾（K_2O 50%）。其中烤烟专用复合肥 5 月 22 日条施底肥，30kg/亩，6 月 3 日第一次兑水追施，6kg/亩，6 月

17 日第二次兑水追施，8kg/亩。硫酸钾（K_2O 50%），6 月 17 日兑水追施，10kg/亩。

4. 金沙江区域上下游典型区域气象条件对比

以丽江市玉龙县金庄站为金沙江上游典型区域代表，丽江市永胜县片角站为金沙江下游典型区域代表，对比两地气温、降水量及昼夜温差。

（三）观测记载项目与方法

1. 农艺性状的测定

8 月 1 日调查中部叶叶长、叶宽、株高、叶片数、茎围、节距等农艺性状，按五点取样法选 10 株调查。每棵烟株从下到上选 5、6、10、11、15、16 叶位挂牌留样。

2. 土壤水分的测定

用 TZS-1 土壤水分测定仪（浙江托普仪器有限公司）测定 10~15cm 耕层土壤水分，每次选取同一烟株根系附近测定 3 次，并取平均值。因土壤水分测定仪只有 1 台，所以两地分开测，6 月 25 日和 7 月 19 日测定昆明大田和盆栽试验的土壤水分，6 月 28 日和 7 月 21 日测定丽江大田土壤水分。

3. 烟叶 SPAD 值的的测定

用 SPAD-502 叶绿素测定仪（日本柯尼卡仪器有限公司）测量烟株 5 位、10 位、15 位叶的叶基、叶中及叶尖 3 点的值，取平均值作为叶绿素相对含量。因 SPAD-502 叶绿素测定仪只有 1 台，所以两地分开测，6 月 25 日和 7 月 19 日测定昆明大田和盆栽试验的烟叶 SPAD 值，6 月 28 日和 7 月 21 日测定丽江大田烟叶 SPAD 值。

4. 空气温湿度测定

用 hobo 温湿度自动记录器每天每小时记录空气相对湿度（RH），分别安放在昆明大田和丽江大田，丽江点从 7 月 5 日开始记录至 9 月 14 日结束，昆明点从 7 月 1 日记录，至 9 月 22 日结束，丽江共观测记录 1 683 个小时，昆明共观测记录 1 921 个小时，取平均值求得各月平均温湿度。9 月只选取前 13d 数据进行对比分析，与实际数值有差异，但考虑到两地采用统一的计算方法，因此可以进行比较。

5. 土壤理化性状测定

取丽江和昆明两地试验大田土壤剖面各层土样，测定土壤理化性状。pH 值测定用电位计法，有机质用重铬酸钾油浴法，速效氮用碱解扩散法，速效磷用钼锑抗比色法，速效钾用火焰光度计法，土壤容重用环刀法，土壤比重用比重瓶法，土壤质地采用卡庆斯基制分类。

6. 烟叶化学成分测定

将大田试验初烤烟叶等级为 C3F 的烟样及盆栽试验初烤烟叶的下部叶，测定其中总糖、还原糖、总氮、烟碱、氯、钾等化学指标。

7. 气象数据收集

由昆明市、丽江市古城区、玉龙县金庄站、永胜县片角站自动气象观测站提供相关气象数据。

（四）数据分析

采用 Excel 软件处理分析数据。

二、结果与分析

（一）土壤理化性状分析

烤烟生产最适的土壤容重为1~1.4g/cm^3，最大不宜超过1.6g/cm^3，当土壤容重超过1.6g/cm^{3}以后烟株的生长会受到严重地抑制，根系减少，烟叶的产量和品质也降低。一般土壤容重大孔隙度就低，优质烟要求的孔隙度是在45%~60%。丽江烟区耕层土壤容重处于最优范围内，孔隙度较高，土壤比重适中，大于0.01mm粒径的物理性沙粒含量超过60%，中心层土壤容重较高，土层上松下紧，具有一定的保水、保肥、保温性，同时水分利用率较高。昆明烟区土壤容重偏低，孔隙度较大，比重较高（表9-18）。

表9-18　丽江、昆明两地大田土壤物理性状

地点	层次	容重（g/cm^3）	比重	<0.01mm粒径含量（%）	土壤总空隙度（%）	土壤质地名称
玉龙大田	A耕层	1.25	2.61	35.67	52.70	中壤土
	B中心层	1.59	2.77	32.18	41.48	中壤土
	C底层	1.47	2.77	5.64	45.44	紧沙土
昆明大田	A耕层	0.86	2.84	58.72	65.57	重壤土
	B中心层					
	C底层					

据前人研究，适合优质烟生产的土壤农化性状为：pH值5~8、有机质<2%、速效氮60~120mg/kg、速效磷10~40mg/kg、速效钾>120mg/kg、有效钙800~2 000mg/kg、有效镁100~400mg/kg、有效锌1.1~2.0mg/kg、有效硼0.5~1.0mg/kg、氯离子<30mg/kg。

由表9-19数据可以看出，两地土壤pH值差别不大，都处于最适范围。有机质的含量丽江高出昆明0.64%，两地有机质含量均较高。丽江土壤速效氮含量过高，比昆明土壤高出68.9mg/kg，昆明土壤速效氮含量较丰富。丽江土壤速效磷含量过高，比昆明土壤高出72.24mg/kg，昆明土壤速效磷含量适中。丽江土壤速效钾含量偏少，昆明土壤速效钾含量十分丰富，比丽江土壤高出212.24mg/kg。

表9-19　丽江、昆明两地大田土壤化学成分

地点	pH值	有机质（%）	速效氮（mg/kg）	速效磷（mg/kg）	速效钾（mg/kg）
丽江	6.22	3.56	192.92	84.64	98.35
昆明	6.25	2.92	123.96	12.40	310.59

（二）丽江昆明两地气象数据分析

由图9-5可以看出，1971—2000年整个大田期丽江各月平均气温比昆明低1.5~2.4℃，但两地烤烟大田期平均气温比较稳定，变化幅度小，平均气温最高月与最低月只差 2.1~2.4℃。两地大田期月平均气温均在 6 月达到最高，之后逐渐下降，这与大田期降水分布相吻合，7—8 月进入雨季，气温下降。2009 年金庄 7—8 月平均气温比昆明高 0.3~0.5℃，9 月平均气温比昆明低 0.7℃。据前人研究，烤烟大田期最适温度为 20~25℃，因此丽江市古城区平均气温偏低，但金庄平均气温处于最适范围内。

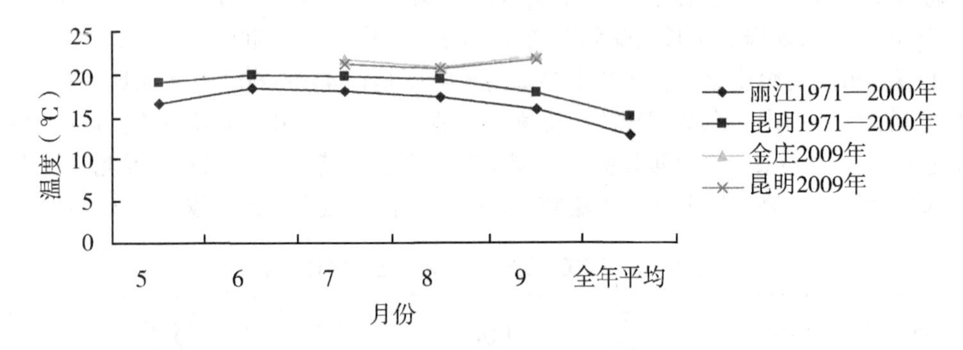

图 9-5　丽江、昆明两地平均气温对比

由图 9-6 可以看出 1971—2000 年丽江空气平均相对湿度 5 月、6 月、7 月 3 个月比昆明低 2%~9%，但 8 月、9 月比昆明高 1%，5—9 月丽江空气平均相对湿度逐渐升高，昆明 5—7 月空气平均相对湿度逐渐升高，8—9 月又略有下降。同时，丽江和昆明两地烤烟大田期 6—9 月空气平均相对湿度都>70%，这有利于优质烟的形成。2009 年丽江 7 月空气平均相对湿度比昆明高 4.8%，8 月两地空气平均相对湿度相同，9 月丽江空气平均相对湿度比昆明低 5.4%。

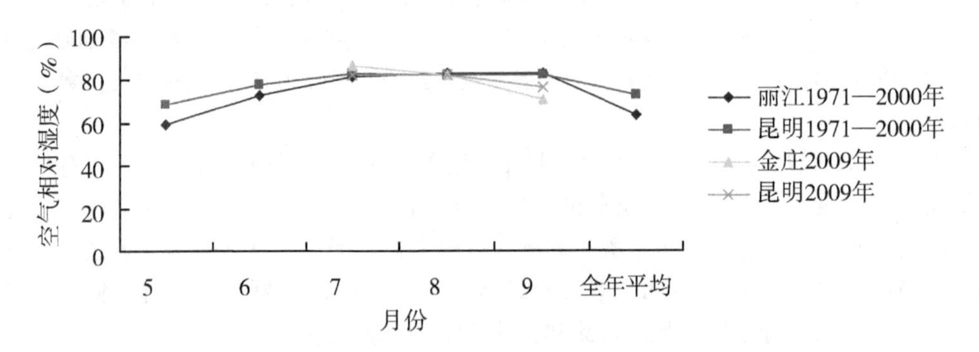

图 9-6　丽江、昆明两地相对湿度对比

烤烟的需水规律：移栽至旺长前月降水量 80~100mm，进入旺长后月降水量 100~200mm，成熟期月降水量在 100mm 左右。由图 9-7 可以看出丽江降水量 5—6 月比昆明低 13.6~41.6mm，但 7 月、8 月、9 月 3 个月高出昆明 2.3~43.3mm。丽江大田期降水分布不合理，5 月偏少，8—9 月偏多。昆明大田期降水 8 月偏多，其他月份适宜。

由图 9-8 和图 9-9 分析可知，丽江的日照时数和日照百分率在整个大田期均高于昆明。丽江 5—9 月总日照时数 809.8h，日照百分率平均每月 40%；昆明 5—9 月总日照时数 739.9h，日照百分率平均每月 36.8%。两地日照时数和日照百分率均能满足优质烤烟需求。

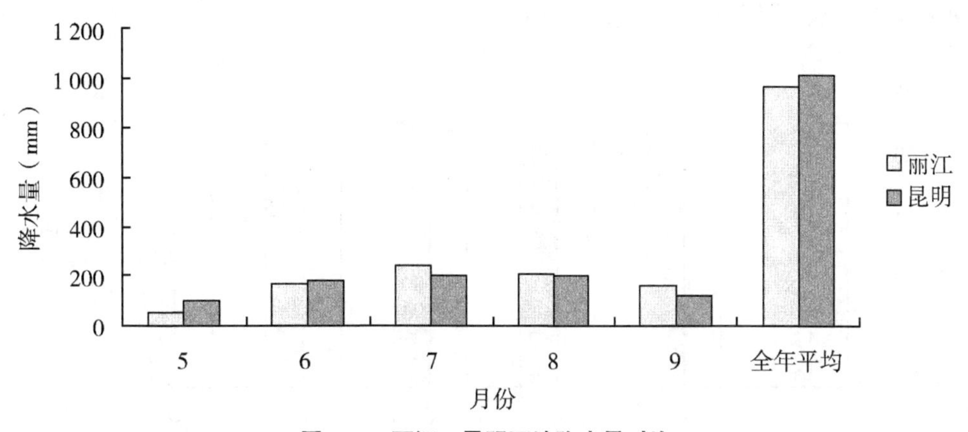

图 9-7　丽江、昆明两地降水量对比

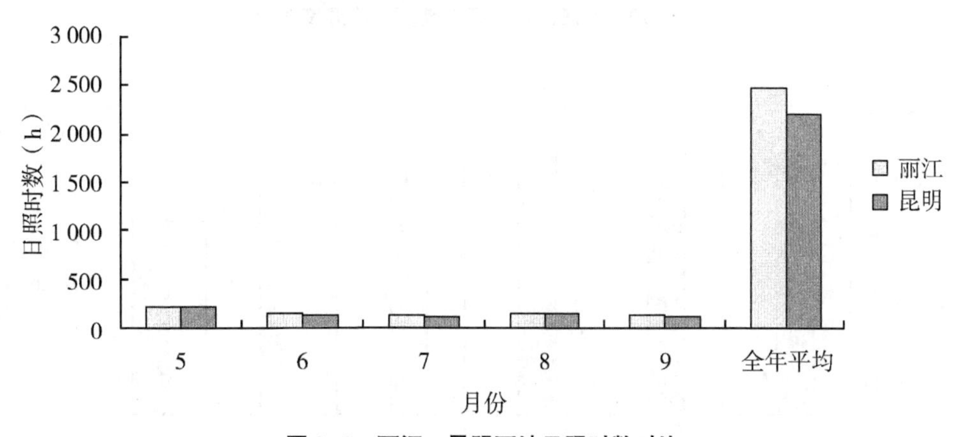

图 9-8　丽江、昆明两地日照时数对比

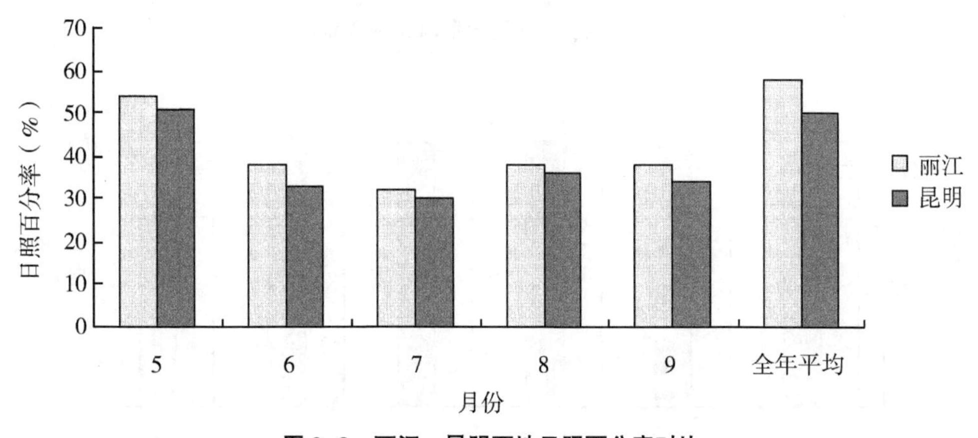

图 9-9　丽江、昆明两地日照百分率对比

由图 9-10 至图 9-14 可知，丽江地温普遍比昆明略低，但差别不大，其中丽江 5 月的地面平均温度和 5cm 深平均地温比昆明略高，其余月份各项地温均略低于昆明。

但两地地温总体差别不大，在0.2~1.3℃。

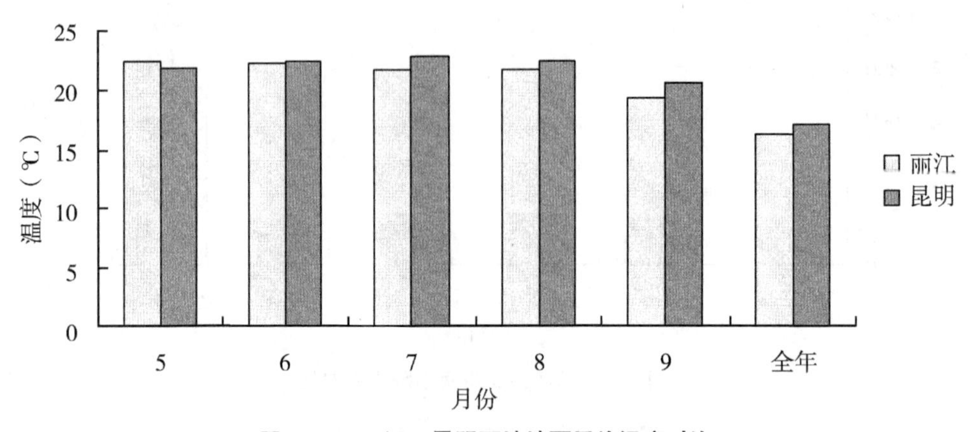

图9-10　丽江、昆明两地地面平均温度对比

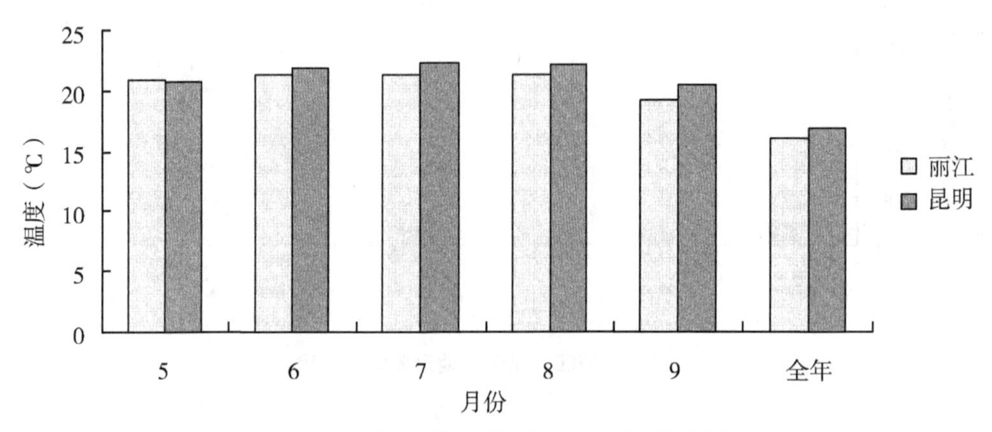

图9-11　丽江、昆明两地平均5cm深地温对比

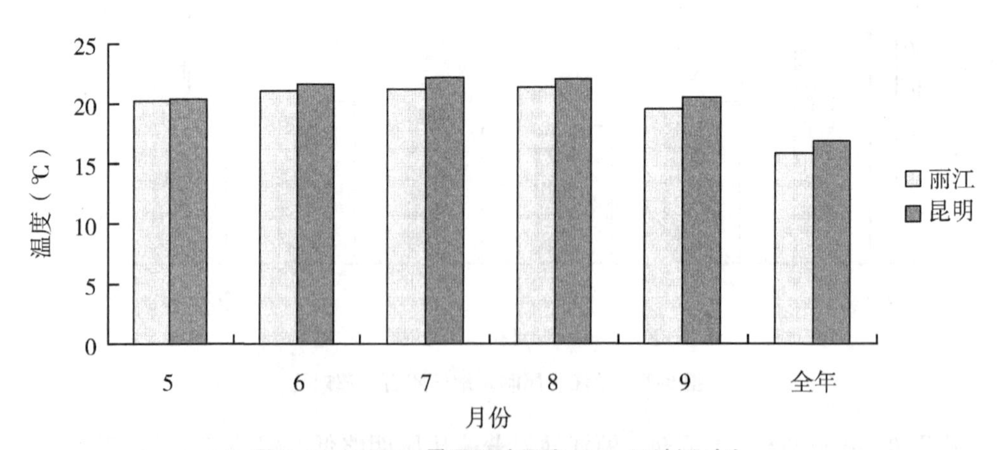

图9-12　丽江、昆明两地平均10cm深地温对比

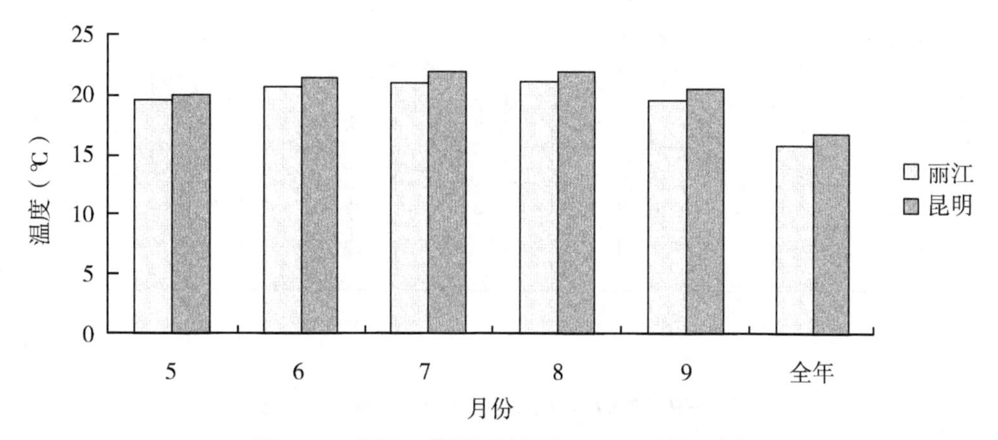

图 9-13　丽江、昆明两地平均 15cm 深地温对比

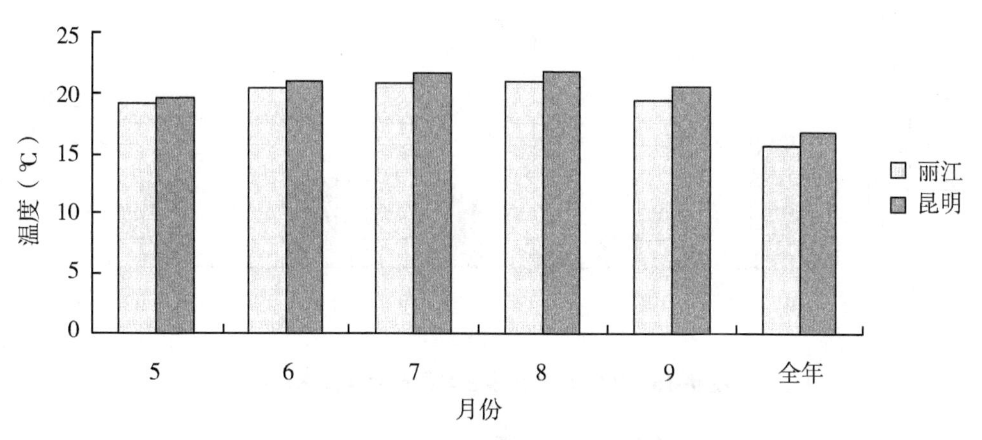

图 9-14　丽江、昆明两地平均 20cm 深地温对比

（三）金沙江区域上下游典型区域气象条件对比

由图 9-15 至图 9-23 数据可以看出，平均气温永胜片角比玉龙金庄普遍较高，永胜片角 3 年平均气温比金庄高 3.1℃，但两地烤烟大田期平均气温大都在 20~25℃，都处于烤烟最适生长温度。两地降水量分布不均匀，不同年份间差别较大，不同月份之间差别也较大，其中金庄地区降水分布较合理，5 月降水适中有利还苗，6 月降水较少有利生根，7 月降水充足保证旺长，8—9 月降水适中，保证适时成熟。永胜片角地区降水很不均匀，2007 年、2009 年降水普遍较少，2008 年较多。片角移栽前期和旺长期降水少，应注意结合烟水工程保证水分供应。两地昼夜温差均较高，大田期均在 10℃左右，国外有研究指出昼夜温差在 8.3~13.9℃对生产优质烟最为合适，丽江地区较高的昼夜温差有利于优质烟的形成。

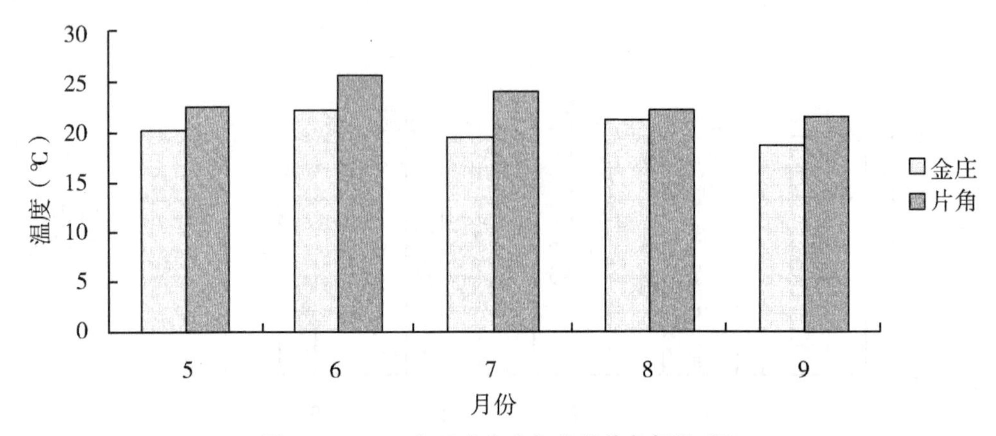

图 9-15　2007 年玉龙金庄与永胜片角气温对比

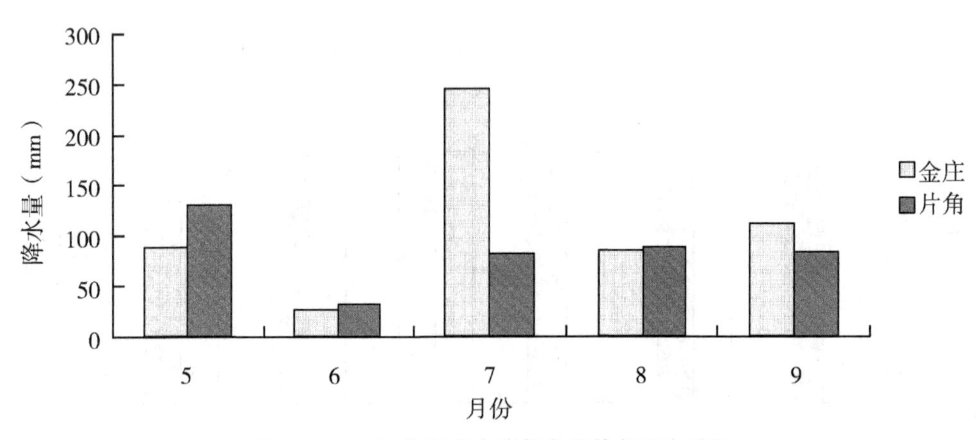

图 9-16　2007 年玉龙金庄与永胜片角降水对比

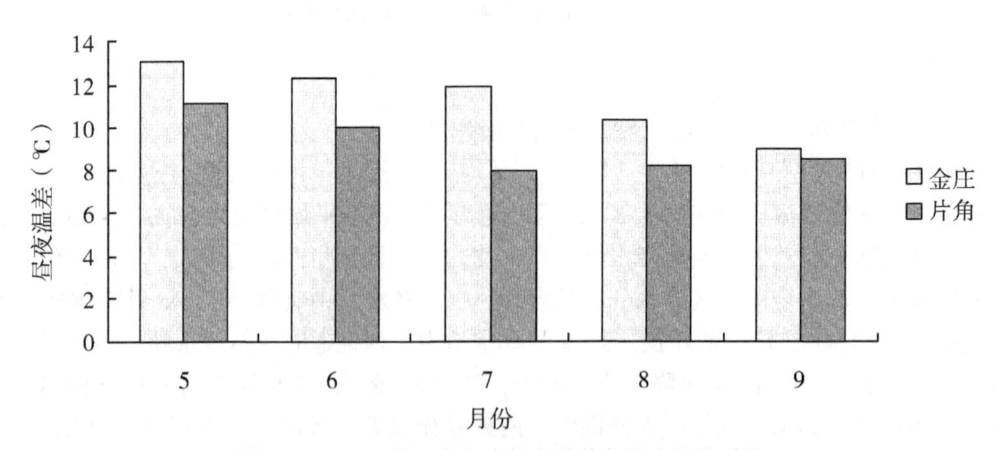

图 9-17　2007 年玉龙金庄与永胜片角昼夜温差对比

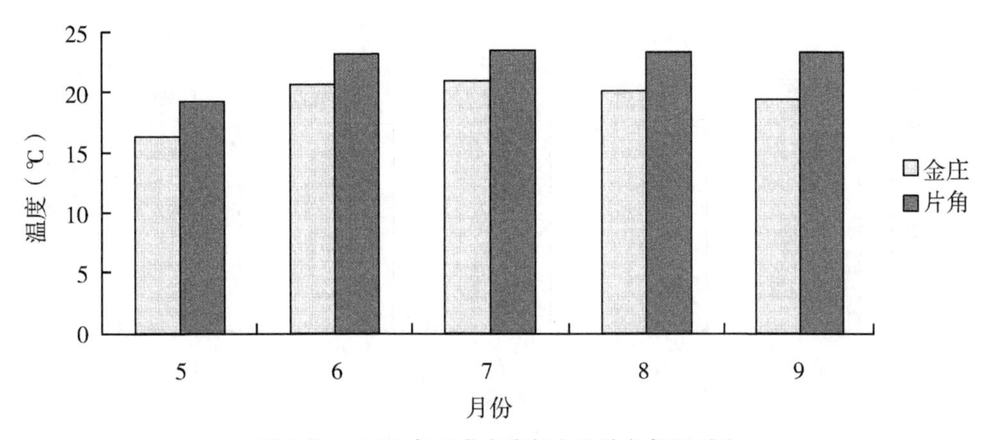

图 9-18　2008 年玉龙金庄与永胜片角气温对比

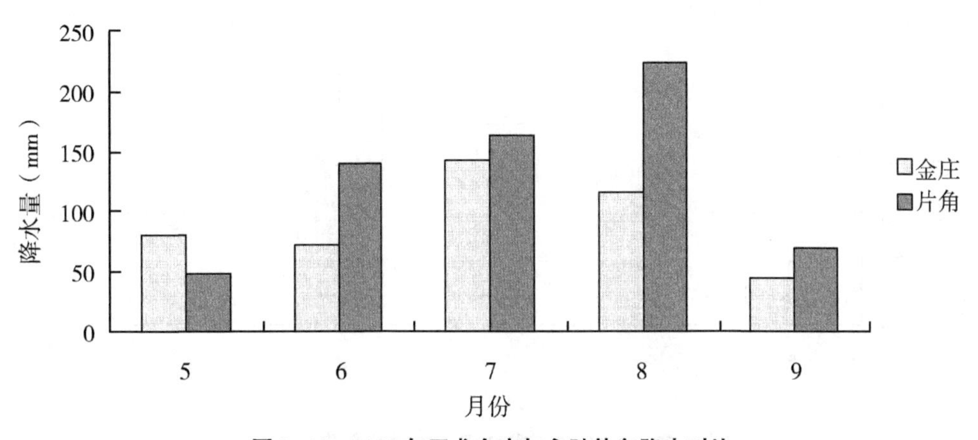

图 9-19　2008 年玉龙金庄与永胜片角降水对比

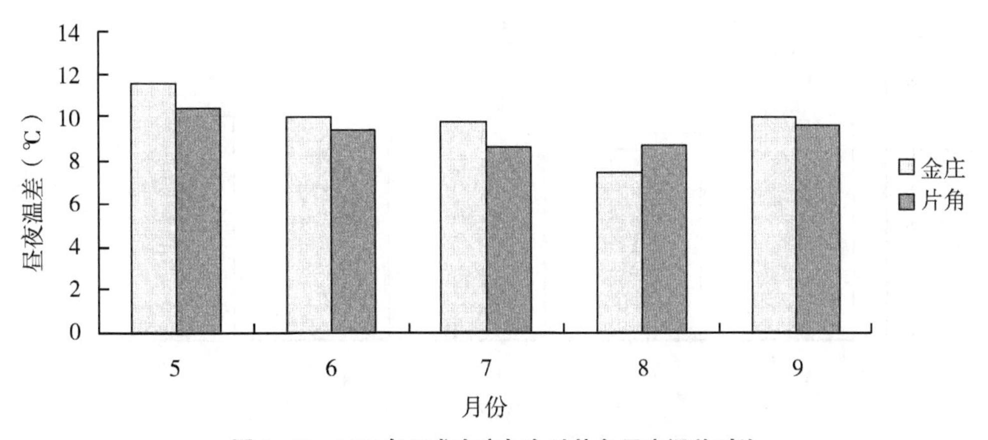

图 9-20　2008 年玉龙金庄与永胜片角昼夜温差对比

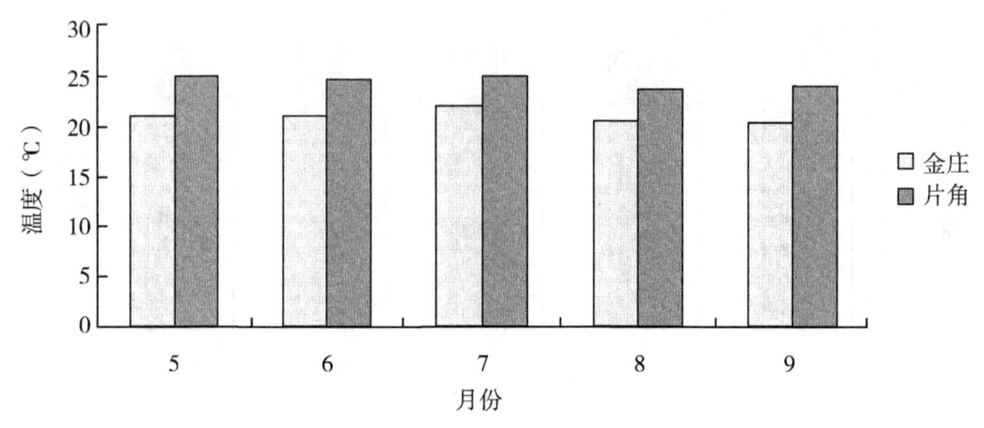

图 9-21 2009 年玉龙金庄与永胜片角气温对比

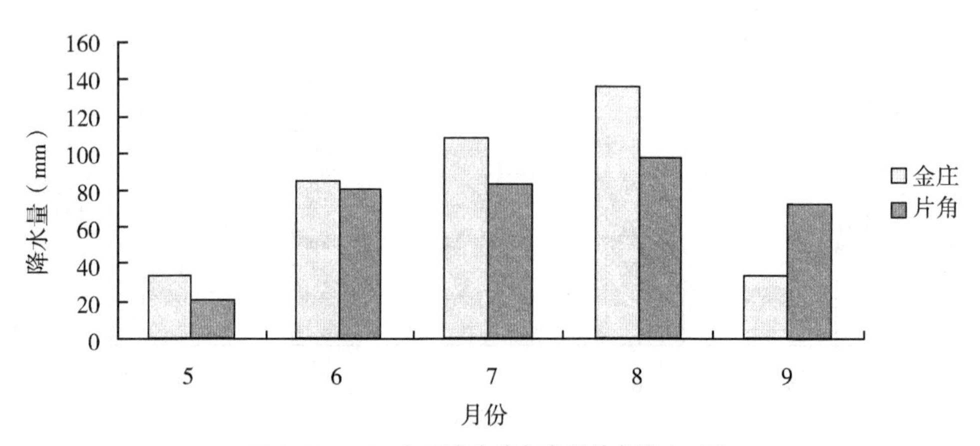

图 9-22 2009 年玉龙金庄与永胜片角降水对比

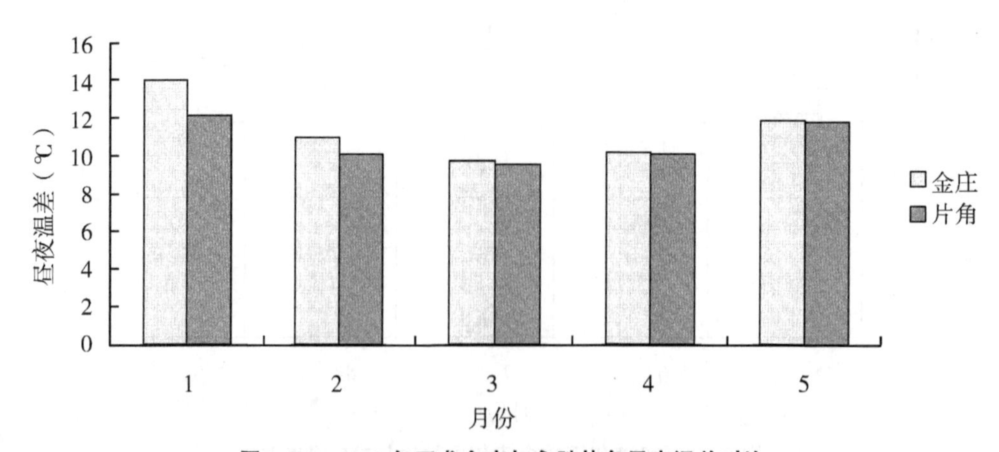

图 9-23 2009 年玉龙金庄与永胜片角昼夜温差对比

（四）农艺性状分析

从表 9-20 数据可以看出，昆明烟叶的大田农艺性状各项数据均高于丽江大田。丽江烟叶大田留叶数偏少，中部叶面积较小，可能与丽江金庄地区 2009 年移栽期降水过少有关。

表 9-20　大田试验农艺性状对比

（cm，片）

地点	株高	茎围	留叶数	节距	中部叶长	中部叶宽
丽江大田	109.2	8.84	19.8	4.8	71.2	23.8
昆明大田	129.8	9.48	20.6	5	79.9	27.9

从表 9-21 数据可以看出，昆明土壤盆栽各项数据均高于丽江土壤盆栽，可能与丽江土壤保水能力差、不耐干旱、容易板结有关，而昆明土壤保水能力较好，较耐干旱。两种盆栽烤烟长势均较差，与旺长期缺水有关。

表 9-21　盆栽试验农艺性状对比

（cm，片）

试验因素	株高	茎围	留叶数	节距	中部叶长	中部叶宽
丽江土壤	73.75	5.60	19.0	3.28	49.09	17.62
昆明土壤	95.75	6.73	20.8	3.65	56.53	18.49

（五）土壤含水量分析

丽江盆栽土壤含水率团棵期和成熟期均比昆明盆栽土壤低，这可能与丽江土壤保水能力比昆明土壤差有关。大田试验中团棵期丽江土壤含水率比昆明土壤低，而成熟期丽江土壤含水率比昆明高，这可能与两地的降水差异有关。丽江 6 月常年降水量比昆明低 13.6mm，7 月常年降水量比昆明高 40mm（表 9-22）。

表 9-22　丽江、昆明两地土壤水分含量对比

项目内容		团棵期（%）	成熟期（%）
盆栽试验	昆明土壤	27.88	34.43
	丽江土壤	25.98	25.37
大田试验	昆明	21.80	20.94
	丽江	20.96	21.08

（六）烟叶相对叶绿素值分析

由表 9-23 数据可以看出，在盆栽试验中，团棵期丽江土壤盆栽下部叶叶绿素含量比昆明土壤盆栽高 10.24，可能与团棵期丽江盆栽土壤含水量少，容易干旱有关。在烤烟团棵期缺水，会造成烟叶厚且粗糙，叶色暗绿。成熟期丽江土壤盆栽烟叶叶绿素含量中上部叶分别比昆明土壤盆栽高 12.5、2.7，下部叶比昆明土壤盆栽低 0.65。丽江土壤速效氮含量高，因此烟叶叶绿素含量高，但丽江土壤耐旱性较差，缺水时容易地烘造成下部叶叶绿素含量比昆明土壤盆栽低。

表 9-23　丽江、昆明烟叶 SPAD 值对比

项目内容		部位	团棵期	部位	成熟期
盆栽试验	昆明土壤	下部	40.97	上部	46.60
				中部	32.55
				下部	25.85
	丽江土壤	下部	51.21	上部	49.30
				中部	45.05
				下部	25.20
大田试验	昆明	上部	32.66	上部	53.42
		中部	41.42	中部	42.08
		下部	42.34	下部	36.36
	丽江	上部	30.70	上部	55.48
		中部	44.94	中部	44.00
		下部	41.22	下部	36.96

注：盆栽试验团棵期长势较差，只测下部叶。

大田试验中，团棵期丽江大田烟叶叶绿素含量中部叶比昆明大田高 3.52，上部叶和下部叶分别比昆明大田低 1.96、1.12，可能与丽江金庄地区 2009 年 5 月降水过少有关。成熟期丽江大田上部叶、中部叶、下部叶叶绿素含量分别比昆明大田高 2.06、1.92、0.6，这与丽江较强的光照和土壤中含有丰富的速效氮有关。

（七）烟叶化学成分分析

从表 9-24 数据可以看出，大田试验中，丽江与昆明烤烟还原糖和总糖含量均过高，这可能与云南地区气温日较差大有关，云南白天气温相对较高，烟叶基本处于最适温度下，有机物积累多，而夜间气温低，呼吸作用弱，有机物消耗少，所以导致糖含量较高，此外也与成熟期低温多雨有关。丽江烤烟总糖、总氮和钾含量分别比昆明烤烟高 2.96%、0.31%、0.17%，还原糖和烟碱含量比昆明烤烟低 2.33%、2.43%。两地烤烟氯含量相同且较低，但烟碱含量昆明烤烟远高于丽江烤烟。丽江大田烤烟烟碱含量适宜，而昆明大田烤烟烟碱含量过高。两地大田烤烟总氮和钾素含量均较适宜。丽江大田烟叶非还原糖比例比昆明烟叶高 16.8%。

表 9-24　烟叶常规化学成分　（%）

试验内容	等级/部位	还原糖	氯	烟碱	总糖	总氮	钾
丽江大田	C3F	26.9	0.18	1.65	39.52	2.01	2.42
昆明大田	C3F	29.23	0.18	4.08	36.56	1.70	2.25
丽江土壤盆栽	X	22.74	0.11	2.12	31.82	1.51	2.61
昆明土壤盆栽	X	27.36	0.23	1.85	32.23	1.70	2.45

注：X 表示下部叶

盆栽试验中，丽江土壤盆栽烤烟烟碱和钾含量分别比昆明土壤盆栽高 0.27%、0.16%，还原糖、氯、总糖和总氮分别比昆明土壤盆栽低 4.62%、0.12%、0.41%、

0.19%。两种土壤盆栽还原糖和总糖含量均较高，丽江烟叶非还原糖比例比昆明烟叶高10.7%，其他几项成分含量均适宜。

三、结论与讨论

通过分析两地土壤理化性状及土壤含水率，丽江耕层土壤容重和土壤总孔隙度分别为1.25g/cm³和52.7%，均处于适宜范围内，大于0.01mm粒径的物理性沙粒含量超过60%，中心层土壤容重比耕层土壤容重高0.34g/cm³，上松下紧，具有一定的保水保肥能力。但丽江土壤属冲击土，总体保水、保肥能力较差，容易板结，抗旱能力差。昆明耕层土壤容重和总孔隙度分别为0.86g/cm³、65.57%，容重偏低，总孔隙度偏大，耐旱性优于丽江土壤。两地土壤pH值差别不大，都处于最适范围。有机质含量丽江高出昆明0.64%，两地有机质含量均较高。丽江土壤速效氮含量过高，比昆明土壤高出68.9mg/kg，昆明土壤速效氮含量较丰富。丽江土壤速效磷含量过高，比昆明土壤高出72.24mg/kg，昆明土壤速效磷含量适中。丽江土壤速效钾含量偏少，昆明土壤速效钾含量十分丰富，比丽江土壤高出212.24mg/kg，丽江土壤速效钾含量与前人测定不符，可能属取样差异。

通过分析气象数据发现，丽江古城区气温偏低，比昆明低1.5~2.4℃，由于丽江市地形复杂，地形起伏大，形成了比较复杂的山地气候，各个小区域的气候差异明显。考虑到丽江地区气温日较差较大，白天气温较高，基本处于烤烟生长的最适宜温度范围内，弥补了丽江高海拔区烤烟大田期平均气温略低的弱点。同时，气温偏低还可以通过“两膜”栽培技术得到弥补。丽江昆明大田期空气相对湿度>70%，适合优质烟的生长。丽江降水量5—6月比昆明低13.6~41.6mm，但7月、8月、9月3个月高出昆明2.3~43.3mm。丽江大田期降水分布不合理，5月偏少，8—9月偏多。昆明大田期降水8月偏多，其他月份适宜，丽江5月份降水偏低，应结合烟水工程浇足定根水，保证还苗成活，6—7月降水足够，能够满足烤烟旺长需求，但8—9月降水过多，应注意大田排水，防止烟田积水，同时应结合防治因降水过多引起的病害。丽江5—9月总日照时数809.8h，日照百分率平均每月40%，昆明5—9月总日照时数739.9h，日照百分率平均每月36.8%。两地日照时数和日照百分率均能满足优质烤烟需求。烟草根系生长的温度范围7~43℃，最适温度31℃，昆明和丽江地温均能满足烤烟的正常生长。

金沙江区域气温较适宜，2009年金庄7—8月平均气温比昆明高0.3~0.5℃，9月平均气温比昆明低0.7℃。金庄和片角烤烟大田期平均气温大都在20~25℃，都处于烤烟最适生长温度。两地昼夜温差均较高，大田期均在10℃左右，国外有研究指出昼夜温差在8.3~13.9℃对生产优质烟最为合适。金沙江区域热量及光照资源丰富，日平均温度及空气相对湿度处于烤烟最适生长范围，较强的光照、昼夜温差大和适宜的空气相对湿度是该区的气候特点，有利于优质烟形成。但降水时空分布不均匀，前期偏少，后期偏多，不同年份、不同地区间差异较大，金庄地区降水分布较合理，5月降水适中有利还苗，6月降水较少有利生根，7月降水充足保证旺长，8—9月降水适中，保证适时成熟。片角地区降水很不均匀，2007年、2009年降水普遍较少，2008年较多。片角移栽前期和旺长期降水少，应注意结合烟水工程保证水分供应。

通过分析大田和盆栽试验的烟叶叶绿素含量、农艺性状和土壤含水量发现，昆明大田农艺性状各项数据均高于丽江大田。丽江留叶数偏少，中部叶面积较小，可能与丽江金庄地区2009年移栽期降水过少有关。昆明土壤盆栽各项数据均高于丽江土壤盆栽，可能与丽江土壤保水能力差、不耐干旱、容易板结有关，而昆明土壤保水能力较好，较耐干旱。两种盆栽烤烟长势均较差，与旺长期缺水有关。丽江盆栽土壤含水率团棵期和成熟期均比昆明盆栽土壤低，这可能与丽江土壤保水能力比昆明土壤差有关。大田试验中团棵期丽江土壤含水率比昆明土壤低，而成熟期丽江土壤含水率比昆明高，这可能与两地的降水差异有关。丽江6月常年降水量比昆明低13.6mm，7月常年降水量比昆明高40mm。团棵期丽江土壤盆栽下部叶叶绿素含量比昆明土壤盆栽高10.24，可能与团棵期丽江盆栽土壤含水量少、容易干旱有关。在烤烟团棵期缺水，会造成烟叶厚且粗糙，叶色暗绿。成熟期丽江土壤盆栽烟叶叶绿素含量中上部叶分别比昆明土壤盆栽高12.5、2.7，下部叶比昆明土壤盆栽低0.65。丽江土壤速效氮含量高，因此烟叶叶绿素含量高，但丽江土壤耐旱性较差，缺水时容易地烘造成下部叶叶绿素含量比昆明土壤盆栽低。

大田试验中，团棵期丽江大田烟叶叶绿素含量中部叶比昆明大田高3.52，上部叶和下部叶分别比昆明大田低1.96、1.12，可能与丽江金庄地区2009年5月降水过少有关。成熟期丽江大田上部叶、中部叶、下部叶叶绿素含量分别比昆明大田高2.06、1.92、0.6，这与丽江较强的光照和土壤中含有丰富的速效氮有关。

大田试验中，丽江与昆明烤烟还原糖和总糖含量均过高，这可能与云南地区气温日较差大有关，云南白天气温相对较高，烟叶基本处于最适温度下，有机物积累多，而夜间气温低，呼吸作用弱，有机物消耗少，所以导致糖含量较高，此外也与成熟期低温多雨有关。丽江烤烟总糖、总氮和钾含量分别比昆明烤烟高2.96%、0.31%、0.17%，还原糖和烟碱含量分别比昆明烤烟低2.33%、2.43%。两地烤烟氯含量相同且较低，但烟碱含量昆明烤烟远高于丽江烤烟。丽江大田烤烟烟碱含量适宜，而昆明大田烤烟烟碱含量过高。两地大田烤烟总氮和钾素含量均较适宜。

盆栽试验中，丽江土壤盆栽烤烟烟碱和钾含量分别比昆明土壤盆栽高0.27%、0.16%，还原糖、氯、总糖和总氮分别比昆明土壤盆栽低4.62%、0.12%、0.41%、0.19%。两种土壤盆栽还原糖和总糖含量均较高，其他几项成分含量均适宜。

附表

附表1　1971—2000年丽江与昆明5—9月气象数据对比

项目/地点		月份					
		5	6	7	8	9	全年平均
平均温度（℃）	丽江	16.6	18.4	18	17.3	15.8	12.7
	昆明	19	19.9	19.8	19.4	17.8	14.9
平均相对湿度（%）	丽江	59	73	81	83	83	63
	昆明	68	78	83	82	82	73

（续表）

项目/地点		月份					
		5	6	7	8	9	全年平均
降水量（mm）	丽江	55.8	167.3	242.2	206.3	160.8	968
	昆明	97.4	180.9	202.2	204	119.2	1 011.3
日照时数（h）	丽江	225.1	156.7	134.2	155	138.8	2 463.4
	昆明	212.2	135	124.3	144.9	123.5	2 196.7
日照百分率（%）	丽江	54	38	32	38	38	58
	昆明	51	33	30	36	34	50

附表 2　1971—2000 年丽江与昆明 5—9 月地温对比

项目/地点		月份					
		5	6	7	8	9	全年
地面平均温度（℃）	丽江	22.3	22.2	21.6	21.6	19.3	16.2
	昆明	21.8	22.4	22.7	22.4	20.6	17.1
平均 5cm 地温（℃）	丽江	21	21.4	21.3	21.3	19.3	16
	昆明	20.8	21.9	22.3	22.2	20.5	16.9
平均 10cm 地温（℃）	丽江	20.2	21.1	21.2	21.3	19.5	15.9
	昆明	20.4	21.6	22.2	22.1	20.6	16.9
平均 15cm 地温（℃）	丽江	19.6	20.7	21	21.1	19.5	15.8
	昆明	20	21.3	21.9	21.9	20.5	16.8
平均 20cm 地温（℃）	丽江	19.14	20.4	20.8	20.9	19.4	15.7
	昆明	19.6	21	21.7	21.8	20.5	16.7

附表 3　2007 年丽江玉龙金庄与永胜片角 5—9 月气象数据对比

项目/地点		月份				
		5	6	7	8	9
平均气温（℃）	金庄	20.1	22.1	19.5	21.2	18.6
	片角	22.5	25.6	24	22.2	21.4
降水（mm）	金庄	89.4	26	245.8	85.3	111.5
	片角	130.4	31.1	81.6	88	84.6
昼夜温差（℃）	金庄	13.03	12.27	11.89	10.35	9.03
	片角	11.1	10	8	8.2	8.5

附表 4　2008 年丽江玉龙金庄与永胜片角 5—9 月气象数据对比

项目/地点		月份				
		5	6	7	8	9
平均气温（℃）	金庄	16.4	20.7	20.9	20.1	19.4
	片角	19.3	23.2	23.4	23.3	23.3

（续表）

项目/地点		月份				
		5	6	7	8	9
降水（mm）	金庄	80.8	72.4	142.2	116.6	44
	片角	48.5	139.9	163.5	223.8	69.7
昼夜温差（℃）	金庄	11.61	10.05	9.81	7.43	10
	片角	10.4	9.4	8.6	8.7	9.6

附表 5　2009 年丽江玉龙金庄与永胜片角 5—9 月气象数据对比

项目/地点		月份				
		5	6	7	8	9
平均气温（℃）	金庄	20.9	21	22	20.5	20.2
	片角	25	24.6	24.9	23.7	23.9
降水（mm）	金庄	34.3	84.9	108.6	135.5	34.1
	片角	20.5	80.3	83.3	97.6	72.8
昼夜温差（℃）	金庄	14	11	9.7	10.2	11.9
	片角	12.2	10.1	9.6	10.1	11.8

第四节　覆盖对丽江烟田土壤水热状况及烤烟生长品质的影响

温度是作物生活的重要条件之一，不仅直接影响作物的生长、产量、品质及其分布，而且影响作物的生长发育速度、全生育期及其病虫害的发生和发展。土壤温度对植物生长发育及植株根系吸收水分和矿质元素也有重要影响。

采用不同的覆盖物及覆盖方式能调节土壤温度、水分，改变烟田土壤环境，从而影响烟株的生长及烤后烟叶的化学成分。关于覆盖物及覆盖方式对土壤环境及烤烟生长与品质方面的影响已有许多研究。地膜覆盖能促进烟株前期生长、减轻烟草病虫害、提高烟叶产量和质量。烟田在揭膜后覆盖秸秆，能降低土壤温度，可以在当季提高土壤有机质含量，秸秆覆盖后土壤微生态环境改善，有利于大田烟株的生长发育，提高烟叶品质。地膜秸秆双覆盖能降低土温日变化，保持土壤水分，有利于维持根系活力，同时使土壤化学性状保持在合适水平，烤后烟叶化学成分更协调。本研究在团棵期后进行不揭膜并加秸秆覆盖、不揭膜、揭膜无覆盖、揭膜后采用秸秆覆盖的处理，以期探明在丽江金沙江河谷地区，覆盖对烟株团棵后土壤环境和生长及品质的影响。

一、材料与方法

（一）试验材料

供试品种为云烟 87。

（二）试验设计

试验在丽江市玉龙县黎明乡茨科大塘村二组进行，该地地理坐标为东经 99°50′38.06″，北纬 27°07′27.96″，海拔 1 813m。试验采用 3 次重复随机区组设计，共 12 个小区，每小区栽烟 30 株，株行距 50cm×120cm，烟垄高×宽为 35cm×45cm。移栽时采用聚丙烯黑色薄膜（宽 90cm，厚 0.215mm，上海大羽塑料薄膜有限公司）覆盖，团棵后进行 T1：不揭膜，T2：不揭膜并加秸秆覆盖，T3：揭膜后不覆盖（CK），T4：揭膜后秸秆覆盖的处理。秸秆覆盖量为 150kg/hm^2。

烟苗于 2009 年 5 月 25 日移栽至大田，6 月 27 日进行处理。所用肥料为烟草专用复合肥（N-P_2O_5-K_2O= 12-12-24）和 K_2SO_4（含 K_2O 50%）。各处理除团棵后覆盖不同外，栽培管理措施一致，均按当地优质烟栽培技术规范实施。试验地为沙壤土，基本理化性状见表 9-25 所示。

表 9-25　试验地土壤理化性状

pH 值	有机质（%）	碱解氮（mg·kg^{-1}）	速效磷（mg·kg^{-1}）	速效钾（mg·kg^{-1}）	有效钙（mg·kg^{-1}）	有效镁（mg·kg^{-1}）	有效锌（mg·kg^{-1}）	有效硼（mg·kg^{-1}）	氯离子（mg·kg^{-1}）
6.2	5.51	183.48	61.48	164.26	1 514.84	127.19	2.66	0.85	54.46

（三）观测记载项目与方法

处理后每 5d 在 8:00、14:00、20:00 记录地表温度、5cm、10cm、15cm 及 20cm 土层温度，按 T=（2T14 +T8+T20）/4 公式计算日平均地温，并计算积温及温差。移栽后分别记录烟株各生育期（移栽期、团棵期、现蕾期、封顶期、始采期以及全生育期）。7 月 28 日测量株高、有效叶数、节距、茎围、中部及上部最大叶面积等农艺性状，并用 SPAD-502 叶绿素测定仪（日本柯尼卡仪器有限公司）测量烟株 5 位、10 位、15 位叶的叶基、叶中及叶尖三点的值，取平均值作为叶绿素相对含量。选取 3 处距烟株根系 10cm 的点，用 TZS-1 土壤水分测定仪（浙江托普仪器有限公司）测定 10~15cm 耕层土壤水分，取平均值。取各小区 C3F 初烤烟叶混合样品分析总糖、还原糖、总氮、烟碱、蛋白质、施木克值、糖碱比、氮碱比、氯、钾等化学成分。

（四）数据处理

采用 Excel 软件和 SPSS10.0 软件处理分析数据。

二、结果与分析

（一）不同处理对烟株生育期的影响

由表 9-26 中的数据可以看出，团棵后不同覆盖处理下烤烟生育期差别不大。从移栽期到团棵期，烟株生长速度基本相同；随着烤烟的不断生长，从团棵期到现蕾期及封顶期，不同处理下烤烟生育期出现一定的差别。其中 T4 最晚进入现蕾及封顶期，全生育期较 CK 推迟 2d，这是因为秸秆覆盖使土壤温度下降，所以烟株生长速度稍慢，T1、T2 全生育期比 T3（CK）分别缩短了 7d 及 4d，这是由于 T1、T2 提高地面温度，从而促进了烟株的生长。

表 9-26　不同处理对烟株生育期的影响

处理	移栽期（日/月）	团棵期（日/月）	现蕾期（日/月）	封顶期（日/月）	始采期（日/月）	全生育期（d）
T1	25/5	24/6	18/7	24/7	30/7	105
T2	25/5	24/6	18/7	24/7	30/7	108
T3（CK）	25/5	24/6	18/7	25/7	30/7	112
T4	25/5	24/6	20/7	26/7	30/7	110

（二）不同处理对烟株农艺性状的影

从表 9-27 中数据可以看出，烟株生长到成熟期时，不同处理下的烟株差异表现明显：各处理株高差异不明显。T1 有效叶数与 T3（CK）差异显著，T2、T4 有效叶数与 T3（CK）差异不显著；T2、T4 茎围与 T3（CK）差异显著，T1 茎围与 T3（CK）呈极显著差异；T1 节距与 T3（CK）差异显著，T2、T4 节距与 T3（CK）差异不显著；对上部最大叶面积，T1 与 T3（CK）呈极显著差异，T2 与 T3（CK）差异显著、T4 与 T3（CK）差异不显著；对中部最大叶面积，T2、T4 与 T3（CK）差异显著，T1 与 T3（CK）差异极显著。

覆盖均能促进烟株生长，各性状表现为 T1>T2>T4>T3（CK），T1 最大幅度地提高了地温，其次是 T2，T4 虽然使地温有所下降，但秸秆覆盖能保蓄土壤水分，使土壤处于良好环境，因此也有利于烟株生长。

表 9-27　不同处理对烟株农艺性状的影响

处理	株高（cm）	有效叶数（片）	茎围（cm）	节距（cm）	上部最大叶面积（cm^2）	中部最大叶面积（cm^2）
T1	122. 67a	20. 83aA	9. 32aA	5. 67aA	883. 50aA	2 305. 62aA
T2	121. 33a	20. 33abA	9. 23aAB	5. 6abA	773. 77bAB	2 064. 39bAB
T3（CK）	117. 17a	20. 00bA	8. 72bB	5. 43bA	662. 66cB	1 798. 44cB
T4	118. 00a	20. 33abA	9. 05aAB	5. 53abA	664. 42cB	2 018. 94bAB

（三）不同处理对烟垄土壤温度的影响

从图 9-24 至图 9-28 可以看出，不同处理下 0cm、5cm、10cm、15cm 及 20cm 土壤温度变化趋势基本相同，即从 7 月 7 日至 7 月 17 日，各土层温度有所下降，之后呈“M”形走势变化。T1、T2 地表温度较 T3（CK）平均提高 0. 93℃、0. 73℃，T4 地表温度较 T3（CK）平均降低 0. 46℃，各处理烟垄地表温度大小表现为 T1 > T2 > T3（CK）>T4。

结合图 9-29 可知，不同土层温度变化趋势与大气温度变化基本一致。起初的温度下降一是由于气温下降，加之进入旺长期叶面积增大对烟垄造成一定遮阴，之后气温上升导致土温上升，采烤前烟株成型，对地面遮阴程度增大以及气温下降导致土温再次下

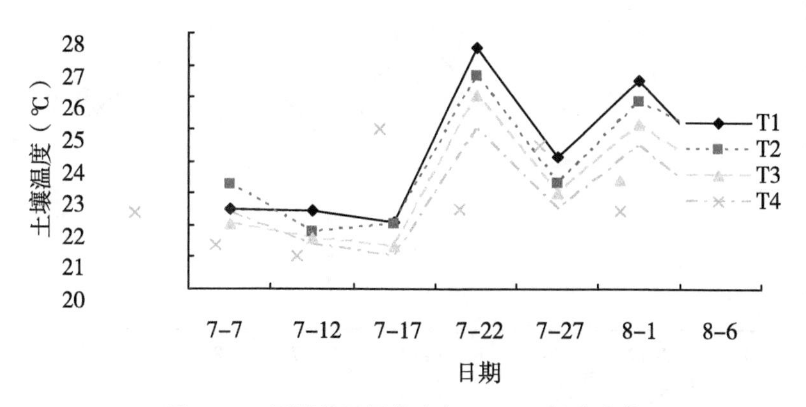

图 9-24　不同处理烟垄地表（0cm）温度变化

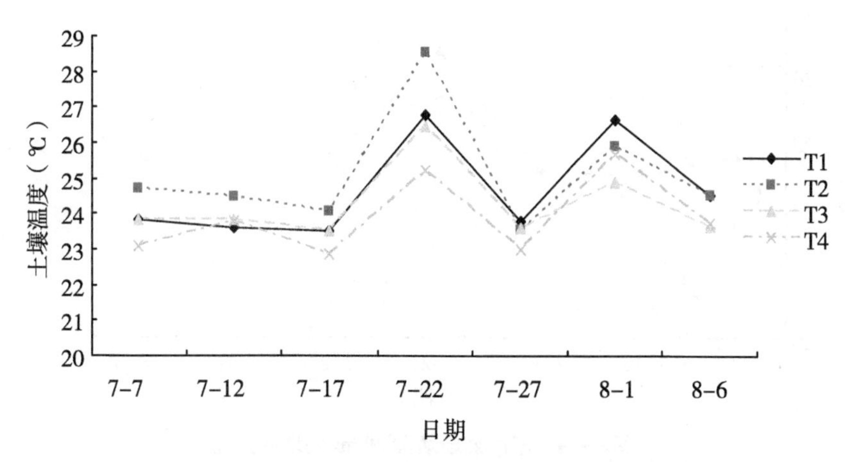

图 9-25　不同处理烟垄 5cm 处地温变化

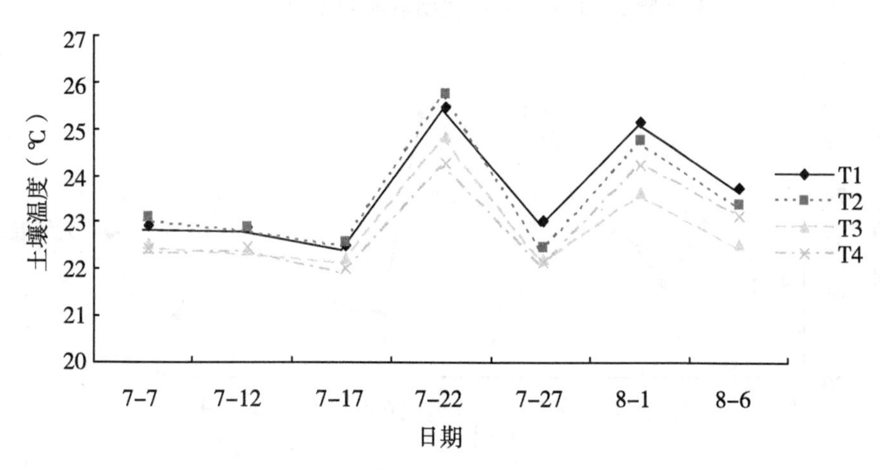

图 9-26　不同处理烟垄 10cm 处地温变化

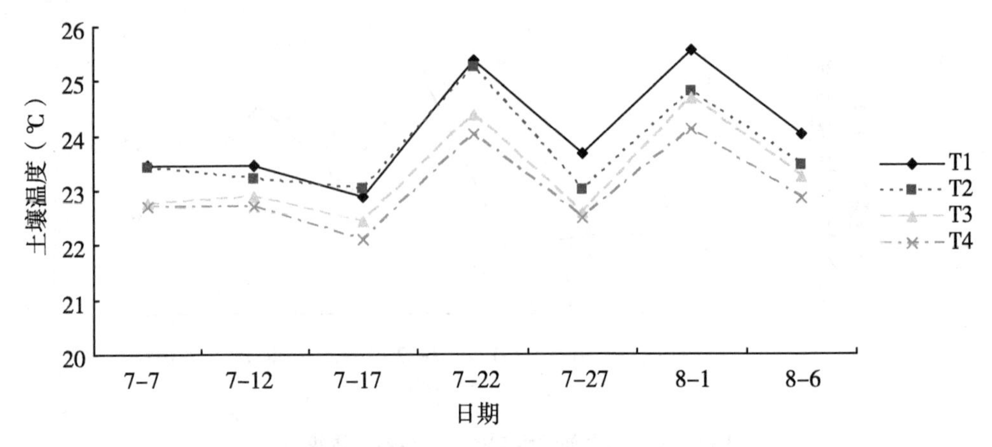

图 9-27　不同处理烟垄 15cm 处地温变化

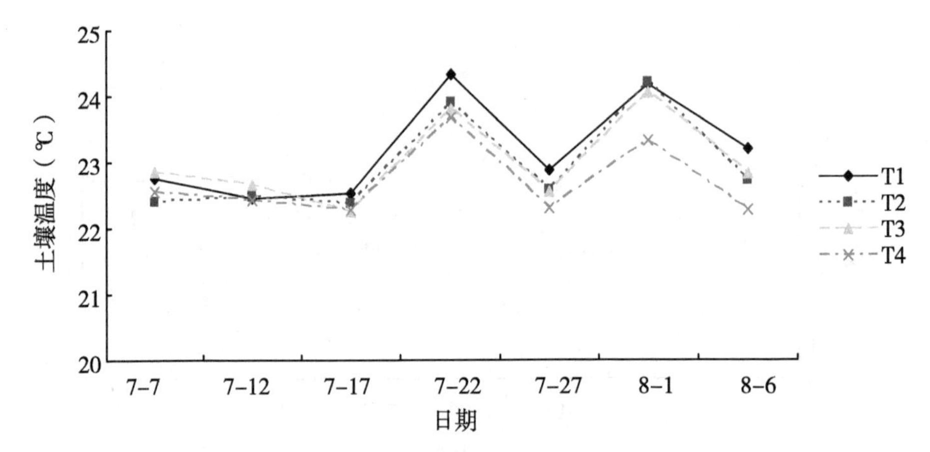

图 9-28　不同处理烟垄 20cm 处地温变化

降。7 月底后，随着采烤的开始，遮阴程度减小，大气温度升高，所以烟垄温度又有所上升。进 8 月后，气温下降，因而土壤温度出现降低趋势。

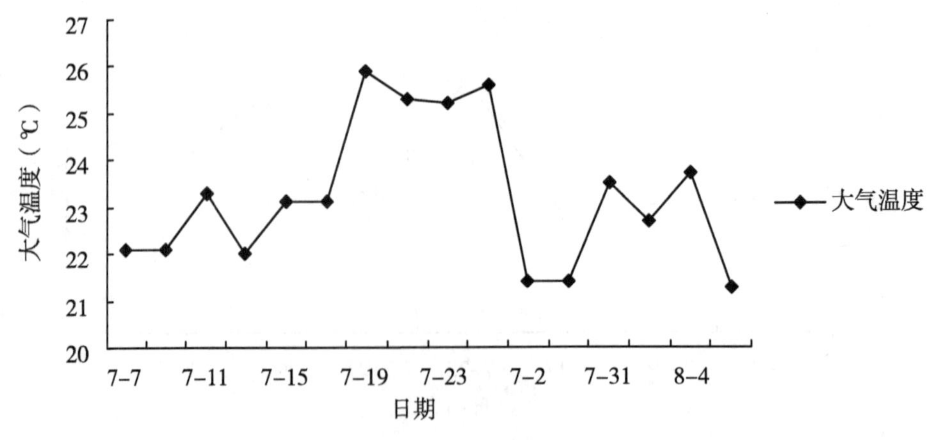

图 9-29　大气温度变化

（四）不同处理对不同土层积温及温差的影响

表9-28、表9-29中的数据显示，在同一土层中积温大小表现为T1>T2>T3（CK）>T4，即TI、T2较T3（CK）能提高土壤积温，而T4则使积温有所下降。不同处理积温、温差从0cm到20cm均呈减小趋势，浅层土壤温差大于深层土壤，这是因为表层土壤易受环境尤其是大气温度影响，因此波动较大。

表9-28　不同处理成熟期各土层积温　（℃）

处理	0cm	5cm	10cm	15cm	20cm
T1	757.09	732.63	720.53	715.09	712.56
T2	753.35	726.43	726.41	716.98	714.22
T3（CK）	734.01	703.40	705.88	697.22	693.90
T4	728.40	685.54	702.42	694.54	692.03

表9-29　不同处理不同土层8~20时平均温差　（℃）

处理	0cm	5cm	10cm	15cm	20cm
T1	5.47	4.99	4.06	3.67	2.97
T2	4.33	4.41	3.60	3.63	2.89
T3（CK）	5.63	5.18	4.37	3.96	3.21
T4	5.27	4.70	3.92	3.63	2.89

（五）不同处理对成熟期烟垄水分含量的影响

从表9-30可以看出，T1土壤含水量与T3（CK）差异显著，T2土壤含水量与T3（CK）差异极显著，T4土壤含水量与T3（CK）差异不显著。T1、T2及T4成熟期烟垄水分较T3（CK）均有所提高，T1、T2提高幅度稍大，为1.55%与2.18%，T4提高幅度较小，为0.1%。覆盖相当于在土壤表面设置了一个保护层，减少了土壤水分蒸发，促进了水分的横向运移，可以有效保蓄土壤水分。

表9-30　不同处理成熟期土壤含水量　（%）

处理	土壤水分
T1	15.83aAB
T2	16.46aA
T3（CK）	14.28bB
T4	14.38bB

（六）不同处理对成熟期烟叶叶绿素含量的影响

由表9-31可知，不同处理下，烟叶叶绿素含量为T2>T1>T4>T3（CK），随烟株部位上升，叶绿素含量逐渐升高。各处理中、上部叶叶绿素含量差异不显著，T1、T2及T4下部叶叶绿素含量与T3（CK）差异显著。其中T1各部位烟叶叶绿素含量较T3

（CK）分别提高 0.68、0.48、2.62；T2 各部位烟叶叶绿素含量较 T3（CK）分别提高 3.28、1.5、3.97；T4 各部位烟叶叶绿素含量较 T3（CK）分别提高 0.07、0.02、2.88。

覆盖能提高烟垄温度，减少土壤水分蒸发，从而改善烟田土壤环境，促进叶绿素的合成，提高烟叶叶绿素含量。由于 T1 使地温过高，烟叶成熟提前，叶绿素部分分解，而 T2 可以提高地温，又可保持地温不致过高而给烟株生长带来负面影响，所以 T2 土温不如 T1 高，却能带来更好的效果。

表 9-31　不同处理下成熟期烟株各部叶叶绿素相对含量

处理	上部叶	中部叶	下部叶
T1	59.9a	45.23a	36.83abA
T2	62.5a	46.25a	38.38aA
T3（CK）	59.22a	44.75a	34.42bA
T4	59.28a	44.77a	37.3aA

（七）不同处理烟叶化学成分

表 9-32 的结果显示，丽江初烤烟叶总糖、还原糖含量普遍偏高，总氮、烟碱、蛋白质及钾、氯含量均在优质烟叶含量要求范围之内，因此总氮、烟碱、蛋白质含量相对高时有利于化学成分的协调。总的来看，覆盖后能略微降低总糖、还原糖含量，提高总氮、烟碱、蛋白质含量，这有利于烤烟化学成分协调。从施木克值反映的协调性及糖碱比反映的醇和性方面来看，T2、T4 表现较好。各处理氯含量从高到低为 T4>T1>T3>T2，T1、T4 氯含量较对照分别提高 0.01%、0.1%，T2 氯含量较对照降低 0.12%；各处理钾含量差异不大，T1、T2 较 T3（CK）略有降低，为 0.02%和 0.07%。

表 9-32　不同处理烟叶化学成分

处理	总糖（%）	还原糖（%）	总氮（%）	烟碱（%）	蛋白质（%）	氯（%）	氧化钾（%）	施木克值	氮碱比
T1	39.93	30.26	1.90	2.37	9.34	0.12	2.22	4.28	0.81
T2	35.85	26.89	1.80	2.34	8.73	0.09	2.17	4.11	0.77
T3（CK）	39.53	30.79	1.53	2.08	7.29	0.11	2.24	5.42	0.73
T4	36.47	29.96	1.96	2.30	9.74	0.21	2.24	3.74	0.85

注：以上数值为 3 次重复的平均值。

三、结论与讨论

覆盖影响烟株生长及生育期。地膜覆盖及地膜加秸秆覆盖能提高烟株成熟期土壤积温，同时不同程度地改善土壤环境，从而促进烟株生长，分别使生育期缩短了 7d 及 4d；秸秆覆盖使烟株成熟期土壤积温有所下降，因而其生育期比无覆盖处理推迟了 2d。各覆盖处理下烟株株高、有效叶数、茎围、叶面积等农艺性状均高于对照，这也是由于覆盖改善了土壤条件促进烟株生长的原因。

土壤温度变化趋势与大气温度变化基本一致，大气温度是决定土壤温度最重要的因素，覆盖在一定程度上调节土壤温度，不揭膜、不揭膜加秸秆覆盖，地表温度分别平均提高 0.93℃、0.73℃，而揭膜后秸秆覆盖使地表温度平均降低 0.46℃，覆盖使土壤含水量分别提高 1.55%、2.18%和 0.1%。地膜覆盖后期土壤温度过高使根系老化加快，不利于维持根系活力，影响烤烟品质。秸秆覆盖使地温有所降低，但能改善土壤微生态环境，因而烟叶品质优于无覆盖处理。地膜再加秸秆覆盖可以使温度不致过高，有利于维持和提高根系活力，提高烟叶品质。如果将秸秆覆盖与薄膜覆盖结合，可以克服单膜覆盖地温过高、秸秆覆盖易降低地温的弊端，使各项生态效应得到了很好的协调，应用效果显著。

覆盖使叶绿素含量分别平均提高 1.26%、2.92%、0.99%，温度的提高有利于植株代谢，促使叶绿素合成；覆盖使总糖、还原糖含量有所降低，提高了总氮、烟碱、蛋白质含量，有利于烟叶化学成分协调，提高烟叶醇和性，不揭膜加秸秆覆盖使烟叶氯含量降低 0.12%。土温日变化大能促进烟株糖类的合成，通过覆盖可以减缓土温日变化，所以糖含量下降，不揭膜加秸秆覆盖处理的土温日变化最小，因此烟叶含糖量比其他处理低。覆盖调节土壤水热状况，促进烟株根系生长，增强了其吸收养分、水分及烟碱合成的能力，可能是导致初烤烟叶烟碱及总氮含量提高的主要原因。

综合来看，地膜与秸秆同时覆盖的蓄水保墒效果更佳，能创造良好的水、肥、气、热等多方面优越的土壤生态环境。这样，一方面有利于缓解干旱情况下烟株的需水压力，提高水分利用率，节约水资源，另一方面使烤后烟叶内在品质更加协调，提高烟叶的工业可用性，增加经济效益。但由于操作不便，耗工费时，目前丽江金沙江区域在烤烟生产上应用并不普遍，但通过进一步的研究与改良，其优良的调控效应将能为烤烟生产带来利益。

第五节　不同肥料配比对丽江金沙江烤烟产量品质的影响

土壤肥料是推行各项先进农业栽培技术措施的基本保证，烤烟优良品质的形成与其生长环境条件，特别是土壤环境有着密切的关系。在生产中寻找合理的肥料配比，提供适宜的水肥条件对提高烟叶的产量和质量有着极其重要意义。只有根据不同烤烟品种特性、生态条件和土壤环境制定优化施肥方案，才能生产出优质的烟叶。本试验针对丽江金沙江区域独特的气候条件和土壤特性，研究了不同肥料配比对该地区烤烟产量、质量的影响，旨在为丽江金沙江区域特色优质烟叶生产提供参考和依据。

一、材料与方法

（一）试验条件

供试品种为云烟 87。试验地点选择在丽江市玉龙县黎明乡茨科大塘村二组，位于金沙江西畔，海拔 1 850m。为褐色沙壤土，前茬作物油菜，耕作层（0~25cm）土壤基本理化性状见表 9-33 所示。

表 9-33　试验地土壤理化性状

pH 值	有机质（%）	碱解氮（mg·kg^{-1}）	速效磷（mg·kg^{-1}）	速效钾（mg·kg^{-1}）	有效钙（mg·kg^{-1}）	有效镁（mg·kg^{-1}）	有效锌（mg·kg^{-1}）	有效硼（mg·kg^{-1}）	氯离子（mg·kg^{-1}）
6.2	5.51	183.48	61.48	164.26	1 514.84	127.19	2.66	0.85	54.46

（二）试验设计

采用正交试验设计，各处理因素及水平组合如表 9-34 所示。小区面积：12m×5m=60m^2，株行距 0.5m×1.2m，随机区组排列。以纯氮含量 35%的硝酸铵为氮肥；五氧化二磷含量 16%的过磷酸钙为磷肥；以氧化钾含量 50%的硫酸钾为钾肥。施肥定量到株，基追比为 7∶3，环状深施。烟苗于 5 月 25 日移栽，追肥栽后 10d、15d、20d 分 3 次全部施完，每次追肥总量的 1/3。

表 9-34　试验处理因素及水平　（kg/hm^2）

处理	A	B	C	水平组合
P1	45	45	135	$A_1B_1C_1$
P2	45	75	225	$A_1B_2C_2$
P3	45	105	315	$A_1B_3C_3$
P4	75	45	225	$A_2B_1C_2$
P5	75	75	315	$A_2B_2C_3$
P6	75	105	135	$A_2B_3C_1$
P7	105	45	315	$A_3B_1C_3$
P8	105	75	135	$A_3B_2C_1$
P9	105	105	225	$A_3B_3C_2$

注：字母 A、B、C 分别表示氮、二氧化二磷、氧化钾，数字 1、2、3 表示 3 个水平。

（三）测定项目

农艺性状的调查按 YC/T 142—1998 规范要求进行。烘烤后对各处理的烟叶分等定级，计算产量、产值与中上等烟比例等经济性状，并按不同处理取 C3F 测定初烤烟叶常规化学成分。还原糖和总糖测定参照 YC/Y 32—1996 规范要求执行，烟碱测定参照 YC/T 34—1996 规范要求执行，总氮测定参照 YC/T 33—1996 规范要求执行，钾、氯含量的测定分别参照 YC/T 73—2003 和 YC/T 153—2001 规范要求执行。

（四）数据统计

使用 Microsoft Office Excel、SPSS17.0 及正交助手 3.1 等软件进行统计分析。

二、结果与分析

（一）对农艺性状的影响

由表 9-35 可知，在设置水平范围内随着施氮量的增加株高、茎围、最大叶长宽均呈增大趋势，且处理 P2、P5、P7 农艺性状的数值为 3 个氮肥水平中最大。说明氮肥水平对各项农艺性状的影响明显大于磷肥和钾肥。

N_1 和 N_2（即氮肥 1、2 水平，下同）时，随着施磷量的增加，各农艺性状表现出先增大后减小的趋势。表明在氮肥和磷肥处于较低水平（N_1P_1、N_1P_2 和 N_2P_1、N_2P_2）的情况下，氮肥与磷肥存在着明显的协同促进作用。而当磷肥水平较高（P_3）时，各农艺性状则表现出减小的趋势，这可能是由于高磷肥条件下影响了烟株对其他营养元素的吸收，引起对烟株的胁迫所致。当氮肥处于较高水平（N_3）时，与 N_1、N_2 时不同，农艺性状不再随着磷肥水平增加表现出先增大后减小的趋势，而是随着钾肥水平的提高随之增大。即在氮肥水平较高时，钾肥水平对农艺性状的影响比磷肥水平的影响更为明显。

表 9-35　各处理农艺性状

处理	株高（cm）	茎围（cm）	节距（cm）	最大叶长（cm）	最大叶宽（cm）	有效叶数（片）
P1	134. 6a	8. 1a	5. 3a	64. 8a	29. 6a	20. 4b
P2	145. 8abc	9. 2bc	5. 9ab	78. 4bc	32. 2ab	20. 6b
P3	132. 6a	8. 2a	5. 4ab	67. 6a	29. 4a	18. 4a
P4	140. 4ab	8. 4a	5. 7ab	72. 2ab	31. 0a	18. 6a
P5	145. 6abc	9. 7cd	6. 0b	82. 2c	38. 2c	20. 0ab
P6	142. 4abc	8. 7ab	5. 6ab	70. 2ab	31. 0a	19. 8ab
P7	154. 6c	10. 1d	6. 6c	85. 8c	39. 6c	20. 6b
P8	145. 4abc	8. 6ab	5. 9ab	71. 0ab	32. 8ab	21. 6b
P9	152. 0bc	9. 5cd	6. 7c	78. 2bc	37. 0bc	21. 2b

注：不同小写英文字母代表 $P<0.05$ 的差异显著性。

由表 9-36 可知，氮、磷、钾肥对农艺性状的影响不尽相同，总体上氮肥>钾肥>磷肥。氮肥对各项农艺性状的影响：有效叶数>节距>最大叶宽>株高>茎围>最大叶长。除对最大叶长的影响小于钾肥外，氮肥的影响最大。磷肥对各项农艺性状的影响较小。

表 9-36　各因素与农艺性状相关分析

因子	控制变量	株高	茎围	节距	最大叶长	最大叶宽	有效叶数
氮肥	磷肥和钾肥	0. 798	0. 649	0. 829	0. 638	0. 805	0. 893
磷肥	氮肥和钾肥	−0. 088	−0. 063	0. 057	−0. 227	−0. 204	−0. 240
钾肥	氮肥和磷肥	0. 333	0. 634	0. 565	0. 712	0. 717	0. 000

（二）不同处理对烟叶化学成分的影响

各处理总糖和还原糖含量均达到或超过要求（总糖 21%~28%，还原糖 17%~25%），基本符合云南省烟叶含糖量较高的特点。除处理 5 烟碱含量较低外，各处理烟碱含量均符合优质烟叶要求（2. 1%~2. 9%）。处理 3 和处理 6 氮碱比较适宜。如按照总氮与烟碱的比值≤1 为佳，则处理 1、2、3、6 及处理 8 均符合要求，钾含量基本都能达到或超过2%。这可能与金沙江区域特殊的土壤条件和气候条件有关（表9-37）。

表9-37　各处理C3F常规化学成分

处理	总糖（%）	还原糖（%）	总氮（%）	烟碱（%）	钾（%）	氯（%）	氮碱比
P1	43.44	32.54	1.88	2.02	1.87	0.10	0.93
P2	23.89	17.15	2.36	2.42	2.43	0.16	0.97
P3	35.24	23.87	1.72	2.36	2.07	0.15	0.73
P4	21.58	17.09	2.79	2.48	2.36	0.19	1.12
P5	30.76	25.86	2.41	1.90	2.16	0.08	1.27
P6	28.48	22.57	2.16	2.42	1.93	0.11	0.89
P7	27.16	21.49	2.38	2.21	2.31	0.10	1.08
P8	24.03	17.32	2.40	2.40	2.12	0.10	1.00
P9	26.40	19.56	2.48	2.53	2.45	0.10	0.98

注：根据云南中烟工业公司优质烤烟常规化学指标要求（Q/YZY 01—2006）

氮肥水平与总糖含量呈极显著负相关，与还原糖含量呈显著负相关，与总氮及蛋白质含量呈极显著相关（表9-38）。

表9-38　氮磷钾肥及烟株叶位与化学成分的相关分析

项目	总糖（%）	还原糖（%）	总氮（%）	烟碱（%）	蛋白质（%）	钾（%）	氯（%）
氮肥水平	-0.517**	-0.443*	0.520**	0.203	0.543**	0.238	-0.306
磷肥水平	0.091	0.106	-0.242	-0.048	-0.267	-0.098	-0.172
钾肥水平	-0.128	0.034	-0.026	-0.102	0.004	0.546**	0.086
叶位	0.081	0.218	0.473*	0.879**	0.258	-0.406*	0.245

注：* 表示达到5%的显著水平，** 表示达到1%的极显著水平

（三）不同处理抗病性比较

由表9-39可知，综合抗病性处理2、处理4、处理5、处理7、处理9较差，处理1、处理3、处理6较高。处理8普通花叶病、白粉病和赤星病的发病率较低，但气候性斑点病发病率较高。

表9-39　各处理发病情况

处理	普通花叶病		白粉病		赤星病		气候性斑点病	
	发病率（%）	病情指数	发病率（%）	病情指数	发病率（%）	病情指数	发病率（%）	病情指数
1	6	1.50	1	0.25	5	1.25	10	2.50
2	11	3.00	15	3.75	8	2.00	13	4.00
3	8	2.25	1	0.25	3	0.75	9	2.75

（续表）

处理	普通花叶病		白粉病		赤星病		气候性斑点病	
	发病率（%）	病情指数	发病率（%）	病情指数	发病率（%）	病情指数	发病率（%）	病情指数
4	11	3.00	2	0.50	5	1.25	17	4.75
5	5	1.25	31	7.75	13	3.25	12	3.50
6	7	2.00	3	0.75	5	1.25	10	2.75
7	12	3.50	34	8.50	11	2.75	16	4.00
8	4	1.00	3	0.75	7	1.75	14	3.75
9	10	3.00	42	10.5	11	2.75	14	3.75

处理 5、处理 7、处理 9 白粉病发病率较高，除了与抗病性有关外还与处理叶面积较大有关。这 3 个处理的叶面积较大，阻碍了小区内空气流通，特别是在揭膜培土后降水增多的情况下，空气湿度明显高于其他小区。加之底层叶片受到光照较少，为白粉病的滋生提供了条件。

（四）经济性状分析

由图 9-30 可知，处理 6 产值最高。因此，如果在本试验中挑选产值最高的肥料组合则应选择处理 6（$A_2B_2C_1$）。可见，处理 6 除化学成分的协调性优于其他处理外，外观质量也优于其他处理。

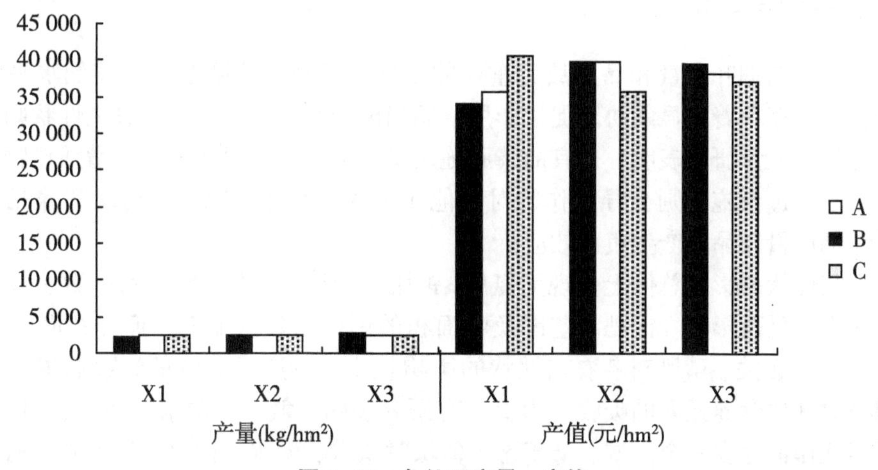

图 9-30　各处理产量、产值

由表 9-40 可知，对产量的影响氮肥>磷肥>钾肥，从高产角度考虑最优组合为 $A_3B_2C_3$。对上等烟比例及均价的影响钾肥>氮肥>磷肥，从提高原烟外观质量的角度考虑，最优组合应为 $A_2B_3C_1$。对上中等烟比例与均价的影响为钾肥>氮肥>磷肥。

对产值的影响氮肥>钾肥>磷肥，从提高经济效益的角度考虑最优组合为 $A_2B_2C_1$。通过以上分析，可以确定本试验条件下的最佳施肥量为：纯氮 75kg/hm^2、五氧化二磷 75kg/hm^2、氧化钾 135kg/hm^2 时经济效益最好。

表 9-40 各处理经济性状

经济性状		A	B	C
产量（kg/hm^2）	X1	2 285.30	2 401.65	2 460.00
	X2	2 508.55	2 571.90	2 464.45
	X3	2 626.10	2 446.40	2 495.50
	R	340.80	170.25	35.50
产值（元/hm^2）	X1	34 131.60	35 750.50	40 612.90
	X2	39 843.30	39 757.40	35 840.60
	X3	39 641.20	38 108.10	37 162.50
	R	5 711.70	4 006.90	4 772.30
上中等烟比例（%）	X1	76.08	75.16	83.98
	X2	81.15	77.13	73.87
	X3	75.34	80.27	74.72
	R	5.80	5.11	10.10
均价（元/kg）	X1	14.96	14.93	16.47
	X2	15.84	15.45	14.55
	X3	15.12	15.54	14.89
	R	0.88	0.61	1.92

注：X1、X2、X3 分别为各因素 3 个水平的平均数，R 为各水平平均数的极差。

三、结论与讨论

氮肥是影响烟叶产量和品质最为重要的因素。氮肥和磷肥在处于较低水平的情况下，两者之间存在着明显的协同促进作用。而当磷肥水平较高时，各农艺性状则表现出减小的趋势。大量研究表明，适宜的磷肥施用量能促进作物根系发育，增强作物的养分吸收能力。而过量施磷则会导致作物对其他元素的吸收作用减弱，出现营养元素缺乏症，对烤烟产量和品质产生负面效应。

对农艺性状的影响总体上表现为氮肥>钾肥>磷肥，其中氮肥对留叶数、株高、节距及叶面积有显著影响。钾肥对茎围及叶面积的影响也较为显著，但与留叶数（有效叶数）的片数无关。磷肥对各农艺性状的影响较小，对产量、质量的影响主要体现在影响烟株对其他营养元素的吸收能力上。有研究表明，氮水、磷水、钾水、氮磷肥间、氮钾肥间互作都存在一个值域。低于这个值域时氮水、磷水、钾水、氮磷肥、氮钾肥间都表现为协同促进作用，高于这个值域时则都表现为拮抗作用。钾肥和磷肥间的互作则一直表现为协同促进作用。而胡国松等认为，烤烟体内钾与磷的交互作用不过是阴离子与阳离子的协调作用，这种作用十分有限。

本研究结果显示，氮肥水平与总糖含量呈极显著负相关，与还原糖含量呈显著负相关，与总氮及蛋白质含量呈极显著相关。大量研究表明，在一定范围内，随着供氮水平提高，烤烟植株的全氮和烟碱含量也相应提高，但本试验中氮肥与烟碱未表现出显著相关，说明施氮量并不是造成烟株体内烟碱合成增加的直接原因。李春俭等认为，烟碱合成并不与供氮水平直接相关，也与植株的生长发育阶段无关，而损伤（如生物胁迫和打顶等）是刺激烤烟植株中烟碱大量合成的直接原因。此外，虽然氮肥水平与烟碱含量及钾含量有正相关关系，但并不显著。因此，在实际生产中通过增施氮肥的方式来提高叶烟碱含量及含钾量的意义不大。钾肥水平与烟叶含钾量呈极显著正相关，但并不意味着提高钾肥施用量就能持续增加烟叶含钾量。而且除钾肥水平外，影响烟叶含钾量的因素还很多，如植株代谢、通气、温度、水分和其他元素等。叶位与烟碱、总氮含量呈显著正相关，与含钾量呈显著负相关。即随着叶位的升高，烟碱及总氮含量逐渐升高，含钾量逐渐减低，这与前人的研究结果一致。

处理 6 除化学成分的协调性优于其他处理外，外观质量也优于其他处理。根据该地区实际情况，从高产角度考虑最优组合为 $A_3B_2C_3$；从提高经济效益的角度考虑最优组合为 $A_2B_2C_1$，确定了该地区最佳施肥量为纯氮 75kg/hm^2、五氧化二磷 75kg/hm^2、氧化钾 135kg/hm^2，即 氮：五氧化二磷：氧化钾=1：1：3 时经济效益最好。

在今后的研究中还应综合考虑有机-无机肥配施、养分淋溶、肥料利用率、不同生育期需肥规律、水肥互作带来的影响。此外，还需加强对新型肥料和植物生长调节剂的研究和利用，总结并寻找出科学、合理的肥料运筹方式，提高烟叶品质和增加农民收入。

第六节　不同施氮量对丽江云烟 87 品种产量品质的影响

氮素对烟草的生长和烟叶品质的形成起着决定性作用，施肥的目的在于提高烟叶产量和品质，为卷烟工业提供优质原料。提高烟叶品质是目前烟草生产的关键。烟草的产量和质量是土壤营养、空间营养和烟株营养三者综合作用的结果，其中土壤营养是根本，土壤养分的供给状态直接影响烟株的生长发育。成熟烟叶的全氮含量约为干物重的 1%~2%。烟草的需氮量一般来说较低，过量的氮或施氮不足都会显著影响烤烟的产量和质量，氮素供应过多，则生长过分旺盛，会使叶片过大，粗筋暴梗，叶色深绿，易形成黑暴烟，导致成熟期推迟，烤后烟叶外观色泽暗淡；氮素供应不足时，植株矮小，叶片小，叶绿素含量低，叶色淡绿或呈淡白色，蛋白质合成受阻，阻碍烟株的正常生长，影响烟叶产量和品质的形成。

在所有营养元素中，氮素对烟叶品质的影响最大。氮能促进细胞分裂，因此植株形态的建成、生长的快慢、叶片的大小以及最终的产量高低均取决于氮素的供应水平。烟叶氮素不足会导致烟叶产量降低，所产烟叶色淡、平滑、香气不足；而过多的氮尽管少量增加产量，但会使烟叶成熟困难、烘烤难度加大，而且容易感染病虫害，所产烟叶烟碱含量太高，劲头和刺激性过大，影响烟叶的可用性。

一、材料与方法

（一）试验地情况

本实验在丽江市永胜县永北镇中和村委会段伍箐村，交通便利，灌溉设施完备。试验地土壤质地为沙壤，前作蚕豆，肥力中等偏上，预整地实行机械深翻深耕，机械起垄，预覆膜，单行独垄，轮作。理墒要求为 60cm，墒高 40cm，移栽株行距 50cm×120cm。试验地土壤质地、理化性状及养分含量如表 9-41 所示。

表 9-41　土壤质地、理化性状及养分含量

质地	pH 值	有机质（%）	碱解氮（mg/kg）	速效磷（mg/kg）	速效钾（mg/kg）	有效镁（mg/kg）	有效硼（mg/kg）	有效锌（mg/kg）	氯离子（mg/kg）
沙壤	6.1	9.85	204.89	12.07	177.84	499.93	0.33	2.27	35.32

（二）试验品种

云烟 87。

（三）自然气候条件

试点海拔 2 100m，属北亚热带气候区，年均温 13℃以上，年均降水量 1 000mm，年均日照时数 2 349h。

（四）试验设计

本试验采用完全随机区组，设 4 个处理，3 次重复，共 12 个小区，每个小区 60 株烟。株距 50cm，行距 120cm，种植密度 1 100 株/亩，小区长 35m，宽 1.2m，面积 $504m^2$，试验田面积 0.8 亩。地膜覆盖，40d 左右揭膜培土。试验烟株全部采用漂浮育苗方式，剪叶 4 次，2009 年 5 月 8 日统一移栽，各处理的施肥量如表 9-42 所示。

表 9-42　各处理的施肥量

处理	氮-氧化钾为 10-8-20 复合肥		硫酸钾（氧化钾 50%）		普钙（五氧化二磷 16%）	
	kg/亩	g/株	kg/亩	g/株	kg/亩	g/株
处理一	40	36.36	12	10.91	15	13.64
处理二	50	45.45	8	7.27	10	9.1
处理三	60	54.55	4	3.64	5	4.55
处理四	70	63.64	0	0	0	0

（五）栽培管理措施

移栽后确保成活率，及时补苗，进入成熟期后，主要工作一是防治病虫害，虫害主防烟青虫、臭蝽、金龟子、潜夜蛾等，病害下部叶主防白粉病，上部叶主防赤星病，总体主防气候性斑点病，确保鲜烟叶的外观完整及内在品质；二是适时打顶抹杈，调控烟株营养和烟叶品质；三是结合适时采收、科学烘烤以提高烘烤质量，为卷烟工业提供优质原料；四是认真分级扎把，避免混级扎把，按照国标 42 级标准，产量产值折成以公顷为单位，产值按 2009 年收购价计算，对烤烟主要经济性状进行分析。具体措施如下。

5 月 10 日因持续干旱为抗旱保苗全田采用沟灌 1 次；6 月 15 日进行揭膜培土，6 月 11 日进行大田除草，并使用除草剂（百草枯）兑水喷雾；5 月 14 日，5 月 25 日分别使用甲霜灵锰锌兑水根灌 1 次防治“两黑”病，5 月 17 日、6 月 15 日分别使用菌克毒克兑水喷雾1次防治花叶病，5月27日使用吡虫啉兑水1次防治蚜虫，6月18日使用百蛉兑水喷雾1次防治烟青虫，6月27日、7月1日使用农用链霉素及代森锌兑水喷雾3次防治气候型斑点病，7月13日使用赤斑特兑水喷雾1次防治赤星病。50%中心花开放时打顶，同时使用烟净兑水涂抹；底脚叶成熟时开始采烤，按小区分别采收、编杆及烘烤，烘烤后的烟叶也按小区分别分区保管和销售。

二、结果与分析

（一）生育期调查

从移栽之日起，调查记录摆盘、团棵、旺长、现蕾、中心花开放及底脚叶成熟的时间，记录如表9-43所示。

表9-43　烟株大田生育期调查结果　（日/月）

处理	移栽期	摆盘期	团棵期	旺长期	现蕾期	中心花开放期	脚叶成熟期
1	8/5	25/5	14/6	26/6	19/7	21/7	8/8
2	8/5	25/5	14/6	27/6	19/7	22/7	8/8
3	8/5	25/5	14/6	29/6	21/7	24/7	10/8
4	8/5	25/5	15/6	30/6	23/7	26/7	13/8

（二）主要植物性状测定

对每个小区烟株定点取5株，观察记载移栽后30d、40d、50d、60d、70d及封顶后一天烟株的田间农艺性状，如株高、茎围、节距、叶片数、叶片长宽（最大叶片）。不同时期各处理农艺性状调查如表9-44所示。

表9-44　不同时期各处理农艺性状调查结果

移栽后时间（d）	处理	株高（cm）	叶片数（片）	茎围（cm）	节距（cm）	叶长×宽（cm）	叶面积系数
30	1	40.58	7.51	—	—	36.93×21.21	0.615
	2	41.87	8.13	—	—	38.31×20.94	0.683
	3	42.38	7.62	—	—	40.37×21.71	0.703
	4	45.58	7.58	—	—	41.33×22.58	0.977
40	1	45.58	10.5	—	—	46.92×26.21	1.352
	2	46.87	11.12	—	—	48.33×25.94	1.46
	3	47.37	10.61	—	—	50.37×26.71	1.494
	4	50.12	10.58	—	—	51.35×27.58	1.568
50	1	81.64	18.65	6.31	4.52	51.74×26.31	2.656
	2	85.55	19.23	6.59	4.53	70.67×26.42	3.759
	3	88.73	18.52	7.1	4.69	70.97×28.58	3.933
	4	90.12	18.56	7.16	4.86	73.51×28.86	4.122

（续表）

移栽后时间（d）	处理	株高（cm）	叶片数（片）	茎围（cm）	节距（cm）	叶长×宽（cm）	叶面积系数
60	1	113.96	19.75	8.23	5.02	52.94×27.22	2.98
	2	115.24	20.17	8.35	5.03	71.87×27.01	4.1
	3	118.79	19.58	8.92	5.19	71.29×29.38	4.293
	4	120.88	19.59	9.54	5.36	75.12×28.83	4.442
70	1	118.34	20.34	8.56	5.03	57.31×28.56	3.485
	2	121.59	21.73	8.62	5.1	77.04×28.39	4.976
	3	125.13	20.48	9.29	5.21	77.98×30.01	5.018
	4	128.69	20.5	9.91	5.38	80.22×30.54	5.258
封顶后一天	1	115.12	18.58	8.54	5.07	57.02×28.43	3.153
	2	118.76	19.63	8.59	5.11	76.98×26.97	4.425
	3	119.64	19.04	9.33	5.19	77.83×30.03	4.66
	4	121.57	19.47	9.94	5.94	79.73×30.28	4.921

（三）品种抗逆性和病虫害调查

见表 9-45 所示。

表 9-45　不同施氮量对病虫害的影响

病害 处理	发病率（%）			
	气候性斑点病	赤星病	黄瓜花叶病毒病	普通花叶病毒病
1	2.11	3.57	—	2.16
2	3.42	4.38	—	2.88
3	2.98	4.16	—	2.67
4	5.76	4.46	—	3.35

注：抗性划分标准，病指 0~15 高抗 H，15.1~30 中抗 M，30.1~50 低抗 C，50.1~70 感病 S，70.1 以上高感 HS

（四）产质量的测定

开始采烤，按小区分别采收、编杆及烘烤，烘烤后的烟叶也按小区分别分区保管和销售，产质量、均价及上等烟比例记录如表 9-46 所示。

表 9-46　主要经济性状对比

处理	产量（$kg/666.7m^2$）	产值（元/$666.7m^2$）	均价（元/kg）	中上等烟比例（%）
1	159.12	2 480.68	15.59	84.95
2	165.75	2 628.80	15.86	91.18
3	180.81	2 912.85	16.11	93.94
4	172.96	2 772.54	16.03	90.61

三、讨论

在本试验范围内，增加氮的施用量可以使烟株的地上部生长速度加快，株高、茎粗、叶片数、叶面积系数及其生物学产量显著增加。不适量的氮素供应将导致烟叶质量恶化，氮素过多，氮代谢旺盛，烟叶叶片难以正常生理成熟，不易调制，质量严重下降。氮肥用量不足，烟株生长不良，影响产量和质量的形成；氮肥用量过多，烟草在后期生长中吸氮过多，导致上部烟叶化学成分不协调，品质变差，可用性降低。氮能促进细胞分裂，因此植株形态的建成、生长的快慢、叶片的大小以及最终的产量高低均取决于氮素的供应水平。

四、结论

（一）不同施氮量对烟株生育期的影响

由于气候条件干旱，移栽后一直无雨，烟苗受到干旱条件胁迫，还苗期较往年长（约为10d），因而造成整个生育期的延迟，几乎每个处理的生育期都往后推迟了将近15d。但由于后期雨水充沛，加之云烟87自身特性——后期长势旺的特点，因而受干旱条件的影响不大。再从各处理间进行分析，从表9-43中可以看出，各处理团棵期基本相同，相差1d左右；烟株进入旺长期后云南烟区才开始大面积降雨，烟株长势强，迅速进入现蕾期。不同处理比较而言，处理3、处理4的成熟相对稍晚。试验结果表明，随着施肥量的减少，烟株生育期缩短2~6d。

（二）不同施氮量对烟株农艺性状的影响

从表9-44来看，在施用不同氮量的处理中，各处理烟株生长状况表现出明显的差异。从表中可以看出，移栽后30~70d株高呈现出处理4>处理3>处理2>处理1的长势，试验结果表明，在该试验条件下，烟株长势以施肥量多的处理较施肥量相对较少的处理要好，长势最好的为处理4，长势最差的为处理1。70d时，处理4株高达128.69cm，处理1则为118.34cm。在50~70d，随施氮量的增加烟株茎围和节距呈逐渐增大的趋势，呈现出处理4>处理3>处理2>处理1。总体随着施氮量提高，烟株株高增加，茎围变粗，节距变稀，叶片变长变宽，在亩施纯氮7kg时株高、茎围、节距最大。从叶片数来看，处理2明显多于其他3个处理的叶片数，平均达到20.17片。从叶长、叶宽方面看，在30~70d，叶长的变化很大，叶宽有增大，但较叶长要小，在此期间，株高、叶数、叶长、叶宽都呈现出相同时间段的增长幅度为前期较后期要小得多，重要原因是前期干旱，降水量很少，而后期进入雨季，降水充足，促使肥料向着有利于根系吸收的形态转换，使根系对营养物质的吸收增大，故烟株生长迅速，增长幅度加大。

（三）不同施氮量对病虫害的影响

云烟87自身抗病抗逆性强，较耐普通花叶病，易感赤星病；今年受后期强降水气候的影响，气候性斑点病较多；各处理间虫害发生情况差异不大，害虫主要是地老虎、烟青虫、蚜虫，施药后效果较好。从表9-45可以看出发病率随施氮量的增加而增加，但结合农药喷施，效果明显，未造成严重损失。

（四）不同施氮量对产质量的影响

不同施肥水平对产量、产值、上等烟比例的影响见表9-46。表9-46表明，在该试验条件下，各处理烟叶的产量、产值都有明显差距。产量、产值、均价、中上等烟比例方面上处理3均显著高于其他处理。由此可说明，在该试验条件下，施肥水平在氮-氧化钾为10-8-20复合肥60kg/亩、硫酸钾（氧化钾50%）6kg/亩、普钙（五氧化二磷16%）5kg/亩的条件下产量、产值、均价、中上等烟比例方面表现较好。

综上所述，施纯氮量为6kg/亩，硫酸钾（氧化钾50%）6kg/亩，普钙（五氧化二磷16%）5kg/亩水平下，烟株的生长发育和烟叶化学成分较好，更接近于云南省优质烟叶数据指标。所以，在该试验条件下得出云南省丽江市永胜县永北镇段伍箐村的适宜施肥水平为纯氮6kg/亩，硫酸钾（氧化钾50%）6kg/亩，普钙（五氧化二磷16%）5kg/亩。

第七节　不同采收方式对丽江上部烟叶产量品质的影响

朱尊权院士提出，要打破只有上等烟、腰叶才能做出高级卷烟的陈旧思想，重新认识发育正常、成熟度好的上部叶的品质特性，科学地掺配利用，发挥其应有的使用价值，这对于卷烟的降焦减害工程尤为重要。但大多上部烟叶存在颜色深、叶片厚、烟碱含量高、化学成分不协调、可用性差的质量缺陷。因此，开展提高上部烟叶可用性的研究，对于改善烟叶品质和卷烟品质，提高工商企业经济效益有很大的意义。

一、材料和方法

（一）试验地点、品种和面积

试验示范在云南省丽江市玉龙县黎明乡的茨可村进行，海拔1 840m，采用当地的主栽品种云烟87，试验示范面积6亩，与2个普通小烤房的烘烤容量相一致。移栽时间5月15日。土壤主要理化性状如下：红壤，pH值6.17，有机质含量40g/kg，耕层容重1.25g/cm^3，比重2.61，<0.01mm粒径含量35.67%，质地中壤，土壤总空隙度52.7%；中心层容重1.59g/cm^3，比重2.77，<0.01mm粒径含量32.18%，质地中壤，土壤总空隙度41.48%；底层容重1.47g/cm^3，比重2.77，<0.01mm粒径含量5.64%，质地紧沙，土壤总空隙度45.44%。

（二）烟叶生产技术措施

试验示范烟叶于5月15日移栽，现蕾封顶，留叶19~20片。每亩施纯氮约4.5kg，氮：磷：钾为1：1：2.5。除施烟草专用复合肥外，每亩增施10kg硫酸钾。其他的田间管理措施及中下部烟叶的采收和烘烤按当地优质烟生产技术方案进行。

（三）试验处理

将试验示范田块一分为二，一半为对照区，另一半为试验示范处理区。烟株封顶后把顶部6片烟叶自上向下标注为顶部第一至顶部第六叶。参试烟叶7月27日开始第一次采烤，其后按当地优质烟生产技术方案每隔 6~8d 采烤 1 次，直到采烤至顶部第六叶止。

对照区继续按烟农自己的习惯和技术采烤，实际采烤时间为 9 月 7 日采烤顶部第六至第四叶，9 月 11 日采烤剩余顶部第三至第一叶。

试验示范区的顶部 6 片叶则一直养到顶部第一叶叶面颜色以黄为主，主脉全白发亮，支脉大部分（2/3 以上）变白，叶面有明显的黄白色成熟斑等充分成熟特征时一次性采烤。实际采烤时间为 9 月 17 日采烤顶部第六至第四叶，装入一普通小烤房,；9 月 18 日采烤剩余顶部第三至第一叶，装入另一普通小烤房。两炉烟均按当地优质烟烘烤工艺烘烤。

（四）观测项目和观测方法

在采烤时用叶绿素快速测定仪（SPAD）测定顶部 6 片叶各片叶的叶绿素含量，每叶位测定 12 株；用烘干法测定每片叶的主脉和叶片的含水量，每 4 片一个样，重复 3 次；烤后烟叶用药物天平测单叶重，每次称 10 片叶，重复 6 次。

（五）烤后烟样制备和分析

烤后烟叶剔出异常烟叶后，处理和对照均分顶部 1~3 叶和 4~6 叶两叶组取样，共取 4 个样品，每个样品 30kg。其中 15kg 送江苏中烟工业有限责任公司做样品的外观品质分析及感官评吸质量鉴定；10kg 送郑州烟草研究院做质量分析鉴定；5kg 送云南省烟草农业科学研究院做化学成分分析。

二、结果与分析

（一）鲜烟叶色素和含水量

测得顶部 6 片叶各叶片的叶绿素含量如表 9-47 所示。

表 9-47　顶叶不同采摘方式叶片的叶绿素含量

叶位	处理		对照		处理比对照低	显著性
	平均数	标准差	平均数	标准差		
1	27.82	4.94	35.99	3.38	8.17	※※
2	23.88	5.21	30.90	2.24	7.02	※※
3	21.02	3.32	28.63	2.39	7.61	※
4	21.55	2.99	24.68	2.97	3.13	※
5	19.4	3.27	23.67	3.03	4.27	※※
6	17.49	3.37	21.01	3.02	3.52	※

从表 9-47 中看，试验处理的顶部 6 片叶的叶绿素含量都显著低于对照，这是顶部 4~6 片比对照多养了 10d、顶部 1~3 片叶比对照多养了 7d，采收成熟度提高，达到顶部第一叶叶面颜色以黄为主，主脉全白发亮，支脉大部分（2/3 以上）变白，叶面有明显的黄白色成熟斑等充分成熟特征，叶绿素分解的结果。从表中还可看出，虽然顶部

1~3片叶只比对照多养了7d，而顶部4~6片却比对照多养了10d，但顶部1~3片叶和对照叶绿素含量的差值，却比顶部4~6片的差值高得多，这很可能是顶部6片叶一起养，养分分配平衡，顶叶容易落黄成熟，而分次采烤，顶部3片叶养分过于集中，难于落黄成熟的结果。

从表9-48看，处理和对照叶片含水量基本没有差别，叶位之间的差异也很小。主脉含水量除顶部第一、第二叶有明显差异外，其他叶位的差异也较小，并不会因延长采收时间而使整叶含水量增加或降低。

表9-48　顶叶不同采摘方式烟叶的水分含量

叶位	叶片			主脉		
	处理	对照	处理比对照	处理	对照	处理比对照
1	69.15	68.04	+1.11	90.03	85.02	+5.01
2	69.11	69.22	-0.11	90.10	86.1	+4.0
3	69.26	69.31	-0.05	89.98	87.18	+2.80
4	69.39	67.96	+1.43	90.00	88.26	+1.74
5	70.92	67.83	+3.09	90.97	89.34	+1.63
6	70.40	68.84	+1.56	90.10	90.42	-0.32

（二）烟叶外观质量

烟叶外观质量鉴定由江苏中烟工业有限责任公司徐州卷烟厂按照工业企业卷烟品牌对烟叶原料的配方需求，对上部烟叶样品进行了细化与分类，把试验处理和对照的"顶1~3叶"及"顶4~6叶"样品，分为样1、样2、样3、样4、样5、样6，共计12组样品，参照烤烟国标42级标准，同时根据工业企业卷烟品牌配方对烟叶原料的个性化需求，以及多年来卷烟生产对丽江产区烟叶的使用习惯，对烟叶外观质量各控制因素权重进行分解并赋予表9-49的权重分值，并按照表9-49的权重分值对12组烟叶样品进行外观质量鉴定，获得表9-50至表9-55的结果。

表9-49　烟叶外观质量控制因素权重分值

品质因素	分值
颜色	15：浅橘黄15；橘黄、柠檬黄14；红棕、微带青12；杂色、青黄9
成熟度	20：成熟20；完熟19；尚熟17；欠熟、假熟14
叶片结构	20：疏松20；尚疏松17；稍密14；紧密11
身分	15：中等、稍薄15；稍厚12；薄9；厚8
油分	15：多15；有13；稍有11；少9
色度	15：浓15；强13；中11；弱9；淡7
总计	100

表 9-50　样品 1 的外观质量

品质因素	试验		对照	
	外观描述	分值	外观描述	分值
颜色	浅橘黄	15	橘黄	14
成熟度	成熟	20	成熟	20
叶片结构	稍密；叶片较柔软；开片稍好	14	紧密；叶片僵硬；开片稍差	11
身分	稍厚，单片厚薄均匀一致	12	厚，叶尖叶基和主脉两侧厚薄不一致	8
油分	稍有	11	少	9
色度	色泽均匀，饱满	11	色泽不均匀，饱满度稍差	9
总分		83		71

表 9-51　样品 2 的外观质量

品质因素	试验		对照	
	外观描述	分值	外观描述	分值
颜色	浅橘黄	15	深橘黄	14
成熟度	成熟	20	成熟	20
叶片结构	尚疏松至稍密；叶片较柔软	15	稍密；叶片稍僵硬	13
身分	稍厚，单片厚薄均匀性较好	12	稍厚，单片厚薄均匀性一般	11
油分	有	13	稍有	11
色度	饱满度一般；色泽一般，均匀性好	11	尚饱满；色泽鲜亮，均匀性稍差	11
总分		86		80

表 9-52　样品 3 的外观质量

品质因素	试验		对照	
	外观描述	分值	外观描述	分值
颜色	浅橘黄至橘黄	14.5	橘黄至深橘黄	13.5
成熟度	成熟	20	成熟	20
叶片结构	尚疏松至稍密；叶片较柔软	16	尚疏松至稍密；叶片稍僵硬	15
身分	稍厚，单片厚薄均匀性好	13	稍厚，单片厚薄均匀性一般	12
油分	有	13	有	13
色度	鲜艳程度一般，均匀性好，较饱满	13	尚鲜亮，均匀性一般，较饱满	13
总分		89.5		86.5

表 9-53　样品 4 的外观质量

品质因素	试验		对照	
	外观描述	分值	外观描述	分值
颜色	浅橘黄至橘黄	14.5	浅橘黄至橘黄	14.5
成熟度	成熟	20	成熟	20
叶片结构	尚疏松至稍密；叶片柔软性好	15	稍密；叶片稍僵硬	14
身分	稍厚，整片厚薄均匀性好	12.5	稍厚，整片厚薄均匀性稍差	11.5
油分	有	11	稍有	11
色度	色泽尚鲜亮，均匀性好，饱满	14	色泽尚鲜亮，均匀性一般，饱满度一般	13
总分		87		84

表 9-54　样品 5 的外观质量

品质因素	试验		对照	
	外观描述	分值	外观描述	分值
颜色	橘黄	14	橘黄	14
成熟度	成熟	20	成熟	20
叶片结构	尚疏松	17	尚疏松	17
身分	稍厚至中等，整片厚薄均匀性较好	14	稍厚至中等，叶片厚薄均匀性一般	13.5
油分	有	13	有至稍有	12.5
色度	色泽尚鲜亮，均匀性好，饱满	14	色泽尚鲜亮，均匀性稍差，尚饱满	13.5
总分		92		90.5

表 9-55　样品 6 的外观质量

品质因素	试验		对照	
	外观描述	分值	外观描述	分值
颜色	浅橘黄	15	橘黄	14
成熟度	成熟	20	成熟	20
叶片结构	疏松	20	疏松	20
身分	中等	15	中等	15
油分	有	13	有至多	14
色度	强；色泽尚鲜亮，尚均匀，尚饱满	13	浓；色泽鲜亮，均匀，饱满	15
总分		96		98

将表 9-50 至表 9-55 的外观质量得分按试验和对照做柱形图，得到图 9-31 所示的外观质量评价量值比对图。

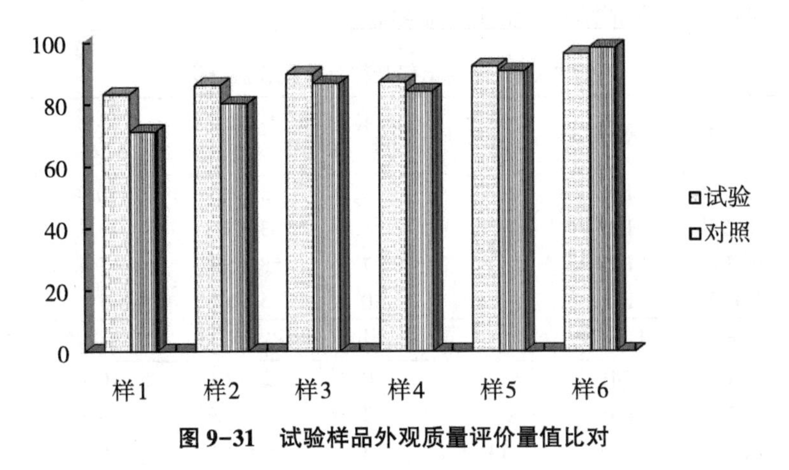

图 9-31　试验样品外观质量评价量值比对

从表 9-50 至表 9-55 和图 9-31 看，试验和对照样品相比较，总体上试验样品比对照样品颜色偏浅，叶片柔软性较好，身分稍薄，叶片厚薄均匀一致，色度均匀性也好，更加符合工业企业卷烟配方需求。从 12 组样品烟叶的外观比较可以看出，1～4 组试验样品的外观质量要优于对照样品，其评价分值也显示试验样品明显高于对照样品，分别高出对照 12 分、6 分、3 分、3 分；样品 4 的试验和对照分别比样 3 的试验和对照质量有所下降，对应的分值都减少了 2.5 分。样 5 两者无显著差异，其分值亦相接近，试验分值高出对照分值 2.5 分；样品 6 对照样品外观质量要优于试验样品，其分值对照样品要高于试验样品，可能是烟叶采收时稍过熟的缘故。

（三）经济收益对比

分别就试验田、对照田上部叶样品进行等级分类并记录相关比例，按照当前初烤烟收购价格以 15kg 样品为基准测算试验和对照上部叶经济收益，均价和总收益如图 9-32 所示。

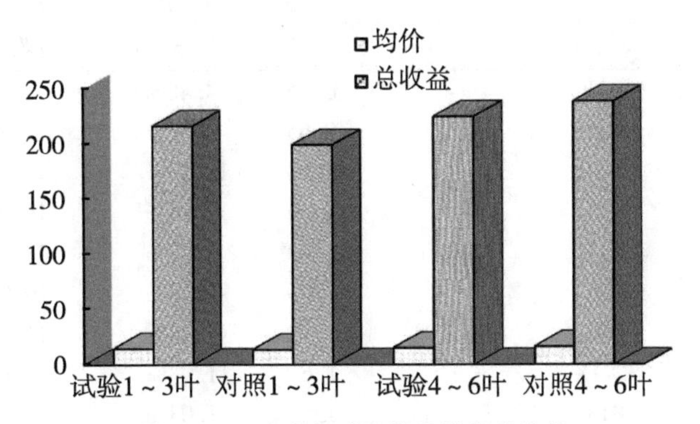

图 9-32　试验和对照样品的收益比较

从表9-56的经济收益可以看出，试验田顶部叶1~3叶位经济效益明显高于对照田，试验田顶1~3杂色叶比例小、分解等级更趋于合理。试验田4~6叶位的总体经济收益略低于对照田，分解等级对比无明显差距。

表9-56 丽江上部叶样品等级收益分析

类型	叶位	等级	总重(kg)	重量(kg)	比例(%)	单价(元/kg)	总价(元)
试验田顶1~3叶	顶1叶	B4F	13.3	0.5	3.76%	10.4	5.8647
	顶2叶	B3F		4.5	33.83%	13.4	68.0075
	顶3叶	B2F		7.8	58.65%	15.8	138.9925
	杂色叶	B1K		0.5	3.76%	7	3.9474
试验田顶1~3叶				均价	¥14.45	总收益	¥216.81
对照田顶1~3叶	顶1叶	B4F	14.7	0.4	2.72%	10.4	4.2449
	顶2叶	B3F		2.2	14.97%	13.4	30.0816
	顶3叶	B2F		8.4	57.14%	15.8	135.4286
	杂色叶	B1K		2.9	19.73%	7	20.7143
	微青叶	B2V		0.8	5.44%	10.8	8.8163
对照田顶1~3叶				均价	¥13.29	总收益	¥199.29
试验田顶4~6叶	顶4叶	B2F	13.5	0.85	6.30%	15.8	14.9222
		B3F		0.85	6.30%	13.4	12.6556
	顶5叶	B1F		2.04	15.11%	18	40.8000
		B2F		0.68	5.04%	15.8	11.9378
		C2F		0.68	5.04%	19.2	14.5067
	顶6叶	B1F		1.56	11.56%	18	31.2000
		C1F		0.78	5.78%	21.2	18.3733
		C2F		0.78	5.78%	19.2	16.6400
		C3F		0.78	5.78%	17.4	15.0800
	杂色叶	CX1K		0.85	6.30%	7.4	6.9889
		B1K		0.85	6.30%	7	6.6111
	微青叶	B2V		2.24	16.59%	10.8	26.8800
		C3V		0.56	4.15%	14.2	8.8356
试验田顶4~6叶				均价	¥15.03	总收益	¥225.43
对照田顶4~6叶	顶4叶	B3F	14.5	0.65	4.48%	13.4	9.0103
		B2F		0.65	4.48%	15.8	10.6241
	顶5叶	B1F		2.64	18.21%	18	49.1586
		C2F		1.76	12.14%	19.2	34.9572
	顶6叶	C1F		1.12	7.72%	21.2	24.5628
		C2F		3.36	23.17%	19.2	66.7366
		C3F		1.12	7.72%	17.4	20.1600
	杂色叶	CX1K		1.6	11.03%	7.4	12.2483
		B1K		1.6	11.03%	7	11.5862
对照田顶4~6叶				均价	¥15.94	总收益	¥239.04

（四）化学成分和感官评吸质量

江苏中烟工业有限责任公司徐州烟厂将试验和对照的各 15kg 烟叶样品按叶位分别分为顶 1 叶、顶 2 叶、顶 3 叶、顶 4 叶、顶 5 叶、顶 6 叶 6 个样品，每一样品又按成熟度分为成熟度一般样品和成熟度好样品，共计 24 个样品。即：1. 对照，顶 1 叶，成熟度一般；2. 顶 1 叶，成熟度好；3. 顶 2 叶，成熟度一般；4. 成熟度好；……；13. 试验，顶 1 叶，成熟度一般；14. 试验，顶 1 叶，成熟度好；……；23. 试验，顶 6 叶，成熟度一般；24、试验，顶 6 叶，成熟度好。然后对各样品进行常规化学成分含量分析，并进行感官质量评吸，得结果如表 9-57 所示；同时，云南省烟草农业科学研究院分析了试验处理和对照的顶 1~3 片叶和顶 4~6 片叶混合样的主要化学成分，得结果如表 9-57 所示。

表 9-57　丽江不同采烤方式分叶位样品常规化学成分含量

样号	处理	叶位	成熟度	烟碱（%）	总氮（%）	总糖（%）	还原糖（%）	糖碱比	钾（%）
1	对照	顶 1 叶	一般	2.24	1.36	39.79	28.58	17.74	1.44
2	对照	顶 1 叶	好	2.81	1.36	35.11	28.96	12.50	1.69
3	对照	顶 2 叶	一般	2.24	1.71	42.08	28.30	18.79	1.50
4	对照	顶 2 叶	好	2.66	1.84	40.01	28.71	15.03	1.57
5	对照	顶 3 叶	一般	2.27	1.65	38.76	30.33	17.06	1.51
6	对照	顶 3 叶	好	2.82	1.53	38.68	27.91	13.96	1.58
7	对照	顶 4 叶	一般	2.27	1.66	38.29	26.45	16.85	1.66
8	对照	顶 4 叶	好	2.98	1.25	41.22	33.78	13.83	1.42
9	对照	顶 5 叶	一般	1.89	1.37	44.45	37.27	23.53	1.56
10	对照	顶 5 叶	好	2.36	1.49	42.92	32.36	18.18	1.60
11	对照	顶 6 叶	一般	2.08	1.52	43.14	30.94	20.78	1.80
12	对照	顶 6 叶	好	1.97	1.45	41.72	32.01	21.16	1.55
13	试验	顶 1 叶	一般	2.12	1.15	45.40	39.34	21.42	1.50
14	试验	顶 1 叶	好	2.68	1.73	40.61	36.48	15.14	1.46
15	试验	顶 2 叶	一般	2.62	1.60	40.50	32.06	15.48	1.37
16	试验	顶 2 叶	好	2.30	1.81	39.28	29.77	17.05	1.63
17	试验	顶 3 叶	一般	2.64	1.47	39.66	36.67	15.01	1.51
18	试验	顶 3 叶	好	3.24	1.68	38.52	34.77	11.89	1.49
19	试验	顶 4 叶	一般	2.41	1.50	39.68	29.06	16.46	1.45
20	试验	顶 4 叶	好	2.52	1.33	41.62	34.95	16.50	1.28
21	试验	顶 5 叶	一般	2.89	1.52	43.17	34.51	14.96	1.31
22	试验	顶 5 叶	好	3.55	1.71	39.21	27.93	11.04	1.45
23	试验	顶 6 叶	一般	2.15	1.44	45.31	31.83	21.08	1.65
24	试验	顶 6 叶	好	2.58	1.55	40.36	29.75	15.65	1.32

从表9-57中可看出，同一处理同一叶位，成熟度好的烟叶样品较成熟度一般的样品烟碱含量呈上升趋势（12组数据，2组下降，1组增加0.11%，其余增加0.4%~0.75%）；总糖呈下降趋势；由于糖和烟碱的综合作用，导致糖碱比平均降低3.1。

同一叶位，试验处理和对照比较，还原糖呈上升趋势（1~3叶位增长显著）；钾含量呈下降趋势，这与成熟期“钾离子倒流”生理现象相吻合。

不同叶位比较，对照处理成熟度一般的样品，钾离子含量随叶位呈现增高趋势；成熟度好的样品，随叶位增高，总糖含量增高；还原糖从顶1叶到顶3叶和从顶4叶到顶6叶含量下降，但4~6叶位总糖和还原糖含量均高于1~3叶位；1~4叶位烟碱含量差别不大，5叶位下降，6叶位降到最低值1.97%；总氮含量4~6叶位含量也低于1~3叶位。试验处理成熟度好的烟叶样品，4~6叶位总糖含量高于1~3叶位，总氮、钾低于1~3叶位。

而从表9-58混合样的分析结果看，4~6叶位与1~3叶位相比，试验处理总糖、还原糖分别增加1.21%、3.53%，总氮、烟碱分别降低0.46%、0.64%，钾含量降低0.21%，淀粉含量增加1.31%；对照处理总糖、还原糖分别增加4.74%、5.28%，总氮、烟碱分别降低0.22%、0.49%，钾含量增加0.38%，淀粉含量降低3.22%；4~6叶位化学成分含量向更适宜的方向发展。试验处理与对照处理相比，两混合叶位尽管糖含量和总氮含量呈现相反的变化趋势，但绝对数值差别不大；钾含量和淀粉含量变化较大，钾含量1~3叶位增加0.29%，4~6叶位降低0.3%；淀粉含量1~3叶位减少2.48%，4~6叶位降低2.05%。总的看来，不同成熟度烟叶样品比较，成熟度高的总糖和糖碱比稍降低，化学成分更趋于协调。而从叶位看，4~6叶位化学成分比1~3叶位更适宜一些。

表9-58　同采烤方式分混叶位样品常规化学成分含量　（%）

处理	叶位	总糖	还原糖	总氮	烟碱	糖碱比	钾	淀粉
试验	1~3	35.2	23.07	1.82	2.88	12.24	1.65	3.89
对照	1~3	31.85	21.96	1.67	2.42	13.19	1.36	6.37
试验	4~6	36.41	26.6	1.36	2.24	16.26	1.44	5.20
对照	4~6	36.59	27.24	1.45	1.93	18.96	1.74	3.15

三、感官质量分析

从表9-59的感官评吸结果看，同一处理同一叶位，成熟度好的烟叶样品较成熟度一般的样品香气质略有改善；香气量略有增加（4~6叶明显）；稍丰满一些；杂气有明显改善（4叶、6叶明显）；烟气浓度增加（5叶、6叶明显）；较细腻、刺激性减小（4~6叶试验处理）；成团性加强（试验处理）；口腔干燥感减轻、干净程度增加；甜度增加（试验处理和对照处理4~6叶）。

同一叶位，试验处理较对照处理，香气质略有改善；香气量略有增加；丰满程度略增加；杂气减轻；烟气浓度增加（4~6叶）；细腻程度改善（4~6叶位成熟度好样品）；成团性加强（成熟度好样品）；刺激性减轻（1叶位及5~6叶位成熟度好样品）；甜度增加（1~3叶位成熟度好样品）。

表 9-59　云南丽江“上部烟叶采收技术研究”试验分叶位样品感官质量评价

样品	香气特性				烟气特性				口感特性			
	香气质	香气量	丰满程度	杂气程度	浓度	劲头	细腻程度	成团性	刺激性	干净程度	干燥感	甜度
1	中	尚足	较丰满	稍重	稍浓	稍大	中	中+	稍小	中	中	无
13	稍好	较足	较丰满+	中	稍浓	稍大+	中	中+	较小	中+	中	无
2	稍好	尚足	较丰满+	中	稍浓	稍大	中	中+	稍小	中+	中+	无
14	较好	较足	丰满	中	稍浓	稍大+	中	较强	较小	中++	较弱	微甜
3	稍好	尚足	较丰满	中	稍浓	稍大	中	中+	稍小	中	中	无
15	稍好	尚足	较丰满+	中	稍浓	稍大+	中	中+	稍小	中+	中+	无
4	稍好	尚足	较丰满+	中	稍浓	稍大+	中	中+	稍小	中++	较弱	无
16	稍好+	尚足+	较丰满++	中-	稍浓	稍大+	中	较强	稍小	中++	较弱	微甜
5	稍好	尚足	较丰满	中	稍浓	稍大+	中	中+	稍小	中	中	无
17	稍好	尚足	较丰满+	中	稍浓	稍大+	中	中+	稍小	中+	中+	无
6	稍好	尚足	较丰满+	中	稍浓	稍大+	中	中+	稍小	中++	较弱	无
18	中	尚足	较丰满+	稍重	稍浓	稍大+	中	较强	稍小	中+	较弱	微甜
7	稍好	尚足	较丰满	尚轻	稍浓	稍大+	中	中+	稍小	中	中	无
19	稍好+	尚足+	较丰满+	尚轻-	稍浓+	稍大	中	中+	稍小	中+	中+	无
8	稍好+	尚足+	较丰满+	尚轻-	稍浓	稍大	中	中+	稍小	中++	较弱	微甜
20	较好	较足	丰满	较轻	稍浓+	稍大	较细腻	较强	较小	中++	较弱	微甜
9	稍好	尚足	较丰满	尚轻	稍浓	稍大+	中	中+	稍小	中	中	无
21	稍好+	尚足+	较丰满+	尚轻-	稍浓+	稍大	中	中+	稍小	中+	中+	无
10	稍好+	尚足+	较丰满+	尚轻	稍浓+	稍大+	中	中+	稍小	中++	较弱	微甜
22	稍好+	较足	丰满	尚轻-	较浓	稍大	较细腻	较强	较小	中++	较弱	微甜
11	稍好	尚足	较丰满	尚轻	稍浓	稍大+	中	中+	稍小	中	中	无
23	稍好	尚足+	较丰满+	尚轻-	稍浓+	稍大	中	中+	稍小	中+	中+	无
12	稍好	尚足+	较丰满+	尚轻-	稍浓+	稍大	中	中+	稍小	中++	较弱	微甜
24	较好	较足	丰满	较轻	较浓	中	较细腻	较强	较小	中++	较弱	微甜

4~6叶差异不明显，1~3叶顶1叶感官评吸质量较好；顶3叶（18号样品）可能样品制作有误差，评吸结果有违总体变化规律。

综合比较，试验处理要优于对照处理，4~6叶优于1~3叶，主要表现为香气质、香气量略有改善，杂气明显减轻。

四、结论

从顶叶不同采收方式对叶绿素含量、水分及烤后烟叶的外观品质、主要化学成分及感官评吸质量的关系分析中可以得到以下结论。

成熟度好的烟叶，颜色呈现浅橘黄至橘黄，色泽鲜亮，色度饱满，均匀性好，结构疏松，比较柔软，油分足，弹性好，化学成分比较协调，感官评吸质量也比较好。而上部6片叶一次性采烤，顶部6片叶一起养，养分分配平衡，顶叶容易落黄成熟，达到充分成熟采收，提高上部烟叶香气量和可用性的要求，而分次采烤，顶部3片叶养分过于集中，难于落黄成熟，不利于上部烟叶质量的改善。

上部6片叶一次性采烤，6片叶一直养到顶部第一叶叶面颜色以黄为主，主脉全白发亮，支脉大部分（2/3以上）变白，叶面有明显的黄白色成熟斑等充分成熟特征时，一般要比常规分次采烤时多养7~10d，此时顶部5~6叶已显稍过熟特征，单叶重略降，产量下降，颜色变淡，导致收购等级也相应降低，烟农收益下降。因此，为使上部6片叶一次性采烤的措施能真正落实，达到提高上部叶质量和可用性的目的，应适当考虑提高上部烟叶的价格，给烟农以适当的经济补偿。

第八节　丽江玉龙烟叶化学成分可用性与风格特征评价

玉龙纳西族自治县地处三江并流核心自然保护区腹地，具有和津巴布韦高度相似的生态条件和土壤特性，被誉为“云南清香型烟叶代表”，是“苏烟”品牌配方中“不可替代、不可或缺”的核心原料。

一、材料与方法

（一）烟叶样品来源

本文所有烟叶样品选自2014—2016年江苏中烟在丽江玉龙县3个烟叶原料产地（石鼓、巨甸和塔城）的主栽品种云烟87，每套样品取样等级为B2F、C3F和X2F，共计45套135个，每个等级样品取1.5kg，用于化学成分的分析。

（二）化学指标测定

烟叶样品中的烟碱、钾、总氮、可溶性总糖和还原糖、氯分别采用YC/T 160—2002、YC/T 217—2007、YC/T 161—2002、YC/T 159—2002、YC/T 173—2003、YC/T 162—2002等规范要求的方法进行检测，并计算相应的糖碱比（还原糖/烟碱）、氮碱比（总氮/烟碱）和钾氯比。

（三）统计分析

用 Excel 2003 和 SPSS 17.0 统计软件分别进行统计分析和方差分析检验。

（四）烟叶化学可用性指数分析

化学可用性指数（Chemical Components Usability Index，CCUI）计算公式：

$$CCUI = \sum_{j=1}^{m} W_{ij} \cdot C_{ij} \ (i=1,\ 2,\ \cdots,\ n;\ j=1,\ 2,\ \cdots,\ m)$$

式中，W_{ij} 为各化学指标所占权重，C_{ij} 为指标的隶属度函数值。

1. 函数类型和临界值确定

常用的隶属函数有 2 种类型，即抛物线形和 S 形。其中式（1）代表抛物线形隶属函数，式（2）代表 S 形隶属函数。

$$f(x)=\begin{cases}0.1, & x<x_1;\ x>x_2\\ 0.9(x-x_1)/(x_3-x_1)+0.1, & x_1\leqslant x<x_3\\ 1.0, & x_3\leqslant x\leqslant x_4\\ 1.0-0.9(x-x_4)/(x_2-x_4), & x_4<x\leqslant x_2\end{cases} \tag{1}$$

$$f(x)=\begin{cases}1.0, & x>x_2\\ 0.9(x-x_1)/(x_2-x_1)+0.1, & x_1\leqslant x\leqslant x_2\\ 0.1, & x<x_1\end{cases} \tag{2}$$

式中，x_1 为下临界值；x_2 为上临界值；x_3 为最优值下限；x_4 为最优值上限，其中 $x_2>x_4>x_3>x_1$。参照本书参考文献［10］、［11］、［12］及“江苏中烟玉龙产区特色烟叶化学成分需求标准”（表 9-60），确定了各项化学指标的隶属函数类型和临界值（表 9-61）

表 9-60　江苏中烟对玉龙产区特色优质烟叶常规化学指标要求

部位	烟碱（%）	总糖（%）	还原糖（%）	总氮（%）	钾（%）	氯（%）
B	2.5±0.4	30±4	25±4	2.2±0.3	≥1.6	<0.6
C	2.0±0.4	33±4	28±4	1.7±0.3	≥1.8	<0.6
X	1.5±0.4	31±4	26±4	1.5±0.3	≥2	<0.6

表 9-61　玉龙产区烟叶化学成分指标的隶属函数类型、拐点值

指标	部位	函数类型	下临界值（x_1）	最优值下限（x_3）	最优值上限（x_4）	上临界值（x_2）
烟碱	B	抛物线形	1.50	2.10	2.90	3.50
	C		1.00	1.60	2.40	3.50
	X		0.80	1.10	1.90	3.50
总糖	B		10.00	26.00	34.00	40.00
	C		10.00	29.00	37.00	40.00
	X		10.00	27.00	35.00	40.00
还原糖	B		11.50	21.00	29.00	35.00
	C		11.50	24.00	32.00	35.00
	X		11.50	22.00	30.00	35.00

（续表）

指标	部位	函数类型	下临界值（x_1）	最优值下限（x_3）	最优值上限（x_4）	上临界值（x_2）
氯	B	抛物线形	0. 20	0. 30	0. 60	1. 20
	C		0. 20	0. 30	0. 60	1. 20
	X		0. 20	0. 30	0. 60	1. 20
总氮	B		1. 10	1. 90	2. 50	3. 40
	C		1. 00	1. 40	2. 00	3. 00
	X		0. 70	1. 20	1. 80	2. 50
糖碱比	B		2. 00	7. 00	14. 00	20. 00
	C		5. 00	10. 00	20. 00	25. 00
	X		3. 00	12. 00	27. 00	30. 00
钾	B	S 形	0. 80			1. 60
	C		1. 00			1. 80
	X		1. 20			2. 00
钾氯比	B		2. 70			10. 00
	C		3. 00			10. 00
	X		3. 30			10. 00

2. 化学指标权重的确定

将 135 个烟叶样品的化学指标看作一个整体样本，进行归一化处理，归一化处理后各指标的标准差如下。

$$S_k = \sqrt{\frac{\sum_{i=1}^{n}(X_{ik} - \bar{X}_k)^2}{n-1}} \tag{3}$$

式中，S_k 为第 k 个指标的样本标准差，X_{ik} 为第 i 个样点第 k 个因子的归一化值，$\bar{X}_k$ 为第 k 个指标各样点归一化值的平均值，式中 $n=135$，指标权重为：

$$W_k = \frac{S_k}{\sum_{k=1}^{m} S_k} \tag{4}$$

式中，W_k 为第 k 个因子的权重，m 为因子数 9。

通过计算，各化学指标的权重分别为：烟碱 0. 12，总氮 0. 09，还原糖 0. 10，总糖 0. 10，钾 0. 12，氯 0. 15，糖碱比 0. 11，氮碱比 0. 11，钾氯比 0. 09。

二、结果与分析

（一）烟叶化学成分可用性评价

化学可用性指数的高低则表明该样本化学成分的综合质量优劣。参照以往研究，结合玉龙烟叶实际情况，按 CCUI 值≥0. 8、0. 7～0. 8、0. 6～0. 7、0. 5～0. 6 和≤0. 5，将烟叶化学成分可用性分为好（Ⅰ级）、较好（Ⅱ级）、中等（Ⅲ级）、稍差（Ⅳ级）和差（Ⅴ级）5个档次，由不同等级烟叶化学成分可用性评价结果（表9-62）可知，上部烟叶3个基地CCUI平均值（0.83）总体低于中部（1.12）和下部（1.40）烟叶，其中巨甸基地B2F烟叶CCUI值全部处在Ⅰ级和Ⅱ级范围内且变异系数最小；塔城基地B2F烟叶CCUI平均值（1.10）虽高于石鼓（0.70），但是变异系数高达0.53，存在较广泛的变异。

表9-62 玉龙烟区不同产地烟叶化学成分可用性综合评价

烟叶等级	基地单元名称	所占比例/%					CCUI值		
		Ⅰ级	Ⅱ级	Ⅲ级	Ⅳ级	Ⅴ级	均值	标准偏差	变异系数
B2F	石鼓	16.67	52.19	17.58	13.56	0	0.70	0.09	0.13
	巨甸	28.57	71.43	0	0	0	0.79	0.05	0.06
	塔城	51.38	23.44	0	25.18	0	1.01	0.53	0.53
C3F	石鼓	83.33	16.67	0	0	0	0.98	0.36	0.37
	巨甸	89.34	10.66	0	0	0	1.38	0.48	0.35
	塔城	49.67	50.33	0	0	0	0.99	0.45	0.46
X2F	石鼓	83.33	16.67	0	0	0	1.38	0.71	0.51
	巨甸	85.19	14.81	0	0	0	1.42	0.46	0.32
	塔城	84.11	15.89	0	0	0	1.40	0.51	0.36

（范幸龙，2017）

中部烟叶3个基地CCUI值全部处在Ⅰ级和Ⅱ级范围内，其中巨甸C3F烟叶CCUI平均值（1.38）最高，且变异系数（0.35）最小，烟叶内在质量和稳定性最好。石鼓和塔城C3F烟叶CCUI平均值近似相等，但是石鼓（0.37）CCUI值变异程度小于塔城（0.46）。

下部烟叶3个基地CCUI值全部处在Ⅰ级和Ⅱ级范围内，且平均值较为接近。巨甸X2F烟叶CCUI平均值（1.42）最高，且变异系数（0.32）最小，而塔城CCUI平均值（1.40）和变异程度（0.36）均好于石鼓。

（二）烟叶感官质量及风格特征

1. 风格特征

由表9-63可知，玉龙烟区“云烟87”中部烟叶不同年份主要香韵的平均值按大小依次排序表现为干草香>清甜香>青香>木香>辛香>正甜香。其中，以干草香、清甜香、青香、木香为主体香韵，辅以辛香、正甜香香韵，清甜香香韵尚明显。不同年份间所有指标差异不显著，其中2016年表现最好，干草香、青香和正甜香较往年有所提升，主体香韵较为稳定且总体分值呈上升趋势。所评价的玉龙烟区中部烟叶样品全部为清香型，香气状态为飘逸，清香型分值在2.89~3.68分，平均分值为3.30分，清香型特征显著；中部烟叶的飘逸分值在3.06~3.73分，平均分值为3.30分，香气状态为飘逸；浓度分值在2.68~3.24分，平均分值为2.93分，烟气浓度稍大；劲头分值在2.65~2.97分，平均分值为2.80分，劲头中等。

表 9-63　玉龙烟区不同年份“云烟 87”中部烟叶风格特征评价指标的标度值

年份	干草香	清甜香	正甜香	青香	木香	辛香	香气状态	香型	浓度	劲头
2014	2.0	2.0	—	1.0	1.3	1.0	3.2	3.2	2.8	2.8
2015	2.5	2.5	—	1.0	1.0	1.0	3.2	3.2	3.0	2.8
2016	3.0	2.5	1.0	1.5	1.0	1.0	3.5	3.5	3.0	2.8
均值	2.50	2.33	1.00	1.17	1.10	1.01	3.3	3.3	2.93	2.80

（范幸龙，2017）

2. 品质特征

由表 9-64 可知，玉龙烟区不同年份“云烟 87”中部烟叶的香气质分值在 2.91~3.51 分，平均分值为 3.10 分，香气质较好；香气量分值在 2.57~3.49 分，平均分值为 3.00 分，香气量较充足；透发性分值在 2.87~3.55 分，平均分值为 3.13 分，香气较透发。玉龙不同年份中部烟叶共有杂气为微有青杂气和生青气，稍有木质气；细腻程度分值在 2.93~3.66 分，平均分值为 3.30 分，烟气较细腻；柔和程度分值在 2.99~3.69 分，平均分值为 3.23 分，烟气较柔和；圆润感分值在 2.94~3.62 分，平均分值为 3.27 分，烟气较圆润；刺激性分值在 2.07~2.40 分，平均分值为 2.27 分，稍有刺激性；干燥感分值在 2.02~2.49 分，平均分值为 2.27 分，稍有干燥感；余味分值在 2.91~3.41 分，平均分值为 3.17 分，余味较净较舒适。不同年份间所有指标无显著差异，其中 2016 年玉龙中部烟叶香气质、香气量、透发性、细腻程度、柔和程度和余味均较往年有所提升，烟叶品质呈上升趋势。

表 9-64　玉龙烟区不同年份“云烟 87”中部烟叶品质特征评价指标的标度值

年份	香气质	香气量	透发性	青杂气	生青气	木质气	细腻程度	柔和程度	圆润感	刺激性	干燥感	余味
2014	3.0	2.7	3.0	1.0	1.0	1.5	3.2	3.2	3.2	2.3	2.3	3.2
2015	3.0	3.0	3.0	1.0	1.0	—	3.2	3.2	3.2	2.3	2.3	3.0
2016	3.3	3.3	3.4	1.0	1.0	1.5	3.5	3.5	3.4	2.2	2.2	3.3
均值	3.1	3.0	3.1	1.1	1.1	1.5	3.3	3.2	3.3	2.3	2.3	3.2

（范幸龙，2017）

三、结论

（一）丽江玉龙烟叶香韵丰富特征

丽江玉龙“云烟 87”中部烟叶清香型风格较显著，以清甜香、青香、木香、干草香为主体香韵，辅以辛香、正甜香香韵，香气状态飘逸，浓度稍大，劲头中等；品质特征方面，中部烟叶香气质较好，香气量较充足，香气较透发，微有青杂气和生青气，稍有木质气；烟气较细腻、较柔和、较圆润；余味较净较舒适，稍有刺激性和干燥感。

（二）丽江玉龙烟叶化学成分可用性

从丽江玉龙烟叶化学成分可用性综合指数来看，上部烟叶巨甸基地 CCUI 值全部处在Ⅰ级和Ⅱ级范围内；中部和下部烟叶石鼓、巨甸和塔城 CCUI 值全部处在Ⅰ级和Ⅱ级范围内。不同产地、部位化学成分可用性综合表现分别为：上部烟叶巨甸>石鼓>塔城；中部烟叶巨甸>石鼓>塔城；下部烟叶巨甸>塔城>石鼓。其中，巨甸基地 C3F、X2F 烟叶 CCUI 平均值均最高，分别为 1.38 和 1.42。因此，巨甸基地烟叶内在化学成分品牌符合性最好，石鼓和塔城其次。

第十章　丽江外引品种 KRK26 生产栽培技术研究

第一节　丽江不同烤烟品种需氮量比较研究

一、材料与方法

（一）试验材料

试验于 2016 年在丽江市玉龙县黎明乡茨科村大塘一组进行，试验地海拔 2 180m，前茬作物为小麦，土壤为沙壤土，质地疏松，肥力中上。参试品种为 3 个，分别为云烟 87、红花大金元、KRK26。

（二）试验设计

试验田面积 2.5 亩，采用裂区设计，品种为主处理（A）3 个，施氮量为副处理（B）4 个，此试验共设 12 个处理，3 次重复，36 个小区，小区面积 $40m^2$，行距 1.2m，株距 0.6m，亩栽 926 株，试验地四周设保护行，生产期及其他生产技术与当地大面积生产技术一致，处理设计如表 10-1 所示。试验于 2016 年 3 月 1 日播种，采用漂浮育苗法，5 月 2 号移栽。各品种分别亩施纯氮 3kg、5kg、7kg、9kg。各处理亩施肥料使用依照表 10-2 执行，田间设计如表 10-3 所示。

表 10-1　试验处理设计

处理	品种	施氮量（kg/亩）
A1B1	云烟 87	3
A1B2	云烟 87	5
A1B3	云烟 87	7
A1B4	云烟 87	9
A2B1	红花大金元	3
A2B2	红花大金元	5
A2B3	红花大金元	7
A2B4	红花大金元	9
A3B1	KRK26	3
A3B2	KRK26	5
A3B3	KRK26	7
A3B4	KRK26	9

表 10-2 各处理亩施肥料用量

处理	塘肥	移栽肥	提苗肥	追肥
B1	普钙 17kg		氮钾肥 10kg	氮钾肥 10kg，硫酸钾 6kg
B2	复合肥 10kg 普钙 17kg	复合肥 5kg	氮钾肥 10kg	复合肥 5kg，氮钾肥 10kg，硫酸钾 6.4kg
B3	复合肥 10kg 普钙 17kg	复合肥 5kg	氮钾肥 10kg	复合肥 10kg，氮钾肥 10kg，硫酸钾 6.8kg
B4	复合肥 10kg 普钙 17kg	复合肥 5kg	氮钾肥 10kg	复合肥 25kg，氮钾肥 10kg，硫酸钾 7.2kg

表 10-3 田间设计

重复Ⅰ	重复Ⅱ	重复Ⅲ
A1B1	A2B1	A3B1
A1B2	A2B2	A3B2
A1B3	A2B3	A3B3
A1B4	A2B4	A3B4
A2B1	A3B1	A1B1
A2B2	A3B2	A1B2
A2B3	A3B3	A1B3
A2B4	A3B4	A1B4
A3B1	A1B1	A2B1
A3B2	A1B2	A2B2
A3B3	A1B3	A2B3
A3B4	A1B4	A2B4

（三）测定指标与方法

1. 烟草农艺性状

按照 YC/T 142—2010 规范要求对烟草农艺性状进行调查。用毫米刻度软尺测定烟草株高、茎围、节距、最大叶片长度和宽度，记录有效叶片数和烟株整体长势。

2. 烟草发病率

移栽后 50d 按照 GB/T 23222—2008 规范规定的方法，以株为单位对烟草病害进行分级和调查。

发病率（%）=（发病株数/调查总株数）×100

病情指数=［Σ（各级病株数×该病级值）］/（调查总株数×最高级值）×100

3. 烟叶经济性状

将采收后的烟叶在同一烤房烘烤，烤后烟叶参照文献的方法进行分级。每个小区单独统计产量、上中等烟叶比例，并按当年烟叶收购价格计算均价及产值。

4. 烟叶品质评价

外观质量根据 GB 2635—92 烤烟分级标准进行评价，采用 YC/T 159—2002、YC/T 160—2002、YC/T 161—2002、YC/T 162—2002、YC/T 173—2003 规范规定的方法分别测定烟叶样品中的总糖和还原糖、总植物碱、总氮、氯、钾含量，并计算协调性指标糖碱比、氮碱比和两糖差。

二、结果与分析

（一）主要生育期对比

由表 10-4 可知，各品种播种期、出苗期与移栽期基本一致，KRK26 进入团棵期较早，红花大金元进入团棵期最晚，而各品种的 B3 处理进入团棵期都较早，B1 最晚；各品种在团棵期长势都相对较弱，在旺长期长势较强，现蕾期长势都较弱，而各品种的 B2、B3 处理在团棵期长势都比 B1、B4 处理要相对较强；下部叶叶成熟度 KRK26 成熟较早，红花大金元较晚，而各品种的 B2、B3、B4 处理下部叶都相对成熟较早，B1 较晚；中部烟叶 KRK26 成熟较早，红花大金元成熟最晚；上部烟叶云烟 87 和 KRK26 成熟期相同，红花大金元较晚；大田生长期基本相同。

表 10-4 主要生育期

处理	移栽期（月-日）	团棵期（月-日）	旺长期（月-日）	现蕾期（月-日）	打顶期（月-日）	叶片成熟期（月-日）			长势（强、中、弱）			大田生长期（d）
						下部	中部	上部	团棵期	旺长期	现蕾期	
A1B1	5-2	6-5	6-17	7-3	7-8	7-30	8-17	9-6	弱	强	弱	137
A1B2	5-2	6-4	6-17	7-3	7-8	7-28	8-17	9-6	中	强	弱	138
A1B3	5-2	6-3	6-16	7-3	7-8	7-28	8-17	9-6	中	强	弱	138
A1B4	5-2	6-4	6-17	7-3	7-8	7-28	8-17	9-6	弱	强	弱	137
A2B2	5-2	6-7	6-20	7-1	7-6	7-29	8-18	9-8	中	强	弱	140
A2B1	5-2	6-9	6-19	7-1	7-6	8-1	8-18	9-8	弱	强	弱	140
A2B3	5-2	6-6	6-19	7-1	7-6	7-29	8-18	9-8	中	强	弱	139
A2B4	5-2	6-7	6-20	7-1	7-6	7-29	8-18	9-8	中	强	弱	139
A3B1	5-2	6-6	6-16	7-5	7-10	7-28	8-16	9-6	弱	强	弱	136
A3B4	5-2	6-4	6-17	7-6	7-10	7-27	8-16	9-6	中	强	弱	137
A3B3	5-2	6-2	6-16	7-6	7-10	7-27	8-16	9-6	中	强	弱	137
A3B2	5-2	6-3	6-17	7-7	7-10	7-27	8-16	9-6	中	强	弱	136

（二）农艺性状

由表 10-5 可知 KRK26 株高最高，其次是云烟 87；而在每个品种中，B2、B3 处理株高均显得比其他处理要稍高；叶片数 KRK26 最多，其次是云烟 87，红花大金元最少，而在同一品种之间不同处理的叶片数都相差不大；中部叶叶长与叶宽均相差不大；茎围以红花大金元最粗，KRK26 与云烟 87 相差不大，在同一品种之间不同处理的茎围均相差不大。

表 10-5　中部叶主要农艺性状

试验处理	株高（cm）	叶数	叶长（cm）	叶宽（cm）	茎围（cm）
A1B1	131. 32	21. 0	74. 16	32. 20	11. 54
A1B2	96. 68	18. 6	81. 12	34. 36	10. 46
A1B3	108. 78	20. 6	69. 50	36. 24	11. 08
A1B4	111. 52	20. 6	68. 64	35. 88	11. 24
A2B1	92. 96	19. 6	74. 60	35. 72	12. 32
A2B2	100. 72	18. 6	80. 60	35. 04	12. 88
A2B3	104. 52	18. 6	71. 10	33. 18	11. 92
A2B4	106. 00	18. 6	74. 60	33. 08	13. 04
A3B1	126. 28	24. 4	73. 12	35. 00	11. 04
A3B2	134. 12	23. 8	68. 14	36. 12	11. 12
A3B3	126. 92	24. 4	73. 80	34. 46	11. 44
A3B4	128. 62	25. 0	74. 12	32. 90	11. 70

（三）大田自然发病情况

由表 10-6 可知，黑胫病病指和病率云烟 87 最高，高于红花大金元，而 KRK26 没有发生此病害，发生此病害的处理均为 B1、B4 处理；根黑腐病每个品种均有发生，病指和病率最高的为红花大金元，且红花大金元的每个处理均有此病发生，病指最高的为 B1 处理，而云烟 87 和 KRK26 品种发生此病的病指和病率均较低；普通花叶病毒病病指和病率最高的是云烟 87，而在该品种每个处理中病指和病率最高的是 B1 处理，B3 处理的病指和病率都较低，而在红花大金元的每个处理中，普通花叶病毒病病指和病率最高的为 B3 处理，B1 处理最低，KRK26 发生普通花叶病毒病病指和病率最高的处理是 B3 处理。赤星病每个品种每个处理均有不同程度的发生。气候性斑点病每个品种均有发生，云烟 87 的 B1、B4 处理未发生此病害，B3 处理发生此病害的病指和病率最高；红花大金元的 B2 处理未发生此病害，B3 处理的病指和病率最高；KRK26 的 B1 处理未发生此病害，其余处理均有不同程度的发生。综合来看，各参试品种的抗病性不是很好，尤其是普通花叶病毒病和赤星病的抗病性较差。但是以上各品种的抗病性主要是田间自然发病情况调查结果，具有一定的局限性。

表 10-6　田间自然发病调查

试验处理	黑胫病		根黑腐病		普通花叶病毒病		赤星病		气候性斑点病	
	病指	病率（%）	病指	病率（%）	病指	病率（%）	病指	病率（%）	病指	病率（%）
A1B1	0	0	0	0	3. 33	10. 67	0. 17	0. 67	0	0
A1B2	0	0	0. 17	0. 67	2. 67	8	0. 83	3. 33	0. 33	1. 33

（续表）

试验处理	黑胫病		根黑腐病		普通花叶病毒病		赤星病		气候性斑点病	
	病指	病率（%）	病指	病率（%）	病指	病率（%）	病指	病率（%）	病指	病率（%）
A1B3	0	0	0	0	0. 33	1. 33	0. 17	0. 67	1. 33	3. 33
A1B4	0. 5	1. 3	0	0	1. 5	5. 33	0. 17	0. 67	0	0
A2B1	0. 3	1. 3	0. 5	2	0. 33	1. 33	0. 83	3. 33	0. 5	1. 33
A2B2	0	0	0. 17	0. 67	1. 17	4	0. 33	1. 33	0	0
A2B3	0	0	0. 33	1. 33	2	6	0. 17	0. 67	0. 67	2
A2B4	0. 17	0. 67	0. 17	0. 67	1. 33	3. 33	0. 5	2	0. 5	2
A3B1	0	0	0	0	0. 83	2. 67	0. 17	0. 67	0	0
A3B2	0	0	0	0	0. 5	2	0. 17	0. 67	0. 67	1. 33
A3B3	0	0	0. 17	0. 67	2. 5	8	0. 17	0. 67	0. 17	0. 67
A3B4	0	0	0	0	0. 17	0. 67	0. 33	1. 33	0. 67	1. 33

（四）经济性状

从表 10-7 可以看出，产量以处理 A2B1 最高，达 221. 46kg/亩；产量最低的是处理 A3B1，只有 184. 27kg/亩。各处理之间产量有差异，经方差分析，处理 A2B1、A2B2 与其他处理之间差异达极显著水平。从 A、B 两因素来看，A 因素各水平之间产量差异达极显著水平；B 因素 B3 水平与 B2、B4 水平之间产量差异达到显著水平。产值以处理 A1B3、A2B2、A3B2 较高，产值分别达 5 405. 15 元/亩、5 293. 35 元/亩、5 259. 65 元/亩，以处理 A3B1 最低，产值只有 4 560. 25 元/亩。整体来看，各处理之间产值存在差异，经过方差分析，处理 A1B3、A2B2、A3B2 与其他处理 3 个之间产值的差异达极显著水平。从 A、B 两因素来看，A 因素各水平之间产值差异达显著水平，A2 水平与 A3 水平之间产值差异达到显著水平；B 因素各水平间产值差异达到极显著水平，B2、B3 与 B1、B4 之间差异达到极显著水平。

表 10-7　试验各处理产量、产值、均价情况

处理	产量（kg/亩）				产值（元/亩）				均价（元/kg）
	Ⅰ	Ⅱ	Ⅲ	平均	Ⅰ	Ⅱ	Ⅲ	平均	平均
A1B1	208. 24	202. 26	194. 42	201. 64deCD	4 587. 42	4 645. 26	4 542. 24	4 591. 64cB	22. 77
A1B2	204. 35	203. 42	192. 48	200. 08deD	4 594. 48	4 888. 44	4 696. 24	4 726. 39bcB	23. 62
A1B3	200. 40	206. 32	206. 62	204. 45cdBCD	5 386. 42	5 484. 52	5 344. 52	5 405. 15aA	26. 44
A1B4	205. 15	201. 54	202. 84	203. 18dCD	4 546. 46	4 688. 48	4 722. 42	4 652. 45bcB	22. 90
A2B1	228. 45	219. 42	216. 52	221. 46aA	4 876. 68	4 884. 45	4 528. 46	4 763. 20bcB	21. 50
A2B2	212. 54	216. 86	214. 54	214. 65abAB	5 241. 54	5 386. 24	5 252. 28	5 293. 35aA	24. 66
A2B3	225. 68	212. 54	207. 87	215. 36abA	4 814. 20	4 994. 32	4 824. 36	4 877. 63bB	22. 65

（续表）

处理	产量 (kg/亩)				产值 (元/亩)				均价 (元/kg)
	Ⅰ	Ⅱ	Ⅲ	平均	Ⅰ	Ⅱ	Ⅲ	平均	平均
A2B4	218.64	209.26	207.64	211.85bcABC	4 642.26	4 520.20	4 686.56	4 616.34cB	21.79
A3B1	188.22	182.34	182.26	184.27fE	4 648.26	4 521.26	4 511.24	4 560.25cB	24.72
A3B2	186.23	186.54	185.58	186.12fE	5 142.25	5 594.45	5 042.26	5 259.65aA	28.26
A3B3	192.20	194.14	198.84	195.06eDE	4 588.64	4 614.62	4 614.52	4 605.93cB	23.62
A3B4	188.64	185.58	184.48	186.23fE	4 775.52	4 578.64	4 651.20	4 668.45bcB	25.07

（五）中部烟叶外观质量评价

烟叶的外观质量与其成熟度有紧密联系，烟叶颜色、叶片结构、油分与成熟度呈显著正相关。从表 10-8 可以看出，烟叶成熟度红花大金元和 KRK26 两品种除了 B4 处理都较好都为成熟，而云烟 87 品种 B1、B2 处理为适熟，B3 成熟，B4 尚成熟；颜色都为橘黄，光泽云烟 87 和 KRK26 两品种除了 B4 处理为稍亮外，其他的光泽都为亮，而红花大金元 B3、B4 为稍亮，B1、B2 为亮；云烟 87 和 KRK26 的 B1、B2 处理的油分为有，B3、B4 处理的油分都比 B1、B2 处理要多，而红花大金元除了 B1 处理，其他处理油分都较多；叶片厚度从表 10-8 看出红花大金元的叶片都比云烟 87 和 KRK26 要厚些，而云烟 87 和 KRK26 的 B4 处理比同一品种的其他处理要厚些，红花大金元的 B3、B4 处理比 B1、B2 要厚；单叶重最大的是红花大金元，其次是云烟 87，KRK26 最小。云烟 87 品种 B3 处理油分多，叶片疏松，厚度适中优于其他处理；红花大金元品种 B2 处理油分多，叶片疏松，厚度适中优于其他处理；KRK26 品种 B2 处理油分多，叶片疏松，厚度适中优于其他处理。

表 10-8　中部烟叶外观质量

试验处理	成熟度	颜色	光泽	油分	叶片结构	叶片厚度	单叶重（g）
A1B1	适熟	橘黄	亮	有	疏松	适中	12.72
A1B2	适熟	橘黄	亮	有	疏松	适中	12.34
A1B3	成熟	橘黄	亮	多	疏松	适中	12.77
A1B4	尚成熟	橘黄	稍亮	多	尚疏松	稍厚	12.53
A2B1	成熟	橘黄	亮	有	疏松	稍厚	13.47
A2B2	成熟	橘黄	亮	多	疏松	适中	13.40
A2B3	成熟	橘黄	稍亮	多	尚疏松	厚	13.63
A2B4	尚成熟	橘黄	稍亮	多	稍密	厚	13.73
A3B1	成熟	橘黄	亮	有	疏松	适中	10.40
A3B2	成熟	橘黄	亮	多	疏松	适中	10.27
A3B3	成熟	橘黄	亮	有	疏松	适中	10.40
A3B4	尚成熟	橘黄	稍亮	多	尚疏松	稍厚	10.50

（六）烟叶化学品质

从表 10-9 可以看出，不同施肥水平对烤烟烟叶化学品质有一定影响，随着施肥量的提高，各品种各部位烟叶总氮含量和烟碱含量随之提高。从下部叶来看，云烟 87 品种烟碱含量都超过了 2%，氮碱比以施氮水平处理一即 3kg/亩较好，糖碱比以处理四即 9kg/亩较好。随着施氮水平的提高，总糖含量有下降趋势，两糖差有减小趋势，综合评价化学品质指标以处理二和处理三较为居中。红花大金元品种下部叶烟碱含量都比云烟 87 要低，在 1.88%~2.29%；氮碱比以施氮水平处理一即 3kg/亩较好，糖碱比以处理二即 5kg/亩较好。下部叶化学品质以纯氮 3~5kg/亩处理为好。KRK26 品种下部烟叶烟碱含量在 1.88%~2.17%，氮碱比以施氮水平处理四即 3kg/亩较好，糖碱比以处理三即 7kg/亩较好。综合评价化学品质指标以处理二和处理三较为居中，下部叶化学品质以纯氮 5~7kg/亩处理为好。

表 10-9 试验各处理烟叶化学品质情况

处理	部位	总糖（%）	还原糖（%）	两糖差（%）	总氮（%）	烟碱（%）	氯（%）	糖碱比	氮碱比	钾（%）
A1B1	下部	37.07	28.02	9.04	1.86	2.05	0.343	18.06	0.91	2.53
A1B2		35.64	28.87	6.77	1.94	2.25	0.339	15.83	0.86	2.83
A1B3		37.44	28.91	8.53	1.98	2.30	0.279	16.25	0.86	2.24
A1B4		34.23	28.33	5.91	2.08	2.51	0.268	13.62	0.83	2.32
A2B1		35.04	29.08	5.96	1.93	1.88	0.402	18.62	1.02	2.91
A2B2		26.99	23.60	3.39	2.20	2.11	0.385	12.78	1.04	3.11
A2B3		33.28	27.07	6.20	2.00	2.18	0.276	15.28	0.92	2.79
A2B4		34.73	28.58	6.14	1.92	2.29	0.331	15.16	0.84	2.73
A3B1		26.42	20.60	5.82	2.27	1.88	0.428	14.08	1.21	3.79
A3B2		29.85	23.66	6.19	2.34	1.97	0.301	15.15	1.19	3.19
A3B3		19.89	15.83	4.06	2.44	2.12	0.696	9.39	1.15	3.81
A3B4		27.47	21.22	6.25	2.32	2.17	0.423	12.67	1.07	3.36
A1B1	中部	34.59	24.23	10.36	2.02	1.93	0.221	17.92	1.05	2.58
A1B2		32.27	23.04	9.23	2.17	2.06	0.372	15.66	1.06	2.84
A1B3		34.00	23.84	10.16	2.14	2.16	0.280	15.75	0.99	2.59
A1B4		32.36	21.72	10.65	2.25	2.22	0.244	14.60	1.02	2.87
A2B1		39.27	26.63	12.64	1.78	1.83	0.285	21.49	0.97	2.76
A2B2		37.91	27.25	10.67	1.92	2.24	0.375	16.96	0.86	2.45
A2B3		35.44	25.94	9.50	2.04	2.68	0.319	13.22	0.76	2.28
A2B4		34.36	24.33	10.03	2.14	2.75	0.444	12.50	0.78	2.35
A3B1		28.56	18.23	10.34	2.37	2.55	0.251	11.21	0.93	3.54
A3B2		28.82	19.13	9.68	2.31	2.57	0.277	11.21	0.90	3.14
A3B3		27.88	18.99	8.90	2.39	2.59	0.316	10.75	0.92	3.18
A3B4		29.85	20.79	9.05	2.35	2.73	0.259	10.95	0.86	3.17

（续表）

处理	部位	总糖（%）	还原糖（%）	两糖差（%）	总氮（%）	烟碱（%）	氯（%）	糖碱比	氮碱比	钾（%）
A1B1	上部	33.01	22.11	10.90	2.31	2.69	0.402	12.28	0.86	2.88
A1B2		29.63	18.56	11.07	2.52	3.07	0.272	9.65	0.82	3.02
A1B3		32.20	20.80	11.40	2.38	3.22	0.556	10.01	0.74	2.66
A1B4		28.10	18.24	9.86	2.57	3.24	0.350	8.68	0.79	3.06
A2B1		32.29	24.14	8.15	2.26	3.07	0.351	10.53	0.74	2.23
A2B2		31.82	23.47	8.35	2.39	3.34	0.331	9.54	0.72	2.20
A2B3		31.44	23.44	7.99	2.27	3.43	0.302	9.16	0.66	2.06
A2B4		28.93	21.17	7.76	2.44	3.94	0.421	7.35	0.62	2.33
A3B1		30.00	21.03	8.97	2.38	2.94	0.273	10.21	0.81	2.34
A3B2		32.00	22.19	9.81	2.30	3.22	0.314	9.93	0.71	2.35
A3B3		28.34	19.43	8.90	2.52	3.56	0.383	7.96	0.71	2.23
A3B4		28.35	20.18	8.17	2.49	3.66	0.329	7.75	0.68	2.16

从中部叶来看，云烟 87 品种中部烟叶烟碱含量在 1.93%~2.22%，氮碱比以施氮水平处理三和处理四即 7~9kg/亩较好，糖碱比以处理二和处理三即 5~7kg/亩较好。综合比较，烟叶化学成分指标以处理二和处理三较为居中。红花大金元品种中部烟叶烟碱含量在 1.83%~2.75%，氮碱比以施氮水平处理一和处理二即 3~5kg/亩较好，糖碱比以处理三和处理四即 7~9kg/亩较好。处理一、处理二烟叶含钾量较高，综合比较，烟叶化学成分指标以处理一和处理二较好。KRK26 品种中部烟叶烟碱含量在 2.55%~2.73%之间，氮碱比以施氮水平处理一和处理二即 3~5kg/亩较好，糖碱比以处理三即 7~9kg/亩较好。处理一、处理二烟叶含钾量较高，综合比较，烟叶化学成分指标以处理二和处理三较好。

从上部烟叶来看，云烟 87 品种上部烟叶烟碱在 2.69%~3.24%，氮碱比以施氮水平处理一和处理二即 3~5kg/亩较好，糖碱比以处理二和处理三即 5~7kg/亩较好。综合比较，烟叶化学成分指标以处理二和处理三较好。红花大金元品种上部烟叶烟碱在 3.07%~3.94%，氮碱比以处理一、处理二最为协调，糖碱比也以处理一、处理二最为协调。处理三、处理四总氮和烟碱含量过高，综合评价，以处理一、处理二即即 3~5kg/亩纯氮水平烟叶化学品质较好。KRK26 品种上部烟叶烟碱含量在 2.94%~3.66%，烟碱含量适中，糖碱比和氮碱比以处理一和处理二最为协调，烟叶含钾量也以处理一和处理二较高，综合评价，以处理二即 5kg/亩纯氮水平烟叶化学品质较好。

三、结论

综合烟株农艺性状、烟叶产质量及内在化学品质表现来看，在丽江金沙江河谷植烟区域，云烟 87 品种亩施纯氮 7kg，红花大金元和 KRK26 品种亩施纯氮 5kg 较合适。

第二节 不同移栽期对丽江 KRK26 品种烟叶产量品质的影响

一、材料与方法

（一）试验品种

供试品种为津巴布韦烤烟品种 KRK26。

（二）试验地基本情况

试验地位于丽江市玉龙县黎明乡中兴村，海拔 1 762m。选取排灌方便、地形平整的水稻田 2.3 亩，前作为大麦，土壤类型为沙壤，肥力中上，土壤养分状况如表 10-10 所示。

表 10-10 试验地土壤养分状况

pH 值	有机质（g/kg）	水解氮（mg/kg）	有效磷（mg/kg）	速效钾（mg/kg）	全氮（%）	全磷（%）	全钾（%）	交换性镁（cmol/kg）	氯离子（mg/kg）
6.38	37.2	158.0	65.5	328.6	0.674	0.120	1.45	1.62	14.49

（三）试验设计

试验采用随机区组设计，设 4 个处理，3 次重复，12 个小区；株行距 55cm ×120cm 小区栽烟数量为 60 株；试验区四周设保护行。试验处理为：处理 1，5 月 4 日移栽；处理 2，5 月 7 日移栽；处理 3（对照），5 月 10 日移栽；处理 4，5 月 13 日移栽。其他生产技术与丽江玉龙津巴布韦特色烟叶开发生产技术规范一致。

（四）试验田肥料施用情况

供试肥料：复合肥（氮：五氧化二磷：氧化钾＝12：12：24）、硫酸钾、普钙肥（五氧化二磷≥14%）。施用方法：复合肥 18kg、普钙肥 17kg，一次性条施作基肥；移栽时，复合肥 7kg 兑水作移栽肥施用；复合肥 25kg 移栽后 7d、15d、25d 后分 3 次每次 5kg 兑水浇施、剩余复合肥硫酸钾 20kg 团棵时结合揭膜培土作培土大压肥。

（五）田间观察记载

定期观测记录烤烟的生育期，每小区随机选取有代表性的烟株 3 株，进行农艺性状调查分析，分别在移栽后 45d、70d、85d 调查各处理烟株株高、有效叶数（叶长>5cm）、茎围、下部叶、中部叶及上部叶叶长和叶宽；在移栽后 70d 调查各处理的病害田间自然发病率（普通花叶病毒病、黑胫病、根黑腐病、赤星病、青枯病）；分小区标记采收、编竿、烘烤，烘烤完毕后按国标对各小区逐叶分级、称重，分处理统计产量、产值、均价、级指、上等烟比例。

二、结果与分析

（一）不同移栽期对烤烟大田生育期的影响

试验各处理生育期情况见表 10-11 所示，从表 10-11 可以看出，不同移栽期处理对津巴布韦品种 KRK26 生育期有一定影响，相比处理 3（对照），处理 1、处理 2 大田生育期缩短了 1~2d，处理 4 大田生育期延迟了 1d；处理 1、处理 2、处理 4 的现蕾期和下部叶成熟期相比处理 3（对照）基本一致；相比处理 3（对照），处理 1、处理 2 顶叶成熟期提前 1~2d，处理 4 顶叶成熟期延迟了 4d。从大田生育期的情况来看，早栽的处理可以相对提前结束田间采烤工作。正常年成，玉龙县黎明乡进入 9 月 8 日后，日均温将会低于 17℃，且夜间温度低于 10℃，田间未采完的上部烟叶易产生“冷挂灰”。故从保障上部烟叶烘烤质量出发，处理 1 和处理 2 的移栽期较为合理。

表 10-11　试验各处理生育期

处理	移栽期	还苗期	团棵期	现蕾期	下部叶成熟期	顶叶成熟期
1	5 月 4 日	5 月 11 日	6 月 4 日	7 月 5 日	7 月 21 日	9 月 1 日
2	5 月 7 日	5 月 14 日	6 月 8 日	7 月 8 日	7 月 23 日	9 月 3 日
3	5 月 10 日	5 月 17 日	6 月 8 日	7 月 11 日	7 月 23 日	9 月 8 日
4	5 月 13 日	5 月 20 日	6 月 12 日	7 月 13 日	7 月 23 日	9 月 12 日

（二）不同移栽期对烟株农艺性状的影响

从表 10-12 中可以看出，移栽后 45d 和 70d 的株高处理 1 和处理 2 都高于处理 3（对照），移栽 85d 后的株高处理 2 最高，且与处理 3（对照）存在显著差异；移栽后 45d 和 70d 的茎围处理 1、处理 2 和处理 4 都比处理 3（对照）大，但移栽后 80d，处理 1、处理 2 的茎围都稍微比处理 3（对照）小，处理 4 和对照基本相同；从节距上看，处理 4 的节距增长最快，也是最大；从移栽后 75d 来看，下部叶叶面积处理 1 最大，处理 3（对照）最小，中部叶叶面积处理 4 最大，处理 2 最小，从移栽后 85d 来看，上部叶叶面积处理 2 最大，处理 3（对照）最小；综合各项指标来看，处理 2 烟株的生长发育最为协调，85d 时，各个部位烟叶叶面积最大，最大叶的长、宽也最大。进入采烤期（移栽后 85d），由于之前采用相同的打顶留叶方法，各处理烟株有效叶片数无差别。

表 10-12　不同移栽期烟株农艺性状

	处理	株高（cm）	茎围（cm）	节距（cm）	有效叶数（片）	叶片大小（长×宽，cm）		
						下部	中部	上部
45d	1	29.7	6.7	3.1	12	36.7×22.3	41.6×24.4	34.7×16.1
	2	29.2	6.7	3.4	11	36.4×19.9	43.1×26.1	33.9×14.6
	3	28.8	6.5	3.2	10	36.3×16.7	45.1×26.7	38.4×20.4
	4	28.7	6.7	3	10	33.9×15.6	43.7×26.9	37.8×20.9

（续表）

	处理	株高（cm）	茎围（cm）	节距（cm）	有效叶数（片）	叶片大小（长×宽，cm）		
						下部	中部	上部
70d	1	91.6	8.3	4.2	19	56.6×30.8	61.8×28.1	46.3×13.7
	2	85.7	7.7	3.9	16	50.6×26.0	55.6×27.7	37.1×10.1
	3	75.3	6.6	3.4	16	46.4×25.4	57.1×28.2	34.0×9.6
	4	67.4	7.7	5.7	16	51.0×28.4	60.8×34.9	45.0×14.7
85d	1	125	9.1	5.4	22	60.0×20.4	67.0×32.0	70.0×36.3
	2	134	9.3	5.7	22	60.0×20.4	69.0×28.4	72.0×34.6
	3	117	9.5	5.4	22	55.0×20.2	64.6×27.2	68.0×35.2
	4	122	9.5	5.9	22	60.0×20.6	69.0×28.7	71.0×35.1

（三）不同移栽期处理烤烟几种病害田间自然发病率

从表10-13可以看出，不同移栽期处理烤烟病害田间自然发病率各不相同，各处理烟株都易感病，且赤星病感病率最高。各处理间相比，处理1烟株患赤星病和普通花叶病毒病严重，普通花叶病毒病的发病率高达10%；赤星病的发病率达23%。处理2烟株普通花叶病毒病的发病率为7%，赤星病发病率为17%。处理3烟株普通花叶病毒病发病率为5%，赤星病发病率为17%，但黑胫病发病率为7%，且出现了青枯病病株发病率为1%；处理4感两黑病和赤星病都严重，普通花叶病毒病和青枯病也有发生。相对而言，与处理3（对照）相比，移栽较早的处理1和处理2普通花叶病毒病赤星病发病率高，移栽较迟的处理4黑胫病发病相对较重。

表10-13　田间自然发病率

试验处理	普通花叶病毒病		黑胫病		根黑腐病		赤星病		青枯病	
	病率（%）	病指	病率（%）	病指	病率（%）	病指	病率（%）	病指	病率（%）	病指
1	10	5	0	0	1	5	23	3	0	0
2	7	5	2	3	0		17	3	0	0
3	5	5	7	5	4	3	17	1	1	3
4	5	3	10	5	3	5	14	1	1	3

（四）不同移栽期处理烤烟经济性状

从表10-14可以看出，不同移栽期处理对烟叶产量有显著影响，各处理烟叶产量排序为处理3>处理2>处理4>处理1；处理2、处理3、处理4间产量差异不显著，处理2、处理3、处理4与处理1相比，产量差异达到显著水平。

表 10-14　试验各处理烟叶产量　（kg/亩）

处理	重复			
	Ⅰ	Ⅱ	Ⅲ	平均
1	143.12	139.28	139.40	140.60 b
2	159.34	173.32	164.82	165.83 a
3（对照）	176.50	174.20	178.40	176.37 a
4	161.46	161.26	171.90	164.87 a

从表 10-15 可以看出，不同移栽期处理对烟叶产值有显著影响，各处理烟叶产值排序为处理 3>处理 2>处理 4>处理 1；处理 2、处理 3、处理 4 间产值差异不显著，处理 2、处理 3、处理 4 与处理 1 相比，产值差异达到显著水平。从不同移栽期处理产量产值结果来看，处理 2 和处理 3 表现较好。

表 10-15　试验各处理烟叶产值　（元/亩）

处理	重复			
	Ⅰ	Ⅱ	Ⅲ	平均
1	4 409.91	4 398.17	4 464.92	4 424.33 b
2	4 565.73	4 951.94	4 755.73	4 757.80 a
3（对照）	5 211.88	5 130.95	5 227.13	5 189.98 a
4	4 734.71	4 711.76	4 943.46	4 723.23 a

（五）不同移栽期处理烟叶化学成分

不同移栽期处理对烤烟烟叶化学品质有一定影响，从表 10-16 可以看出，总糖含量以处理处理 3 较为适宜，与处理 1 和处理 4 相比，处理 2 和处理 3 糖含量较为适中，且两糖差较小；一般认为，糖碱比以 10 左右为好，氮碱比以 1 左右为好，糖碱比以处理 1 更为协调。各处理烟叶总氮和烟碱含量都在正常范围内，处理 3 烟叶的氮碱比更为协调，各处理烟叶磷含量都在正常范围，各处理各部位烟叶含钾量都大于 2.5%。综合比较，以处理 2 和处理 3 烟叶化学品质较为协调。

表 10-16　试验各处理烤烟烟叶化学成分

处理/部位	总糖（%）	还原糖（%）	两糖差	总氮（%）	烟碱（%）	氯（%）	糖碱比	氮碱比	磷（%）	钾（%）
1 上	30.59	22.30	8.28	2.05	3.08	0.439	9.93	0.66	0.181	2.47
1 中	24.25	20.58	3.68	2.05	2.51	0.384	9.67	0.82	0.223	3.09
1 下	22.29	13.20	9.09	1.81	2.75	0.747	8.10	0.66	0.199	3.23
2 上	32.64	25.60	7.05	1.96	2.91	0.499	11.23	0.67	0.182	2.45
2 中	23.84	20.28	3.56	2.33	2.98	0.612	7.99	0.78	0.218	2.88

（续表）

处理/部位	总糖（%）	还原糖（%）	两糖差	总氮（%）	烟碱（%）	氯（%）	糖碱比	氮碱比	磷（%）	钾（%）
2下	24.99	16.99	8.00	1.73	2.62	0.913	9.52	0.66	0.192	2.93
3上	27.79	21.38	6.41	2.25	3.15	0.548	8.81	0.71	0.194	2.80
3中	23.69	18.88	4.80	2.33	3.03	0.647	7.83	0.77	0.230	2.89
3下	22.54	15.52	7.02	1.81	2.61	0.989	8.65	0.70	0.179	3.28
4上	32.87	23.97	8.90	2.01	2.83	0.533	11.62	0.71	0.174	2.52
4中	24.76	21.51	3.25	2.25	2.88	0.514	8.61	0.78	0.195	2.77
4下	22.33	13.93	8.40	1.75	2.56	0.872	8.71	0.68	0.160	3.31

三、结论

不同移栽期处理对津巴布韦品种KRK26生育期有一定影响，相比对照5月10日移栽期处理，5月4日至5月7日移栽的烤烟大田生育期缩短了1~2d，5月13日移栽的烤烟大田生育期延迟了1d。5月4日、5月7日、5月13日移栽期烤烟的现蕾期和下部叶成熟期相比对照基本一致；5月4日、5月7日移栽期烤烟顶叶成熟期提前1~2d，5月13日移栽烤烟顶叶成熟期延迟了4d。从保障上部烟叶烘烤质量出发，5月4日至5月7日的移栽期较为合理。

不同移栽期处理对烤烟病害田间自然发病率有明显影响，与5月10日移栽（对照）相比，较早的5月4日、5月7日移栽烟株的普通花叶病毒病和赤星病发病率高，5月13日移栽较迟的烤烟黑胫病发病相对较重。从减少病害的角度出发，5月7日的移栽期较为合理。

不同移栽期处理对烤烟产量产值有显著影响，5月7日和5月10日移栽的烤烟烟叶产量、产值较高，并与5月4日移栽的处理达到差异显著水平。故从保证产量、产值出发，5月7日至5月10日移栽较为合理。

试验结果表明，移栽期在5月7日至5月10日，生产效果较好，由此确定烤烟KRK26品种在丽江市玉龙县金沙江河谷烟区的适宜移栽期为5月7日至5月10日。

第三节　不同留叶数对丽江KRK26烟叶产量品质的影响

一、材料与方法

（一）试验地基本情况

试验地位于丽江市玉龙县黎明乡中兴村，海拔1 762m，排灌方便，前作大麦，土质沙性，肥力中等，供试品种为KRK26。

（二）试验设计

采用顺序排列设计，3 个处理，3 次重复，共 9 个小区，每个小区栽烟 171 株，行距 1.2m，株距 0.5m，试验地四周设保护行，其他生产技术、烘烤技术等与当地大面积生产管理一致。试验处理如下。

T1：现蕾期进行打顶，留足 15 片有效叶，打去上部叶 2 片，剩下多余叶片由下往上打除，顶叶长度达 15cm 在抹止芽素。

T2：现蕾期进行打顶，留足 17 片有效叶，打去上部叶 2 片，剩下多余叶片由下往上打除，顶叶长度达 15cm 在抹止芽素。

T3：现蕾期进行打顶，留足 19 片有效叶，打去上部叶 2 片，剩下多余叶片由下往上打除，顶叶长度达 15cm 在抹止芽素。

（三）测定指标与方法

1. 烟草农艺性状

按照 YC/T 142—2010 规范要求对烟草农艺性状进行调查。用毫米刻度软尺测定烟草株高、茎围、节距、叶片长度和宽度，记录有效叶片数和烟株整体长势。

2. 烟叶经济性状

将采收后的烟叶在同一烤房烘烤，烤后烟叶参照本书参考文献［13］中所述的方法进行分级。每个小区单独统计产量，并按当年烟叶收购价格计算均价及产值。

3. 烟叶品质评价

外观质量根据 GB 2635—92 烤烟分级标准进行评价，采用 YC/T159—2002、YC/T160—2002、YC/T161—2002、YC/T162—2002、YC/T173—2003 规范规定的方法分别测定烟叶样品中的总糖和还原糖、总植物碱、总氮、氯、钾。

二、结果与分析

（一）不同留叶数对农艺性状的影响

从表 10-17 可以看出，随着留叶数的增加，株高、茎围、节距增大，留叶数对中下部烟叶开片影响不大，随烟叶着生部位升高影响程度增大，留叶数量与上部烟叶大小呈负相关。

表 10-17　主要农艺性状

试验处理	株高（cm）	茎围（cm）	节距（cm）	叶数（片）	叶片大小（长×宽，cm）		
					下部	中部	上部
1	100.58	8.64	4.74	15	59.46×29.02	64.86×22.34	69.02×16.18
2	117.30	8.74	4.94	17	63.62×30.44	68.90×24.64	61.10×15.18
3	137.94	9.27	5.18	19	60.22×29.36	70.38×23.90	58.14×15.00

（二）不同留叶数对烟叶外观质量的影响

从表 10-18 可以看出，烟叶外观质量无差异，百叶重、含梗率最大为处理 1，其次是处理2，处理3最小。

表10-18 烟叶外观质量评价

处理	成熟度	颜色	光泽	油分	叶片结构	叶片厚度	百叶重(g)	含梗率(%)
1	适熟	橘黄	鲜明	有	紧密	适中	1 375	30.40
2	适熟	橘黄	鲜明	有	紧密	适中	1 310	25.75
3	适熟	橘黄	鲜明	有	紧密	适中	1 157	25.01

（三）不同留叶数对产质量的影响

从表10-19可以看出，产量最高为留叶数17片，最低为19片。通过方差分析，在5%显著水平上处理之间差异显著，在1%显著水平上处理1、处理2之间差异不显著，与处理3差异极显著。

表10-19 产量、产值、均价统计

处理	产量（kg/亩）	产值（元/亩）	均价（元/kg）
1	139.39aA	4 161.47aA	29.85 aA
2	148.87bA	4 501.90aA	30.24 aA
3	120.06cB	3 411.80bB	28.43 aB

产值最高为留叶数17片，最低为19片。通过方差分析，处理1、处理2之间差异不显著，均与处理3差异极显著。

均价最高为留叶数17片，最低为19片，通过方差分析，处理1、处理2之间差异不显著，均与处理3差异极显著。

处理2上等烟比例最高，其次是处理1，处理3最低；产量、质量、均价均为处理2最高，其次是处理1，处理3最低，产量3个处理间差异极显著，产值、均价处理1、处理2之间差异不显著，均与处理3差异显著。

（四）不同留叶数对烤后烟叶化学成分的影响

见表10-20所示。

表10-20 烤后烟叶常规化学成分

部位	处理	总糖(%)	还原糖(%)	两糖差(%)	总氮(%)	烟碱(%)	氯(%)	糖碱比	氮碱比	钾(%)
上部叶	1	29.90	25.95	3.94	2.00	4.51	0.228	6.63	0.44	2.08
	2	31.49	26.64	4.85	1.85	4.31	0.267	7.31	0.43	2.04
	3	30.26	25.09	5.17	1.75	4.13	0.276	7.33	0.42	2.04
中部叶	1	30.17	24.18	5.99	1.96	4.01	0.263	7.52	0.49	2.68
	2	33.90	28.59	5.31	1.86	4.06	0.270	8.34	0.46	2.25
	3	30.13	23.99	6.15	1.94	3.92	0.244	7.69	0.49	2.60

（续表）

部位	处理	总糖（%）	还原糖（%）	两糖差（%）	总氮（%）	烟碱（%）	氯（%）	糖碱比	氮碱比	钾（%）
下部叶	1	32.15	24.47	7.68	1.79	2.89	0.262	11.12	0.62	2.67
	2	30.49	23.77	6.72	1.85	2.95	0.313	10.32	0.63	2.69
	3	28.13	21.89	6.24	2.03	2.91	0.261	9.68	0.70	2.92

上部叶：随留叶数增多，两糖差、氯离子含量增大，总氮、烟碱、钾离子含量减低，内在成分较为协调，留叶数 17 片烟叶。

中部叶：糖含量最高、两糖差最小、总氮含量最低，内在成分较为协调，留叶数 17 片烟叶。

下部叶：随留叶数增多，糖含量、两糖差呈减小趋势，总氮、钾离子含量增大，内在成分较为协调，留叶数 17 片叶。

三、结论

丽江金沙江河谷种植 KRK26 品种，留叶数以 17 片/株，产量、产值、上等烟叶比例、均价最高，内在化学成分各部位均表现较为协调。所以，丽江烟区 KRK26 品种有效留叶数为 16~18 片/株是较为合理的。

第四节　不同封顶时期对丽江 KRK26 烟叶产量品质的影响

一、材料与方法

（一）试验地概况

试验于 2016 年在丽江市玉龙县黎明乡中兴村进行，供试品种 KRK26。试验地前作水稻，土壤类型沙壤，肥力中上，具体土壤养分状况优良。海拔为 1 854m，经度 99.7°，纬度为 27.2°，试验占地 1.4 亩。

（二）试验处理

T1：足叶封顶，单株有效叶 16~18 片。

T2：现蕾封顶，单株有效叶 16~18 片（对照）。

T3：中心花开封顶，单株有效叶 16~18 片。

（三）测定指标与方法

1. 烟草农艺性状

按照 YC/T 142—2010 规范要求对烟草农艺性状进行调查。用毫米刻度软尺测定烟草株高、茎围、节距、叶片长度和宽度，记录有效叶片数和烟株整体长势。

2. 烟叶经济性状

将采收后的烟叶在同一烤房烘烤，烤后烟叶参照本书参考文献［13］中所述的方法进行分级。每个小区单独统计产量，并按当年烟叶收购价格计算均价及产值。

3. 烟叶品质评价

烤后烟叶外观质量根据 GB 2635—92 烤烟分级标准进行评价。

二、结果与分析

（一）大田主要生育期对比

从表 10-21 中可以看出各处理在打顶前均无明显差异，在分别打顶后，处理 1 的下部叶成熟时期明显短于处理 2 和处理 3，提前时间为 2~3d。处理 1、2、3 中部叶和上部叶成熟时期差距明显大于下部叶成熟时期，成熟期长短排序为处理 3>处理 2>处理 1。足叶封顶与中心花开封顶相比，可使下部烟叶提前 5d 成熟，中部烟叶提前 9d 成熟，上部烟叶提前 11d 成熟。大田生育期最长的是处理 3，其次是处理 2，最短是处理 1，结果表明封顶时期的不同，会影响烟叶成熟的时期，从而影响大田生育期。

表 10-21　试验各处理大田生育期

处理	播种期	移栽期	摆盘期	团棵期	现蕾期	打顶期	叶片成熟期			大田生育期（d）
							下部	中部	上部	
T1	3.4	5.14	6.18	7.2	—	7.5	7.22	8.6	9.9	118
T2	3.4	5.14	6.18	7.2	7.9	7.9	7.25	8.10	9.14	123
T3	5.14	5.14	6.18	7.2	7.9	7.11	7.27	8.15	9.20	129

（二）烟株农艺性状

从表 10-22 中可以看出，不同封顶处理的烟株农艺性状有明显的差异。平均株高看出处理 1 和处理 3 相比处理 2 有明显差异，最高是处理 3，其次是处理 2，最矮是处理 1；烟株茎围除处理 1 外，处理 2、处理 3 无明显差异，且处理 1 小于处理 2 和处理 3；节距的长短为处理 2>处理 3>处理 1，节距的长短和叶片数差异不明显；处理 1、处理 2、处理 3 叶片大小的顺序为处理 1>处理 2>处理 3，说明烟株在封顶后，无顶端优势的产生，烟株营养会转供叶片生长，提高烟叶的大小，提高烟叶品质。

表 10-22　试验各处理烟株农艺性状

处理	株序	株高（cm）	茎围（cm）	节距（cm）	叶数（片）	叶片大小（长×宽，cm）		
						下部	中部	上部
T1	1	112	10.4	6.3	21	65×48	74×45	58×20
	2	122	10.6	6.4	21	71×48	79×43	54×24
	3	125	10.4	6.6	20	68×47	77×41	60×19
	4	116	10.3	6.5	21	70×50	79×40	56×26
	5	114	10.5	6.3	20	66×49	76×46	52×26
	平均	117.8	10.4	6.4	21	68×48	77×43	56×23

（续表）

处理	株序	株高（cm）	茎围（cm）	节距（cm）	叶数（片）	叶片大小（长×宽，cm）		
						下部	中部	上部
T2	1	125	10.7	6.6	21	64×50	75×40	56×19
	2	128	10.8	6.7	21	68×47	72×46	53×23
	3	125	10.9	6.4	22	67×44	77×39	50×25
	4	123	10.5	6.8	20	70×43	76×44	51×20
	5	129	10.8	7.0	21	61×46	77×41	55×18
	平均	126	10.7	6.7	21	66×46	75×42	53×21
T3	1	126	10.9	6.7	22	68×39	69×39	48×25
	2	121	10.8	6.4	22	67×42	75×38	56×18
	3	128	10.7	7.1	21	62×44	70×43	51×20
	4	130	11	6.9	22	60×46	73×38	54×19
	5	129	10.8	7.1	21	63×39	73×42	51×20
	平均	126.8	10.8	6.8	21	64×42	72×40	52×20

（三）烟叶外观质量

从表 10-23 中可以看出，各处理烟叶外观质量有明显差异。从颜色、光泽、油分、叶片厚度中看出，最好的是处理 1，其次是处理 2，最差是处理 3；百叶重大小顺序为处理 1>处理 2>处理 3，说明不同的封顶时期会对烟叶外观质量有一定的影响，从而影响烟叶品质。

表 10-23　试验各处理烟叶外观质量

试验处理	成熟度	颜色	光泽	油分	叶片结构	叶片厚度	百叶重（kg）
T1	成熟	橘黄	强	多	疏松	适中	1.25
T2	成熟	淡黄色	中	稍有	疏松	稍薄	1.15
T3	尚熟	柠檬黄	弱	稍有	疏松	薄	1.05

（四）烟叶经济性状

试验各处理烤烟烟叶经济性状见表 10-24 所示。从表 10-24 可以看出，不同打顶处理对烟叶产量产值有一定影响，产量排序为处理 1>处理 2>处理 3，处理 1 和处理 2 与处理 3 之间产量差异达到显著水平。产值排序为处理 1>处理 2>处理 3，处理 1 和处理 2 与处理 3 之间产值差异达到显著水平。均价和上等烟比例也是处理 1 最高。

表 10-24　试验各处理烟叶经济性状

处理	产量	产值	均价	上等烟（%）	中等烟（%）	下等烟（%）
T1	218.30a	6 448.58a	29.54	56.45	37.91	5.64
T2	204.42a	5 750.33a	28.13	53.20	38.26	7.54
T3	189.65b	4 984.00b	26.28	52.16	38.21	9.63

三、结论

津巴布韦引进的 KRK26 品种在丽江烟区的生长势较强，不进行适时封顶，烟株容易大型化，株高过高，各部位叶片过大、过薄，田间封行幽蔽，导致中、下部烟叶光照不足，烟叶不容易成熟；封顶时间的不同，烟株大田生育期有所改变，足叶封顶大田生育期最短，现蕾封顶其次，中心开花封顶的最长，说明封顶时期的晚，会在一定范围内增加烟株大田生育期，从而影响烟叶的品质。

封顶后烟株会停止生育生长，转入营养生长，从农艺性状上看出，足叶封顶的烟株株高最小，株高最高的是中心开花封顶，但是烟叶长、宽性状是足叶封顶的最好，中心开花封顶的最差，看出 KRK26 烟株晚封顶，营养会继续向顶端输送，干物质过多分配到顶、花、杈和茎秆当中，而足叶封顶能增加叶片的身分，增加单叶重，从而增加烟叶的产量，提高烟叶产值。所以，足叶封顶是较适合丽江金沙江河谷 KRK26 品种的封顶技术。

第五节　不同灌溉方法对丽江 KRK26 烟叶产量品质的影响

一、材料与方法

（一）试验地概况

供试品种为津巴布韦烤烟品种 KRK26。试验地位于丽江市玉龙县黎明乡中心，土地平整方正，土壤肥力均匀一致，位于水沟旁，灌溉方便，前作为啤酒大麦。试验地土壤农化性状如表 10-25 所示。

表 10-25　供试土壤理化性状

pH 值	有机质（%）	速效氮（mg/kg）	速效磷（mg/kg）	速效钾（mg/kg）	交换性钙（%）	交换性镁（mg/kg）	有效硼（mg/kg）	水溶性氯（mg/kg）
6.57	3.60	111.30	11.82	86.71	0.19	112.12	0.21	9.52

（二）试验设计

本试验采取随机区组设计，设置 4 个处理，3 次重复，共 12 个小区，每个小区种植烟株 90 株，行株距为 1.2m×0.55m，地膜覆盖移栽，亩施纯氮水平为 6.5kg，N∶P_2O_5∶K_2O=1∶1∶3。其他农艺措施同当地烤烟生产技术规范。试验各处理具体设计如表 10-26 所示。

表 10-26　试验处理设计

<table>
<tr><th>处理</th><th>灌溉方法</th><th>灌溉标准</th><th>备注</th></tr>
<tr><td>1</td><td>通沟走水，灌溉时间（当地生产习惯移栽时大水漫灌 1 次）</td><td rowspan="4">沟满 1/3，达到田间持水量</td><td rowspan="4">每个小区间隔埂墒用薄膜密封防水分渗漏</td></tr>
<tr><td>2</td><td>隔沟轮换走水，降膜 1 次，团棵 1 次，旺长 2 次</td></tr>
<tr><td>3</td><td>隔沟走水灌溉，降膜 1 次，团棵 1 次，旺长 2 次，脚叶优化后 1 次</td></tr>
<tr><td>4</td><td>通沟走水灌溉，降膜 1 次，团棵 1 次，旺长 1 次</td></tr>
</table>

（三）测定指标与方法

1. 烟草农艺性状

按照 YC/T 142—2010 规范要求对烟草农艺性状进行调查。用毫米刻度软尺测定烟草株高、茎围、节距、最大叶片长度和宽度，记录有效叶片数和烟株整体长势。

2. 烟草发病率

移栽后 50 d 按照 GB/T 23222—2008 规范规定的方法，以株为单位对烟草病害进行分级和调查。

发病率（%）=（发病株数/调查总株数）×100

病情指数=［Σ（各级病株数×该病级值）］/（调查总株数×最高级值）×100

3. 烟叶经济性状

将采收后的烟叶在同一烤房烘烤，烤后烟叶参照本书参考文献［13］中所述的方法进行分级。每个小区单独统计产量、上中等烟叶比例，并按当年烟叶收购价格计算均价及产值。

4. 烟叶品质评价

采用 YC/T159—2002、YC/T160—2002、YC/T161—2002、YC/T162—2002、YC/T173—2003 规范规定的方法分别测定烟叶样品中的总糖和还原糖、总植物碱、总氮、氯、钾，并计算协调性指标糖碱比、氮碱比和两糖差。

二、结果与分析

（一）不同灌溉处理对烟株生育期的影响

从表 10-27 可以看出，各处理到达团棵期时间基本相同，处理 2、处理 3 较其他处理先到达现蕾期，处理 2 和处理 3 较早进入成熟期。试验结果表明，烤烟烟株旺长期需水量较大。与对照相比，灌水量充足且早灌水的处理烟株生育期提前 3~7d。

表 10-27　不同灌溉处理烟株生育期（日/月）

处理	移栽期	还苗期	团棵期	现蕾期	下部叶成熟期	顶叶成熟期
1（对照）	11/5	18/5	13/6	15/7	04/8	12/9
2	11/5	18/5	12/6	13/7	02/8	7/9

（续表）

处理	移栽期	还苗期	团棵期	现蕾期	下部叶成熟期	顶叶成熟期
3	11/5	18/5	12/6	14/7	02/8	10/9
4	11/5	18/5	13/6	16/7	8/8	14/9

（二）不同灌溉处理对烟株农艺性状的影响

从表10-28可以看出，不同灌溉处理烤烟从团棵期到现蕾期，烟株农艺性状指标表现出明显的差异。灌水充足烟株生长稳健，株高、茎粗和叶面积均增加。从表中可以看出，移栽后65d，各处理的株高、叶片大小顺序表现为处理2>处理3>处理1>处理4，结果表明旺长期烟株长势以灌溉量多的处理强于灌溉量相对较少的处理，隔沟灌溉烟株长势优于通沟灌溉，长势最好的为处理2，长势最差的为处理4，移栽后80d处理2株高较处理3高，叶片数处理2较处理3大，结果表明烟叶成熟期需水量不多，水分过多会影响烟株的发育。平顶期（移栽后80d）处理2农艺性状表现最好，处理2农艺性状较处理3好，试验区在脚叶优化后降水量过多，处理3较处理2在脚叶优化后进行了灌溉，水分过多导致土壤养分淋溶损失过多，土壤气体交换受阻，根系呼吸降低，从而烟株生长不良。由于处理4是通沟进水，大水漫灌，因此垄体中养分淋溶损失过多，地温降低，也不利于烟株生长发育。

表10-28　不同灌溉处理烟株的农艺性状

时间	处理	株高（cm）	茎围（cm）	节距（cm）	叶数（片）	叶片大小（长×宽，cm）		
						下部	中部	上部
移栽后45d	1	29.1	6.83	3.56	10.4	40.1×16.7	49.8×33.7	36.5×18.1
	2	28.9	6.82	3.71	10.6	36.1×16.3	47.7×34.6	38.7×18.1
	3	29.6	6.73	3.84	10.7	38.2×17.1	48.9×30.9	36.4×19.1
	4	28.5	6.68	3.52	10.7	37.9×16.1	48.4×30.6	34.8×17.9
移栽后65d	1	85.2	8.75	5.35	17.4	62.1×37.2	69.6×34.9	45.4×17.7
	2	98.9	8.86	5.44	19.2	68.3×40.2	68.8×34.2	51.2×18.2
	3	95.3	8.88	5.38	19.2	63.2×39.3	69.9×34.6	47.2×17.4
	4	98.8	8.85	5.82	19.4	64.7×40.5	72.3×38.4	52.2×18.2
移栽后80d	1	96.1	9.07	4.96	22.4	60.6×44.8	68.3×40.8	62.6×29.2
	2	131.8	9.76	5.06	22.6	63.6×43.6	68.4×37.8	68.3×32.2
	3	131.1	9.58	5.01	22.9	61.2×42.9	67.6×37.3	68.8×32.7
	4	119.8	9.48	4.99	22.4	61.3×43.6	67.7×38.9	65.7×30.9

（三）不同灌溉方法对烟株田间自然发病的影响

从表10-29可以看出，总体比较，试验地黑胫病、普通花叶病毒病，赤星病较多，根黑腐病、炭疽病发病率低，说明不同灌水方式对黑胫病、普通花叶病毒病、赤星病这几种病有一定程度影响，对根黑腐病、炭疽病发病率基本没影响。处理 2、处理 3 较处理 1、处理 4 的 5 种病害发病率较少，说明灌溉水量充足在一定程度上会改善土壤水分情况，促进烟株生长发育，增加烟株营养抗性，从而降低烟株各类病害的自然发病率。

表 10-29　不同灌溉处理烤烟的田间自然发病率　（%）

处理	黑胫病	根黑腐病	赤星病	炭疽病	普通花叶病毒病
1	19	1	29	1	24
2	13	0	16	0	17
3	14	0	17	1	19
4	19	2	21	1	20

（四）不同灌溉处理对烤烟经济性状的影响

从表 10-30 可以看出，不同灌水处理产量产值有显著差异，处理 2 烟叶的产量、产值都明显高于对照处理 1。处理 2 比对照处理在产量上增产 14. 42kg/亩，在产值上提高 740. 28 元/亩，同时均显著高于其他处理。可以看出，上等烟比例方面，处理 2 均显著高于其他灌溉的处理，处理 2 比对照处理上等烟比例高出 1. 56%。经方差分析比较，处理 2 烟叶产量产值与处理 1 和处理 3 达到差异显著水平，处理 1 和处理 3 与处理 4 相比，达到差异显著水平，处理 1 和处理 3 之间未达差异显著水平。试验结果表明，灌溉方法为隔沟轮换灌水、降膜时灌水 1 次、进入团棵期灌水 1 次、旺长中期灌水 2 次的处理产量、产值较好，均价和上等烟比例均呈现处理 2>处理 3>处理 1>处理 4 顺序。

表 10-30　不同灌溉处理烟叶的经济性状

处理	产量（kg/亩）	产值（元/亩）	均价（元/kg）	上等烟比例（%）
1（CK）	151. 32b	4 115. 90b	27. 20	57. 41
2	165. 74a	4 856. 18a	29. 20	58. 97
3	153. 25b	4 413. 60b	28. 80	57. 15
4	139. 45c	3 555. 98c	25. 50	56. 73

（五）不同灌溉处理对烟叶化学成分的影响

从表 10-31 可以看出，不同灌溉处理对烤烟烟叶化学成分有显著影响，首先，丽江玉龙金沙江河谷烟区由于高原紫外光辐射强，昼夜温差大，烟叶总糖含量高是其特点。试验各处理烟叶总糖含量呈现处理 4<处理 3<处理 2<处理 1 趋势，表明灌溉可降低烟叶总糖含量，随著灌溉量的增加，烟叶总糖含量随之降低；与处理 1 和处理 2 相比，处理 3 和处理 4 中上部叶两糖差较低，说明随着灌溉量的增加，烟叶成熟度随之提高。

各处理烟碱含量都在正常范围内，处理 1 和处理 2 中上部烟叶烟碱含量较低，而处理 3 和处理 4 中上部烟叶烟碱含量相对较高，说明随着灌溉量的增加，烤烟生育中后期合成烟碱量随之增加。

综合各化学指标比较，以处理 3 各部位烟叶化学品质最为协调，处理 2 次之，处理 1 和处理 4 烟叶相对不够协调。

一般糖碱比值以 10 左右为最好，处理 3 和处理 4 糖碱比比处理 1 和处理 2 较为协调，其中以处理 3 更为协调。

一般氮碱比以 1 左右为最好，处理 2 和处理 3 比处理 1 和处理 4 较为协调，其中以处理 2 更为协调。

各处理烟叶磷含量都在正常范围内。各处理各部位烟叶钾含量都在 2%以上，烟叶含钾量高是丽江金沙江河谷烟叶的鲜明特点之一。

表 10-31　不同灌溉处理烟叶的化学成分

处理/部位	总糖（%）	还原糖（%）	两糖差	总氮（%）	烟碱（%）	氯（%）	糖碱比	氮碱比	磷（%）	钾（%）
1 上	35.94	22.94	13.00	1.97	2.79	0.598	12.86	0.70	0.178	2.33
1 中	34.65	25.39	9.26	1.68	2.60	0.444	13.31	0.64	0.223	2.51
1 下	14.17	9.43	4.75	1.98	2.41	0.791	5.88	0.82	0.186	3.84
2 上	36.23	23.04	13.18	1.69	2.41	0.501	15.06	0.70	0.182	2.14
2 中	30.14	22.27	7.87	1.91	2.54	0.276	11.86	0.75	0.226	2.50
2 下	18.79	13.58	5.21	1.74	2.10	1.163	8.96	0.83	0.172	3.70
3 上	34.01	21.42	12.59	2.05	3.10	0.660	10.97	0.66	0.179	2.02
3 中	28.63	21.99	6.64	2.03	2.59	0.496	11.07	0.78	0.243	2.74
3 下	19.17	12.13	7.04	1.92	2.47	0.195	7.76	0.78	0.182	3.35
4 上	31.78	20.52	11.26	2.17	3.34	0.281	9.51	0.65	0.210	2.11
4 中	32.86	25.57	7.29	1.80	2.61	0.403	12.61	0.69	0.236	2.41
4 下	21.91	14.78	7.12	1.77	1.84	0.590	11.92	0.96	0.186	3.84

三、结论

隔沟轮换灌水、降膜时灌水 1 次、团棵期灌水 1 次、旺长中期灌水 2 次的灌溉方法，烟株的生长发育和烟叶产量产值表现较好，烟叶化学品质较为协调，是适合丽江津巴布韦特色烤烟 KRK26 的灌溉方法。

第六节　不同烘烤工艺对丽江 KRK26 烟叶产量品质的影响

一、材料与方法

（一）试验地点

丽江市玉龙县黎明乡中心村。

（二）试验材料

试验品种为 KRK26，密集烤房 2 座，电子秤 1 台，50kg 板秤 1 台，直流电表 2 个，其他烘烤相关用品。

（三）试验方法

选用成熟度基本一致的下部叶、中部叶和上部叶，采用七阶段步进式（表 10-32）和丽江常规烘烤工艺（表 10-33）进行对比研究。设定处理 1 为七阶段步进式烘烤工艺，处理 2 为丽江常规烘烤工艺。

表 10-32　七阶段步进式烘烤工艺

阶段	干球温度（℃）	湿球温度（℃）	干湿差（℃）	烘烤时间（h）	烟叶变黄目标（变黄、干燥）
第一阶段	35	33~34	1	12~18	全炉烟叶受热发汗，开始变黄
第二阶段	38	35~36	3	24~36	烟叶变黄八成
第三阶段	42	36~37	6	12~18	全炉烟叶叶片变黄
第四阶段	48	37	11	18~32	高温层支脉全黄，低温层烟叶凋萎塌架
第五阶段	54	38	16	24~36	高温层主脉变白，低温层烟叶支脉变黄
第六阶段	62	39	23	12~24	高温层烟叶主脉全干，低温层烟叶主脉干燥 1/3 以上
第七阶段	68	40	28	24~32	全炉烟叶干燥

表 10-33　常规烘烤工艺（五阶段）

阶段	干球温度（℃）	湿球温度（℃）	干湿差（℃）	烘烤时间（h）
变黄前期	35.0~37.0	33.0~34.0	2.0~3.0	48~60
变黄期	42.0~44.0	35.0~36.0	7.0~8.0	12~16
定色期	47.0~48.0	35.0~36.0	12.0~13.0	24~36
干叶期	51.0~53.0	36.0~37.0	15.0~16.0	24~36
干筋期	67.0~68.0	38.0~40.0	28.0~29.0	24~48

（四）测定项目

在烘烤前后，认真记录耗煤量、耗电量和用工量等相关指标，完成烘烤成本测算。烤后烟叶回潮后，采用国家 42 级分级标准对试验烟叶进行分级，对产质量进行测定。同时，取 2 组混合样分别送云南省烟草农业科学研究院检测烟叶化学成分。

二、结果与分析

（一）烘烤时间差异

从 2 种烘烤工艺实际的烘烤时间看，五阶段工艺在变黄期相对低温用时较长，比七阶段工艺平均多用 8~12h，但 38~42℃的用时则明显缩短；定色期五阶段工艺比七阶段工艺烘烤时间较少，平均用时减少 4~6h；干筋期五阶段工艺比七阶段工艺用时平均少 4~8h，主要在 62℃左右减少。综合两种工艺，五阶段工艺比七阶段工艺平均用时减少 12~18h。

（二）烘烤成本对比

从表 10-34 结果看，2 种工艺的烘烤成本有明显差异。对能耗、用工费用进行统计，七阶段的千克干烟成本比五阶段高出 0.42 元。

表 10-34　烘烤成本对比

烘烤工艺	鲜烟重量（kg）	干烟重量（kg）	耗电量			燃料消耗			单座烤房工资成本（元）	烟叶鲜干比	单炉烟叶烘烤成本（元）
			电能耗量（度）	单价（元）	金额（元）	燃料耗量（kg）	单价（元）	金额（元）			
五阶段	3 928	594	145	0.45	65.2	954.6	0.64	610.1	300	6.6 : 1	975.3
七阶段	3 928	583	168	0.45	75.6	1 293.3	0.64	827.8	300	6.7 : 1	1 203.3

（三）能源消耗量

2 种烘烤方式相比，七阶段式烘烤比五阶段式每炉平均多用煤 338.7kg，公斤干烟平均耗煤量达 2.21kg，比五阶段式增加了 0.6kg；七段式工艺用电量每炉平均比五阶段式烘烤多 23 度。显然，能源消耗量与烘烤时间长短呈正相关。

（四）鲜干比

对 2 种工艺烟叶的鲜干比值进行测定，结果表明，五阶段工艺的鲜干比值较小，平均达到 6.6 : 1，七阶段工艺的稍大，平均达到 6.7 : 1。说明缩短烘烤时间能降低烟叶内含物的消耗量，即干物质在烘烤过程中损耗少，对增加烟叶产量是有利的。

（五）烟叶外观质量

从表 10-35 结果看，对 2 种工艺烤后烟叶外观质量进行比较，七阶段工艺总体优于五阶段工艺，色度较饱满。五阶段式烘烤，低温变黄期时间较长，导致烟叶色素转化不充分，烟叶含青率稍大，也表明了在烘烤过程中升温快，可使烤后烟叶含青率增大。

表 10-35　不同烘烤工艺烤后烟叶外观质量

项目	部位	颜色	组织结构	身分	油分	光泽	闻香特点
五阶段	中部	橘黄	疏松	适中	有	中+	中+
	上部	橘黄	紧密+	稍厚	多-	强-	浓
七阶段	中部	橘黄	疏松	适中	有	强-	浓
	上部	橘黄	紧密+	稍厚	多	强	浓

（六）烘烤后烟叶等级结构、均价

从表 10-36 可以看出，2 种工艺烤后烟叶的等级结构、均价等也存在差异。七阶段式烘烤上等烟比例比五阶段式烘烤高出了 6.5%，中等烟比例提高 4.1%，下等烟比例则降低了 10.6%；2 种工艺烤后烟叶的均价相比，七阶段达到 29.56 元/kg，比五阶段 27.16 元/kg 高出 2.4 元/kg。因此，七阶段工艺每炉烟叶产生的价值可达 17 469.68 元，比五阶段高出 1 127.84 元。

表 10-36　烘烤后烟叶比例

烘烤工艺	上等烟		中等烟		下等烟		均价（元/kg）
	重量（kg）	比例（%）	重量（kg）	比例（%）	重量（kg）	比例（%）	
五阶段	128	21.7	233.4	39.3	231.7	39	27.16
七阶段	164.4	28.2	253.1	43.4	165.6	28.4	29.56

（七）常规化学成分

表 10-37 结果看出，2 种工艺烤后烟叶的化学成分略有差异，但没有达到显著差异水平。总糖均以下部叶较低，中、上部叶稍高，接近下部叶的 2 倍；还原糖也表现出相同规律，2 种工艺均以下部叶含量较低，中、上部叶较高。综合分析 2 种工艺烤后烟叶的化学成分，认为所测定项目比例均比较协调。

表 10-37　初烤烟叶化学成分

处理/部位		总糖（%）	还原糖（%）	两糖差（%）	总氮（%）	烟碱（%）	氯（%）	糖碱比	氮碱比
七阶段烘烤工艺	上部	29.27	20.25	9.03	2.35	2.75	0.163	10.64	0.85
	中部	27.96	19.19	8.77	2.27	3.96	0.645	7.06	0.57
	下部	19.55	12.49	7.05	1.94	2.17	0.483	9.01	0.90
五阶段烘烤工艺	上部	28.99	19.86	9.13	2.28	3.21	0.279	9.04	0.71
	中部	29.92	23.15	6.77	2.07	3.05	0.589	9.81	0.68
	下部	16.73	11.03	5.70	1.87	2.14	0.709	7.80	0.87

三、结论

从试验结果看，七阶段烘烤工艺，在变黄、定色等时期把握了 7 个节点，更利于烟叶变化，烘烤质量得到提升。烤出的烟叶，色度饱满，身分适中，有光泽，杂色部分少，而且挥发出的香味较浓。烟叶色度相对比较弱，闻香稍不足。

五阶段工艺在变黄期（37℃以前）用时较长，但不利于烟叶较快变黄及脱水，后期相对快速升温又导致烟叶特别是部分支脉和主脉含青。从一个侧面说明，变黄温度过低，不利于烟叶内含物质的充分转化和质量的改善。

七阶段工艺烘烤烟叶，从用工、能耗的成本计算略高于五阶段烘烤工艺，但七阶段工艺烤后烟叶的中上等烟比例明显高于五阶段工艺，下低等烟的比例明显降低，均价至少比五阶段工艺高出 1.9 元。烟叶在相对较低的温度和较高的相对湿度下变黄，有利于含氮化合物和碳水化合物的分解，对烟叶香气有贡献的物质含量会升高，从而使烟叶的香气物质得到提高，使得烤后烟叶的化学成分比例更加协调，七阶段工艺在变黄中后期采用适当高的湿球温度，对烟叶各种化学成分变化起到了积极的协调作用。因此，在烤烟品种 KRK26 烟叶成熟采烤后，应采用七阶段烘烤工艺（表 10-38）。

表 10-38　丽江金沙江河谷 KRK26 烟叶七阶段烘烤工艺

阶段	干球温度（℃）	湿球温度（℃）	干湿差（℃）	烘烤时间（h）	烘烤目标
第一阶段	34	33~34	1	12~18	全炉烟叶受热发汗，开始变黄
第二阶段	38	35~36	3	24~36	烟叶变黄八成
第三阶段	42	36~37	6	12~18	全炉烟叶叶片变黄
第四阶段	48	37	11	18~32	高温层支脉全黄，低温层烟叶凋萎塌架
第五阶段	54	38	16	24~36	高温层主脉变白，低温层烟叶支脉变黄
第六阶段	62	39	23	12~24	高温层烟叶主脉全干，低温层烟叶主脉干燥 1/3 以上
第七阶段	68	40	28	24~32	全炉烟叶干燥

第十一章　基于“苏烟”品牌丽江 KRK26 烟叶工业可用性研究

第一节　津巴布韦烟叶概况

20 世纪 90 年代，我国开始进口津巴布韦烟叶，卷烟配方人员发现此类烟叶风格独特，起着“味精”的作用，在高档卷烟配方中不可或缺。近年来，随着卷烟行业重点品牌卷烟产量和销量持续增长，现阶段中式卷烟对津巴布韦等进口烟叶的需求量快速增加，为缓解对津巴布韦等进口烟叶原料需求不断扩大的压力，立足国内烟叶资源，不断挖掘地区和品种优势，国家烟草专卖局组织各产区积极开展特色优质烟叶开发，高度重视中津合作与技术交流，尤其是加强了对津巴布韦烤烟新品种的引进力度。丽江烟叶作为江苏中烟“苏烟”品牌配方使用量最大的烟叶产区，烟叶品种对烟叶风格特色起到了决定性作用，目前在丽江玉龙基地主栽品种为云烟 87，随着品牌发展对进口烟叶需求的扩增和津巴布韦进口烟叶量的减少，津巴布韦特色优质原料保障供应的矛盾越来越突出，已经成为制约企业品牌进一步发展关键的因素。

一、对津巴布韦烟叶的总体认识

由于气候条件、土壤条件、地形地貌等生态环境，以及农业生物资源与耕作制度、管理模式等的差异，津巴布韦烟叶和国产烟叶存在一定的差异。津巴布韦烟叶质量总体上表现为：从外观质量上看，津巴布韦烟叶样品比国产烟叶样品成熟充分，叶片结构更为疏松，身分略厚，油分稍足，而色度方面略逊于国产同等级烟叶样品。从物理特性上看，津巴布韦烟叶样品在烟叶厚度和燃烧性方面明显高于国产烟叶样品，在单叶重、叶面密度方面稍高于国产烟叶样品，在烟叶长度和平衡含水率方面低于国产烟叶样品。从化学成分看，津巴布韦烟叶样品的蛋白质、总氮含量低于国产烟叶样品，但氯含量明显高于国产烟叶样品。从感官评吸质量看，津巴布韦烟叶以焦甜香为主体的风格特征，烟香醇和、甜韵感强，劲头和浓度适中，透发较好，可用性较强。津巴布韦烟叶作为一种优质原料被广泛使用在优势卷烟品牌配方中。

二、“苏烟”品牌配方中津巴布韦烟叶使用情况

“苏烟”品牌配方中主要使用丽江和津巴布韦等产区烟叶，丽江烟叶在“苏烟”品

牌配方中使香气优雅飘逸，烟气柔和细腻绵长；津巴布韦烟叶在“苏烟”品牌配方中能够增加烟草本香，提高烟气饱满度，改善吃味，是构成“苏烟”品牌风格特征——香气清甜、高雅、飘逸；烟气细腻柔和；吃味舒适、干净的关键，是江苏中烟主导规格品牌高市场认同度的品牌特征之一。随着“苏烟”品牌的不断增量，对津巴布韦和丽江特色烟叶的需求量不断增加，目前“苏烟”品牌配方中津巴布韦烟叶使用量为5%~8%。

三、丽江玉龙金沙江河谷区域津巴布韦特色烟叶生产的优势

（一）地理气候相似

低纬高原，云南与津巴布韦分处南北回归线附近，为高原季风性气候，两者的气候特点相似度较高。云南烟区地处北纬22~28℃、海拔1 300~2 000m，津巴布韦烟区地处南纬19~22℃、海拔1 100~1 650m。干、雨季分明，云南雨季（5—10月）降水量790.8mm，占全年降水量的85%，津巴布韦雨季（11—4月）降水量608.3mm，占全年降水量的92%。烤烟大田期气温月变化平稳，云南最高、最低月平均气温分别为21.5℃和18℃，津巴布韦最高、最低月平均气温分别为21.3℃和19.2℃。烤烟大田期昼夜温差大，云南8℃、津巴布韦12℃。其中丽江金沙江黄金河谷烤烟大田期平均温度为20.42℃，德宏为19.9℃，与津巴布韦的20.75℃更为类似；丽江金沙江黄金河谷烤烟大田期日照时数1 240.6h，德宏1 409h，与津巴布韦的1 410h极为相似；丽江金沙江黄金河谷烤烟大田期总辐射量147.9kcal/cm^2，德宏142.16kcal/cm^2，非常接近津巴布韦的165kcal/cm^2。

（二）植烟土壤相似

津巴布韦植烟土壤多为土层深厚、可灌溉性好、黏粒不超过10%的沙土或沙壤土，土壤pH值在5~7，有机质含量为1%，碱解氮含量为50mg/kg，速效磷20.1mg/kg，速效钾90.8mg/kg。云南植烟土壤主要为沙壤土、轻壤土和中壤土，土壤pH值为5.5~7，有机质含量2%~3.4%，速效钾含量高、中微量元素含量适中。其中丽江金沙江黄金河谷植烟土壤多为冲积性沙壤土，其土壤质地、酸碱性和阳离子交换量与津巴布韦烟区沙壤土特性非常相似。

（三）云南与津巴布韦生态类似区规划

以影响烟叶品质的主要气象因子和土壤理化指标为考查对象，运用标准差权重法赋予气候因子0.7、土壤因子0.3的权重，计算云南124个空间格点与津巴布韦15个植烟点气象数据的相似距离，以相似距离0.8~1为生态相似的标准，测算津巴布韦生态相似区面积为9万km^2，占全省总国土面积的23.59%。其中高度相似的区域主要集中在丽江金沙江河谷、文山丘北和文山县、普洱墨江和宁洱、德宏等地区，占6个烟区国土面积的13.07%，是生产具有津巴布韦风格烟叶的核心区域。其中，德宏和丽江金沙江黄金河谷与津巴布韦高度相似区域面积高达120万亩，占两州（市）耕地面积比例高达24%。

云南省丽江金沙江黄金河谷流域与津巴布韦烟区均属低纬高原季风气候，光热资源丰富，降水利用率高，沙性土壤特征明显，烟叶生产环境与津巴布韦烟区极为相似。江

苏中烟丽江玉龙黎明基地单元植烟土壤具有“含沙量高，质地疏松，透水、透气性好，养分适宜，可控性强”的特点，与津巴布韦烟区沙壤土特性非常相似，适宜烟株根系的发育和养分平衡的掌控。黎明基地单元与津巴布韦气候均具有“气温适宜，有效降水调匀，光照充足、太阳辐射强”的共同特点。2014 年以江苏中烟丽江玉龙黎明基地单元列入规划种植区，为丽江金沙江黄金河谷津巴布韦烟叶实现规模开发奠定基础。

为抓住云南在丽江玉龙引进津巴布韦 KRK26 品种种植烟叶的战略机遇，积极开展丽江津巴布韦 KRK26 引进品种特色烟叶质量提升及工业使用技术研究，有利于缓解品牌发展对进口烟叶需求缺口的矛盾，通过配套技术措施研究及工业验证，充分发挥 KRK26 引进品种特色在品牌中使用价值的提升。

第二节　津巴布韦烟叶生产特征研究

一、材料与方法

津巴布韦的资料来源于国家气象局资料中心、图书资料和实地调查，云南气象数据来源于云南省气象局和相关县（市）气象局。以津巴布韦烤烟大田期（10 月至翌年 2 月）为参照，对比分析津巴布韦与云南烟区的生态环境、生产技术和烟叶品质特征。

二、结果与分析

（一）自然生态条件

津巴布韦位于南部非洲，处于南纬 15°33′与 22°24′之间，全境在南回归线以北。津巴布韦烟叶的种植区域主要分布在津巴布韦首都哈拉雷周围的马绍纳兰（Mashonaland）和马尼卡兰省（Manicaland）东、西和西北部及南部约 20 个地区，烟区多处于南纬 16°与 19°之间，海拔 1 050~1 650m。烟区气候干湿季分明，干季从 5 月至 9 月；雨季从 10 月至翌年 4 月，该季节降水量占全年降水总量的 92%。

1. 气候条件

津巴布韦烤烟大田期（10 月份至翌年 2 月份），平均日照时数为 8. 3h，较云南烟区多 2. 8h；平均日辐射量为 18. 5kJ/m^2 · h，比云南烟区高 2. 7kJ/m^2 · h。在这样的光照条件下，有利于烟株碳代谢的进行和生物量的积累，并有利于合成酯类化合物，形成较多的显香物质，有利于提高烟叶的香气浓度。

津巴布韦烟区 9 月至翌年 2 月（大田生长期）日照时数为 1 410 小时。云南德宏等烟区日照充足，其中德宏 1—6 月份（大田生长期）日照时数在 1 409 小时，与津巴布韦较为接近（图 11-1）。

津巴布韦烤烟大田期平均气温为 21. 2℃，较云南烟区高 0. 6℃。最高月（11 月）、最低月（2 月）平均气温分别为 21. 9℃、21℃，月际平均气温最大相差 0. 9℃；云南最高月、最低月平均气温分别为 21. 4℃、19. 3℃，月际平均气温最大相差 2. 1℃。津巴布韦烤烟大田期的昼夜温差平均为11.7℃，云南烟区为9.4℃，相差2.3℃。在气温平稳、昼夜温差大的条件下，不但有利于烟株体内的糖分积累与分解，更有利于次生代谢产物的形成，进而合成更多的香气物质。

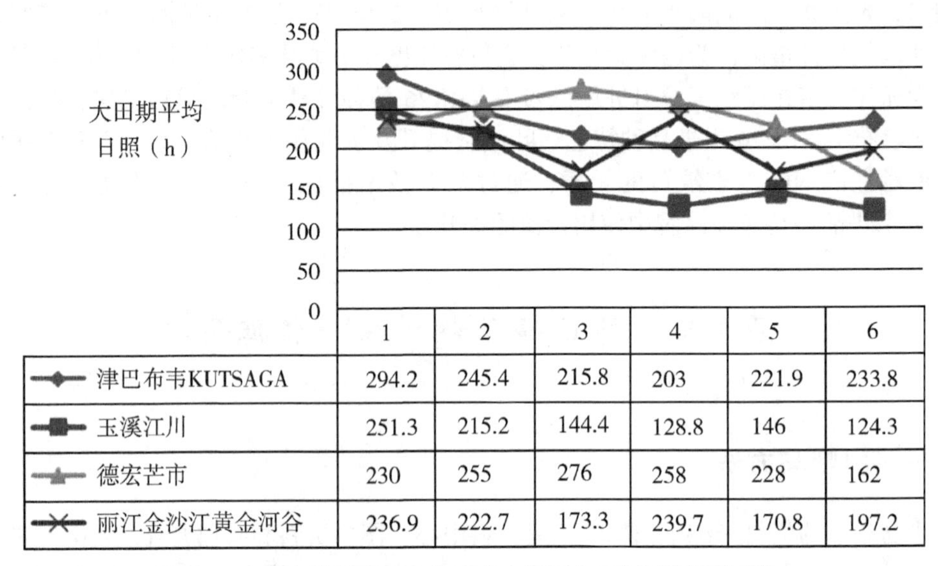

	1	2	3	4	5	6
津巴布韦KUTSAGA	294.2	245.4	215.8	203	221.9	233.8
玉溪江川	251.3	215.2	144.4	128.8	146	124.3
德宏芒市	230	255	276	258	228	162
丽江金沙江黄金河谷	236.9	222.7	173.3	239.7	170.8	197.2

图 11-1　云南部分烟区与津巴布韦烟区大田期日照时数对比

注：此图统计的津巴布韦大田生育期为9月至翌年2月，玉溪、丽江为4—9月，德宏为12月至翌年5月（下图同）。

津巴布韦气温月际变化平稳，烤烟大田期月平均气温为20.75℃。云南北回归线附近烟区的气候温和，月际间气温变化较小，其中德宏、丽江与津巴布韦烤烟大田生育期的月平均气温高度相似（图11-2）。

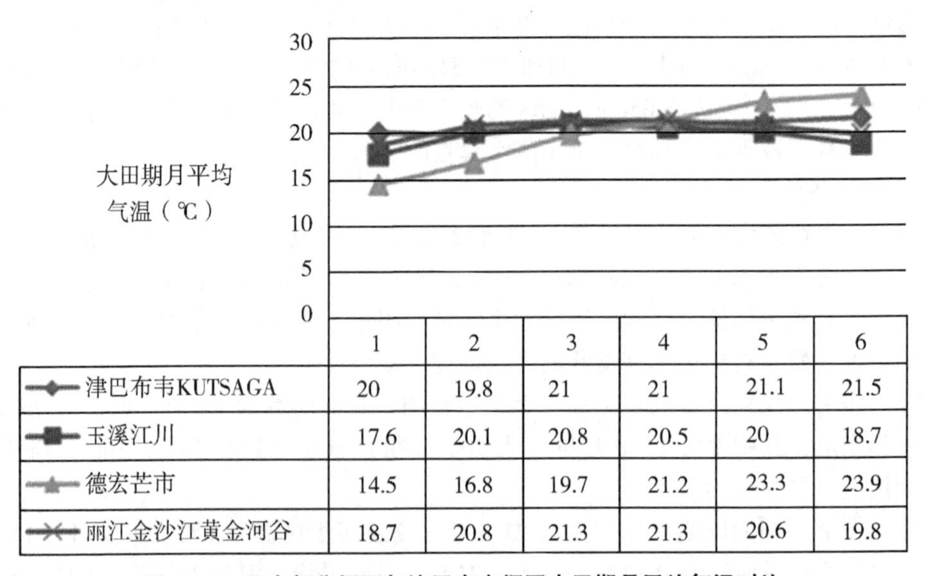

	1	2	3	4	5	6
津巴布韦KUTSAGA	20	19.8	21	21	21.1	21.5
玉溪江川	17.6	20.1	20.8	20.5	20	18.7
德宏芒市	14.5	16.8	19.7	21.2	23.3	23.9
丽江金沙江黄金河谷	18.7	20.8	21.3	21.3	20.6	19.8

图 11-2　云南部分烟区与津巴布韦烟区大田期月平均气温对比

津巴布韦属热带草原气候，云南属低纬度高原季风气候，两者均雨季、旱季分明。津巴布韦雨季从 11 月至翌年 4 月，旱季为 5 月至 10 月，津巴布韦雨季（11 月至翌年 4 月）降水量为 608. 3mm，占年降水量的 92%；云南雨季为 5 月至 10 月，旱季从 11 月至翌年 4 月，雨季（5—10 月）降水量为 790. 8mm，占年降水量的 85%。津巴布韦烟区降水量近 60%（473mm）出现在 12 月至翌年 2 月，烟株处于旺长至烟叶成熟阶段，需水量大（占烟株总需水量的 60%~80%），与降水吻合度高，提高了水分利用率高，这与云南烟区较为相似（图 11-3）。

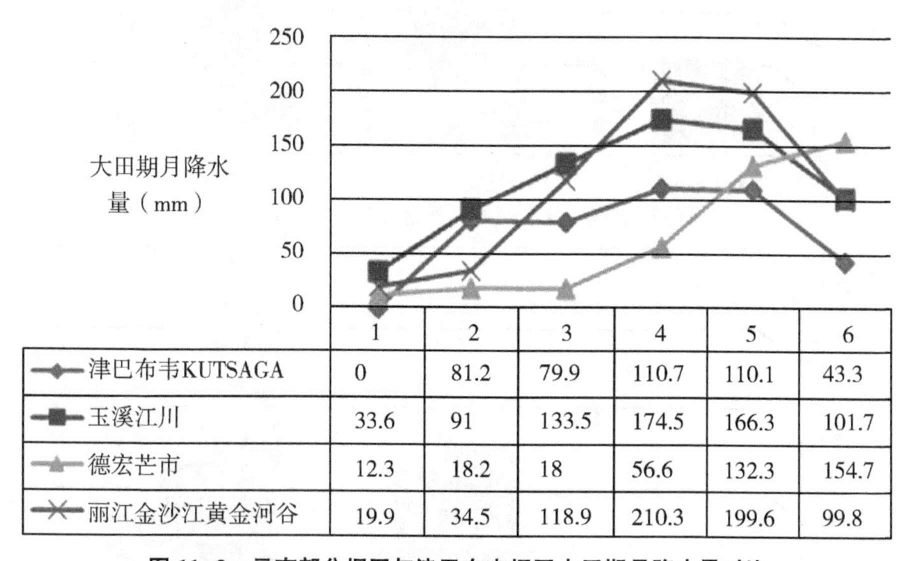

	1	2	3	4	5	6
津巴布韦KUTSAGA	0	81.2	79.9	110.7	110.1	43.3
玉溪江川	33.6	91	133.5	174.5	166.3	101.7
德宏芒市	12.3	18.2	18	56.6	132.3	154.7
丽江金沙江黄金河谷	19.9	34.5	118.9	210.3	199.6	99.8

图 11-3　云南部分烟区与津巴布韦烟区大田期月降水量对比

2. 土壤条件

津巴布韦烟区土壤多为灰色或红色沙土、沙壤土，沙性土壤特征明显，土质疏松，土层深厚（80~100cm）。云南德宏、丽江等烟区土壤条件与津巴布韦较为相似，其中容重、pH 值、速效磷等指标与津巴布韦非常相似，有机质、碱解氮、速效钾含量稍高于津巴布韦。

非洲大陆形成较早（30 亿年前），土壤发育较为完全，多数土壤已演化为沙质土，有利于烟草根系生长发育和烟株早生快发。津巴布韦全境 80%以上的土壤为沙土、沙壤土或壤沙土，沙粒含量在 40%以上，pH 值在 5~7。在这样的土壤环境下，烟株根系尤其是须根发达，水肥易被吸收，烟株生长发育健壮。烟草种植的生态与土壤环境较为一致，有机质含量仅为 1%左右，碱解氮仅为 50mg/kg 左右。可以更好地进行烟株营养调控，稳定烟叶产质量。植烟土壤的阳离子交换量一般都较小（小于 5me/100 克土），钾、钙、镁等阳离子不易被吸附和固定，当季施入土壤的肥料容易被吸收与利用，尤其是钾素易被吸收，故津巴布韦的烟叶钾含量较高，均在 2%以上。另外，植烟土壤钙、镁、硫、硼等养分较为缺乏，但都可通过施肥加以改善（图 11-4）。

（二）烟叶生产技术

目前，津巴布韦合同种植农场的种烟面积一般在 $20hm^2$ 以上，平均为 $31hm^2$。在这

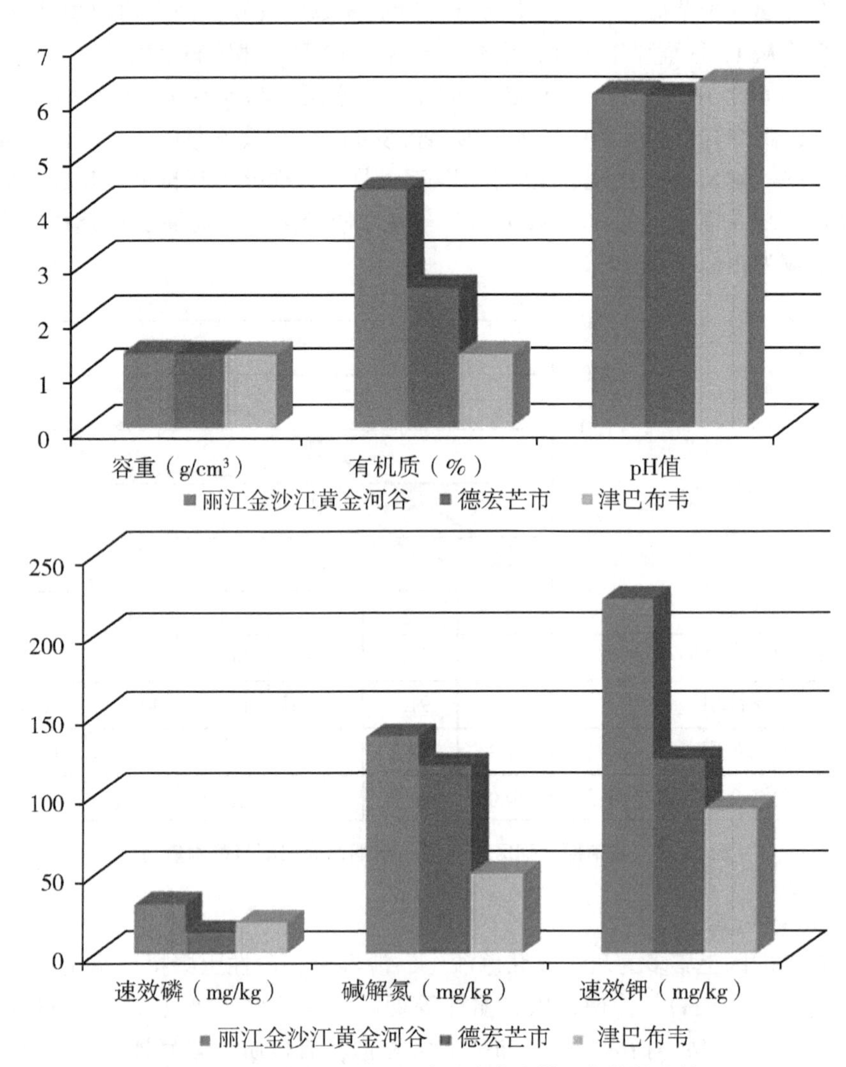

图 11-4　云南部分烟区与津巴布韦土壤理化性状比较

样的种植规模下，不但便于机械化耕作，降低劳动成本，而且缩小了烟株的个体差异，田间烟株长势和烟叶成熟整体一致，保证了烟株整体结构和烟叶产质量的稳定性。

1. 烟叶发育充分，田间成熟度高

由于津巴布韦烤烟生长季节的气温较为平稳，后期不会出现降温天气。津巴布韦烤烟前期生长较快，从移栽至打顶需 40～50d；而成熟采烤期相对较长，从打顶至采烤完毕需 90～100d，保证了烟叶的充分成熟与内含物转化。

津巴布韦烟叶生产采用 4～5 年两头栽烟的轮作方式，即烟草→玉米→牧草→牧草→烟草，并且深耕 40～45cm，有效地改善了烟株生长的土壤环境。根据土壤墒情和烟株生长情况进行灌溉，移栽后 40d 内进行 2～3 次喷灌。针对沙质土养分容易淋溶的特点，基肥仅占 30%～40%。追肥根据烟株长势情况分 2～3 次在移栽后 50d 内施完，可有效提高肥料利用率和施肥效益。虽然 KRK26 品种的有效叶数较多（30～35 片），但留叶多为 17~18 片，保证了每片烟叶的营养供给与平衡。

2. 烟叶烘烤时间长，内含物转化彻底

采用低温慢变黄烘烤工艺，烟叶烘烤时间较长，一般为 6.5~7.5d。其中，变黄期在 60h 以上。烘烤成熟度高而大分子物质分解转化充分、香气物质大量形成，表现为总糖与还原糖的差值小，酯类物质含量高。

3. 烟叶自然醇化，后熟作用明显

烤后烟叶进行 4~6 个月的仓储醇化，不但有利于提高烟叶等级和质量，而且杂气明显减少，余味干净舒适，香气流畅。

（三）烟叶品质特征

津巴布韦烟叶与云南多数烟区的烟叶相比，具有色度强、色差小，酸性强、糖差小，焦甜香味突出、烟气浓度高等特点。

1. 外观质量

津巴布韦烟叶颜色纯正，多为柠檬黄至橘黄，与云南烟叶较为相近，均具有色度较强的特点。但是，津巴布韦烟叶与云南多数烟区的烟叶相比，正反面色差较小。津巴布韦烟叶与云南烟叶叶片结构多为疏松或尚疏松，身分多为中等至稍厚，表面油分多为有或稍有，津巴布韦烟叶成熟度多为尚熟、成熟，少量欠熟。

2. 化学成分

通过云南烟叶与津巴布韦烟叶的相似性分析，云南烟叶总糖、两糖差、新植二烯含量和 pH 值明显高于津巴布韦烟叶，而总氮、烟碱、氯、总磷、5-甲基糠醇、6-甲基-5-庚烯-二酮、β-大马酮、二氢猕猴桃内酯、巨豆三烯酮等成分含量低于津巴布韦烟叶，其中尤以 β-大马酮和巨豆三烯酮差异较大（图 11-5）。

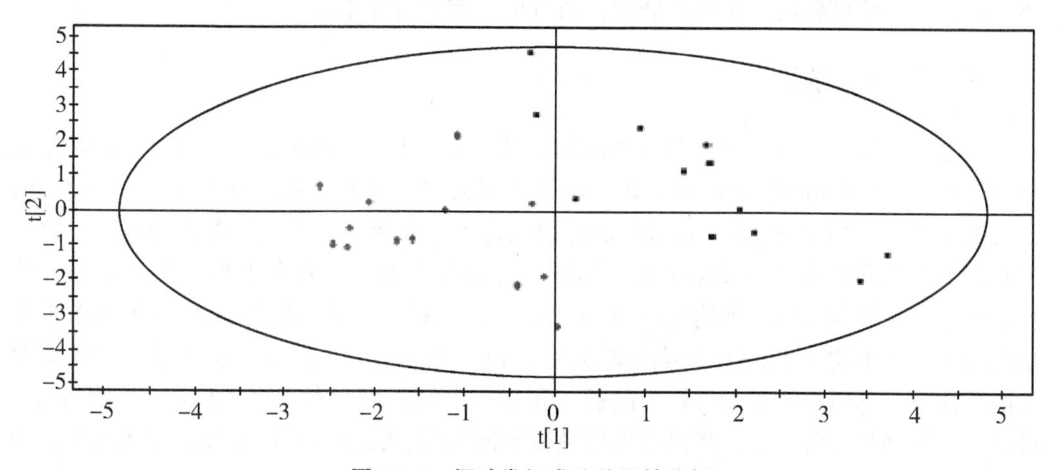

图 11-5　烟叶常规成分差异性分析

注：图中黑色数据点代表津巴布韦烟叶，红色数据点代表云南烟叶（下图同）。

比较津巴布韦烟叶与云南烟叶的香气物质发现，津巴布韦烟叶的酯类物质含量（以二氢猕猴桃内酯为代表）高于云南烟叶，而云南烟叶的烯类物质含量（以新植二烯为代表）高于津巴布韦烟叶（图 11-6）。

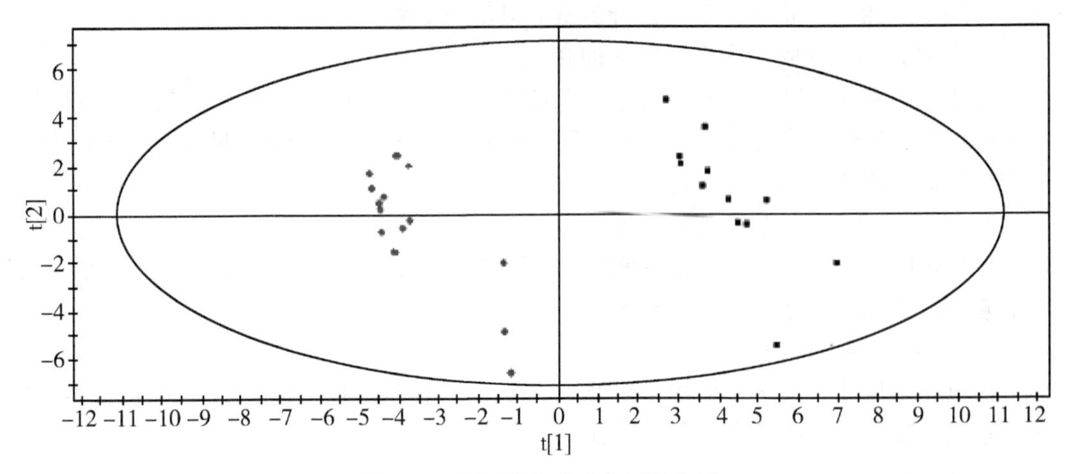

图 11-6　烟叶香气成分差异性分析

津巴布韦烟叶的酸碱度（pH 值）在 5.3~5.4；总糖含量在 25%左右，还原糖含量在 23%左右，两糖差仅 2%~4%。云南烟叶的酸碱度（pH 值）在 5.5~5.8；总糖含量在 30%左右，还原糖含量在 25%左右，两糖差为 5%~8%。津巴布韦烟叶的糖分分解与转化较完全，形成的酸性物质（果糖、葡萄糖等）相对较多，有利于香气物质形成。

3. 内在品质

津巴布韦烟叶香气量足、浓度高、香气透发，在配方中所起作用是丰富烟草本香，增强香气的透发性和满足感，提高香气韵味。津巴布韦烟叶的风格特征是以焦甜香、坚果香为主。云南烟叶以清香、清甜香韵为主。而且，津巴布韦烟叶香气饱满丰富，甜润感较好，烟气浓度较高，余味较舒适，杂气以枯焦气息为主。

三、讨论与结论

津巴布韦位于南部非洲，全境在南回归线以北。津巴布韦烤烟大田期（10 月至翌年 2 月），平均日照时数为 8.3h，较云南烟区多 2.8h；平均日辐射量为 18.5kJ/m^2 · h，比云南烟区高 2.7kJ/m^2 · h。在这样的光照条件下，有利于烟株碳代谢的进行和生物量的积累，并有利于合成酯类化合物，形成较多的显香物质，有利于提高烟叶的香气浓度。津巴布韦烤烟大田期平均气温为 21.2℃，较云南烟区高 0.6℃；津巴布韦烤烟大田期的昼夜温差平均为 11.7℃，云南烟区为 9.4℃，相差 2.3℃。在气温平稳、昼夜温差大的条件下，不但有利于烟株体内的糖分积累与分解，更有利于次生代谢产物的形成，进而合成更多的香气物质。津巴布韦属热带草原气候，云南属低纬度高原季风气候，两者雨季、旱季分明。津巴布韦烟区降水量近 60%（473mm）出现在 12 月至翌年 2 月，烟株处于旺长至烟叶成熟阶段，需水量大（占烟株总需水量的 60%~80%），与降水吻合度高，提高了水分利用率，这与云南烟区较为相似。

津巴布韦烟区土壤多为灰色或红色沙土、沙壤土，沙性土壤特征明显，土质疏松，土层深厚（80~100cm）。云南丽江、德宏等烟区土壤条件与津巴布韦较为相似，其中容重、pH 值、速效磷等指标与津巴布韦非常相似，有机质、碱解氮、速效钾含量稍高于津巴布韦。津巴布韦全境 80%以上的土壤为沙土、沙壤土或壤沙土，沙粒含量在 40%以上，pH 值在 5~7，在这样的土壤环境下，烟株根系尤其是须根发达，水肥易被吸收，烟株生长发育健壮。烟草种植的生态与土壤环境较为一致，有机质含量仅为 1%左右，碱解氮仅为 50mg/kg 左右，可以更好地进行烟株营养调控，稳定烟叶产质量。植烟土壤的阳离子交换量一般都较小（小于 5me/100 克土），钾、钙、镁等阳离子不易被吸附和固定，当季施入土壤的肥料容易被吸收与利用，尤其是钾素易被吸收，故津巴布韦的烟叶钾含量较高，均在 2%以上。津巴布韦合同种植农场的种烟面积一般在 $20hm^2$ 以上，不但便于机械化耕作，降低劳动成本，而且缩小了烟株的个体差异，田间烟株长势和烟叶成熟整体一致，保证了烟株整体结构和烟叶产质量的稳定性。津巴布韦烤烟前期生长较快，从移栽至打顶需 40~50d；而成熟采烤期相对较长，从打顶至采烤完毕需 90~100d，保证了烟叶的充分成熟与内含物转化。烤后烟叶进行 4~6 个月的仓储醇化，不但有利于提高烟叶等级和质量，而且杂气明显减少，余味干净舒适，香气流畅。

津巴布韦烟叶与云南多数烟区的烟叶相比，具有色度强、色差小，酸性强、糖差小，焦甜香味突出、烟气浓度高等特点。津巴布韦烟叶香气量足、浓度高、香气透发，在配方中所起作用是丰富烟草本香，增强香气透发性和满足感，提高香气韵味。

第三节　丽江金沙江河谷与国内外典型植烟区气象因子对比分析

一、材料与方法

（一）数据来源

津巴布韦和国内优质烟区气象资料来源于国家气象局资料中心、图书资料和调查，云南丽江金沙江河谷烟区近 10 年气象数据来源于丽江市气象局，土壤理化分析数据由云南烟草农业科学研究院提供。

（二）气候相似性分析

采用多维空间相似距离来度量各地之间的气候相似程度。

$$d_{ab} = \sqrt{\sum_{j=1}^{n} (X'_{aj} - X'_{bj})^2 / n}$$

d_{ab}是 a 地与 b 地的欧式距离系数；j 表示气候指标（$j=1, 2, \cdots, n$）；式中 $n=8$，$X'ak$ 和 $X'bk$ 分别为 a 地与 b 地第 k 个气象要素指标标准化处理后的数值。

二、结果与分析

（一）土壤条件

丽江金沙江河谷植烟土壤具有“含沙量高，质地疏松，透水透气性好，养分适宜、可控性强”的特点，与津巴布韦烟区沙壤土特性非常相似，适宜烟株根系的发育和养分平衡的掌控。丽江金沙江河谷烟区植烟土壤类型为冲击沙壤土，土壤 pH 值为 6.13，有机质含量 4.36%，碱解氮 136.3mg/kg，速效磷 31.24mg/kg，速效钾 222.22mg/kg。津巴布韦烟区 80%以上的土壤为沙土、沙壤土，沙粒含量在 40%以上，pH 为 6.34，有机质含量 1.35%，碱解氮 46.21mg/kg，速效磷 20.02mg/kg，速效钾 97.25mg/kg，植烟土壤的阳离子交换量较小（小于 5me/100 克土），钾、钙、镁等阳离子不易被吸附和固定（表 11-1）。

表 11-1　丽江金沙江黄金河谷与津巴布韦植烟土壤主要理化指标比较

产区	质地	pH 值	容重 (g/cm^3)	有机质 (%)	速效磷 (mg/kg)	碱解氮 (mg/kg)	速效钾 (mg/kg)
丽江金沙江河谷	沙壤土	6.13	1.37	4.36	31.24	136.30	222.22
津巴布韦	沙壤土	6.34	1.35	1.35	20.02	46.21	97.25

（二）气候条件

由表 11-2 可知，丽江金沙江河谷植烟区烤烟大田生育期（4—9 月）月平均气温为 17.2℃，极端高温平均为 27.6℃，极端低温平均为 8.8℃，月平均降水量为 139.1mm，大田期累计降水量为 834.8mm，主要集中在 6—8 月，累计降水量达 597.2mm，占整个烤烟大田生育期内总降水量的 72%，在时间分布上呈明显的“两头少、中间多”的特征。烤烟大田生育期平均相对湿度 68.6%，从全生育期来看，总体呈上升趋势。日照时数和平均日照百分率总体呈现下降趋势，其中日照时数以烤烟移栽期 4 月最高，达 231.3h，7 月降至最低，为 112.6h，烤烟大田生育期月均日照时数为 163.3h，平均日照百分率以 4 月最高，为 60.4%，7 月最低，为 26.7%，全生育期月均日照百分率为 40.8%。

表 11-2　丽江金沙江河谷烤烟大田期逐月气候因子

月份	极端高温 (℃)	极端低温 (℃)	平均温度 (℃)	降水量 (mm)	相对湿度 (%)	日照时数 (h)	日照百分率 (%)
4	26.3	4.5	14.6	15.3	47.8	231.3	60.4
5	28.6	6.5	16.9	75.7	55.6	218.7	52.5
6	28.8	10.8	19.1	150.4	68.8	157.7	38.1
7	27.9	11.5	18.5	240.3	78.7	112.6	26.7
8	27.3	10.9	17.8	206.5	80.4	137.0	33.7
9	26.4	8.5	16.4	146.6	80.5	122.2	33.1
平均	27.6	8.8	17.2	139.1	68.6	163.3	40.8

（三）与国内外优质烟区生育期气象因子比较

相对于国内外优质烟叶生产区，丽江金沙江河谷气温伸根期高于三明和遵义，而略低于津巴布韦，旺长期高于三明和津巴布韦，低于遵义，成熟期低于三明、遵义和津巴布韦。日照时数伸根期和旺长期均高于三明、遵义和津巴布韦，而成熟期高于三明和遵义，低于津巴布韦。降水量伸根期低于三明、遵义和津巴布韦，旺长期高于津巴布韦，低于三明和遵义，成熟期高于遵义和津巴布韦，低于三明（表 11-3）。

表 11-3 丽江金沙江河谷和国内外优质烟区烤烟生育期气象因子比较

气象因子	生育期	丽江金沙江河谷				国内外优质烟区		
		平均值±标准差	最小值	最大值	变异系数（%）	三明	遵义	津巴布韦
温度（℃）	伸根期	20.6±3.90	17.7	26.3	18.97	15.1	19.4	21.1
	旺长期	21.5±2.97	19.4	25.9	13.83	19.6	22.4	20.8
	成熟期	19.6±2.70	17.7	23.6	13.77	24.5	24.9	20.3
日照时数（h）	伸根期	323.4±20.03	290.3	349.1	8.23	108.4	109.5	318.3
	旺长期	190.9±8.34	172.2	227.1	5.18	120.7	137.2	160.2
	成熟期	287.9±36.9	265.3	302.3	17.35	208.2	141.0	315.2
降水量（mm）	伸根期	27.4±6.30	22.6	36.3	23.06	157.3	159.0	138.3
	旺长期	167.2±33.64	143.3	216.1	20.12	205.7	193.0	151.7
	成熟期	202.9±18.90	186.7	225.2	9.32	205.7	142.5	114.2

（四）与津巴布韦烟区气候相似性

我们通常将气候相似距离划分为 5 个等级。由表 11-4 可知，丽江烟区与津巴布韦的气候相似距离为 1.25，达到中等程度相似，高于云南省平均水平。而国内其他省份与津巴布韦烟区仅为较低或低度相似。结合表 11-2、表 11-3 分析不难看出，丽江金沙江河谷与津巴布韦气候均具有“气温适宜，有效降水调匀，光照充足、太阳辐射强”的共同特点。

表 11-4 国内 KRK26 种植区与津巴布韦烟区气候的欧式距离

丽江	云南	湖南	河南	广西	湖北
1.25	1.56	2.26	1.60	2.69	2.22

三、讨论与结论

丽江金沙江河谷植烟区与 KRK26 原产地津巴布韦气候虽然整体达到中等程度相似，但是依旧存在一定差异，主要表现为丽江金沙江河谷烟区整体烤烟大田生育期温度总体低于津巴布韦（表 11-3），气温具有“两头低、中间高”、昼夜温差大的明显特点，其中大田生育期昼夜温差（月均最高温与最低温差值）最大可达 18.8℃（表 11-2），前人研究认为在气温平稳、昼夜温差大的条件下，不但有利于烟株体内的糖分积累与分解，更有利于次生代谢产物的形成，进而合成更多的香气物质。降水量方面，丽江金沙江河谷烟区降水量近 60%处于旺长至烟叶成熟阶段，与烤烟大田生育期需水要求吻合度高，这与津巴布韦烟区较相似。同时，丽江金沙江河谷和津巴布韦分别位于南北回归线附近高原，日照时间长，太阳辐射量大，热量资源丰富，丽江金沙江河谷烤烟大田生育期日照总时数达到802.2h，与津巴布韦烟区的793.7h十分接近（表11-3），这些均有利于烟株碳代谢的进行和生物量的积累，有利于合成酯类化合物，形成较多的显香物质，提高烟叶的香气浓度。总体而言，丽江金沙江河谷与津巴布韦烟区气候具有“气温适宜，有效降水调匀，光照充足、太阳辐射强”的共同特点。

第四节　云南丽江KRK26烟叶主要品质性状及其与气象因子相关性

烤烟是我国重要的经济作物，而优良品种又是烤烟生产的基础。马文光等最新研究认为我国烟草生产逐步暴露出“主栽品种种植年限偏长、国外引进品种开发利用成效偏低”等问题，制约着我国“两烟”生产的稳定发展。KRK26是津巴布韦主栽烤烟品种，也是目前经过全国品种委员会审定通过的六大外引烤烟品种之一。云南省新烟区（文山、保山、普洱、临沧、德宏）曾大规模试种KRK26品种并取得了一些重要成果。云南丽江烟区地处金沙江上游，年产优质烟叶3.0×10^6kg，范幸龙等研究表明丽江烟区与KRK26原产地津巴布韦气候达到中等程度相似。因此，本研究通过连续四年在丽江烟区进行规模化种植，旨在深度挖掘KRK26烟叶主要品质性状特征及与种植区气象因子的相关性，为提升我国外引品种对“两烟”生产的贡献力和卷烟叶组配方设计提供理论依据。

一、材料与方法

（一）材料数据来源

2014—2017年从云南省丽江市玉龙县黎明乡江苏中烟黎明基地单元内采集KRK26品种初烤烟叶样品共计48个（其中2014年12个、2015年12个、2016年12个、2017年12个），取样等级均为B2F、C3F、X2F，植烟区海拔1 850m，26°35′N，99°26′E，前作为大麦，土壤肥力中等，pH值5.5~7.0，平均有机质含量43.6g/kg、碱解氮含量2.2g/kg、速效磷含量35.0mg/kg、速效钾含量145.5mg/kg，基地内每年均于5月15日统一完成移栽，移栽的规格120cm×50cm，种植密度16 500株/hm^2，每公顷施用烤烟专用复合肥（N：P：K=15：15：15）600kg，硫酸钾肥300kg，基追比为3：7，采用扣心打顶方式，大田管理按照当地优质烤烟生产管理办法执行。本文中KRK26大田农艺和经济性状数据由云南省烟草农业科学研究院测量，2014—2017年烤烟大田生育期5—9月逐月气象数据由丽江市烟草公司提供。

（二）测定项目及方法

1. 外观质量评价指标及方法

外观质量评价指标：颜色、成熟度、叶片结构、身分、油分、色度，六项指标权重参照中国烟草总公司发布的YQ-YS/T1—2018烤烟新品种 工业评价方法，依次为0.10、0.30、0.15、0.15、0.20和0.10，再根据GB2635—92烤烟分级标准进行量化评定，具体评分标准见表 1。由江苏中烟工业有限责任公司原料供应部召集 5 名烤烟烟叶分级技师，对样品的各单项外观质量指标逐项进行判断评分，然后以平均值作为该样品该指标的鉴定分值，再按公式（1）计算不同部位烟叶外观质量得分。

$$W=(\Sigma A_n \cdot B_n)\times 10 \quad (1)$$

式中：W——外观质量得分。

A_n——第 n 个外观指标分值。

B_n——第 n 个外观指标权重。

表 11-5　烟叶外观质量的评分标准

颜色	成熟度	结构	身分	油分	色度
橘黄（7~10）	成熟（7~10）	疏松（8~10）	中等（7~10）	多（8~10）	浓（8~10）
柠檬黄（6~9）	完熟（6~9）	尚疏松（5~8）	稍薄（4~7）	有（5~8）	强（6~8）
红棕（3~7）	尚熟（4~7）	稍密（3~5）	稍厚（4~7）	稍有（3~5）	中（4~6）
微带青（3~6）	欠熟（0~4）	紧密（0~3）	薄（0~4）	少（0~3）	弱（2~4）
青黄（1~4）	假熟（3~5）		厚（0~4）		淡（0~2）
杂色（0~3）					

注：括号内数字为分值。

2. 化学成分检测

烟叶样品中可溶性总糖和还原糖、总植物碱、总氮、钾、氯的含量由江苏中烟工业有限责任公司技术中心按照行业统一标准，分别参照 YC/T 159—2002、YC/T 160—2002、YC/T 161—2002、YC/T 173—2003、YC/T 162—2002 规范要求进行检测，并计算化学成分协调性指标糖碱比、氮碱比、钾氯比。

3. 感官评吸鉴定

由江苏中烟工业有限责任公司的 7 名评吸专家按照《烤烟 烟叶质量风格特色感官评价方法》（YC/T530—2015）进行感官评吸。香韵种类包括干草香、清甜香、青香、焦香、焦甜香、辛香、木香，香韵强度采用 5 分制标度，分值越高，香韵强度越明显，评价结果统计有效标度值（指 1/2 以上的评吸员对香韵共同判断），并将同一指标效标度值相加，求其有效算术平均值；烟气品质特征评价采用 5 分制标度，对香气质、香气量、透发性、杂气、刺激性、干燥感和余味进行评价，各指标权重分别为 0. 22、0. 20、0. 11、0. 11、0. 08、0. 08、0. 21，所有指标按照 0~5 分等距标度评分法进行打分并取其平均值，最后将感官评吸的各指标得分［其中杂气分值为（5-d），d 的得分取杂气 3 个子指标（青杂气、生青气、木质气）的得分最大值］按照公式（2）计算各部位烟气品质综合得分。

$$M=(\Sigma A_n \cdot B_n)\times 20 \quad (2)$$

式中：M——烟气品质综合得分。

A_n——第 n 个感官指标分值。

B_n——第 n 个感官指标权重。

（三）数据处理

用 Excel 2010 进行数据整理和作图；用 DPS 7.05 软件进行方差和逐步回归分析。同时以大田生育期的气象因子为自变量（X）、烟气品质综合得分为因变量（Y）进行逐步回归分析，定义伸根期日照时数为 X_1、旺长期日照时数为 X_2、成熟期日照时数为 X_3、伸根期平均温度为 X_4、旺长期平均温度为 X_5、成熟期平均温度为 X_6、伸根期降水量为 X_7、旺长期降水量为 X_8、成熟期降水量为 X_9。

二、结果与分析

（一）丽江烟区气候特征（2014—2017 年）

由图 11-7 可见：2014—2017 年丽江烟区烤烟全生育期（5—9 月）月均气温为 18.3℃，月均日照时数为 155.3h，月均降水量为 161.0mm，年度间烤烟大田气象要素分配及变化趋势基本一致，其中平均气温伸根期至成熟期表现为“两头低、中间高”的特征，而伸根期后降水量呈快速上升趋势、日照时数呈逐步下降趋势，大田降雨主要集中在成熟期（7—9 月），年均降水量 209.4mm，占全生育期降水量的 56.7%。

（二）丽江 KRK26 烟叶品质特征

1. 农艺性状

由表 11-6 可见：丽江 KRK26 品种打顶株高 119.7cm、有效叶片数 18~20 片、产量 2 898kg/hm²、产值 80 568 元/hm²，其中打顶株高、节距和腰叶长、宽均显著高于原产地津巴布韦，产量方面丽江烟区 KRK26 总体略高于津巴布韦但未达到显著差异水平。

表 11-6　KRK26 大田主要农艺性状对比

烟区	打顶株高（cm）	茎围（cm）	节距（cm）	有效叶数（片）	腰叶		产量（kg/hm²）
					叶长（cm）	叶宽（cm）	
丽江	119.7 ±6.0a	10.0 ±0.5a	6.0 ±0.5a	20.0 ±2.0a	73.5 ±5.0a	36.7 ±4.0a	2 898.0 ±5.0a
津巴布韦	95.0 ±10.0b	9.4 ±0.5a	4.3 ±0.5b	18.2 ±1.0b	70.5 ±3.0b	32.7 ±4.0b	2 839.5 ±5.0a

注：同列中不同字母者表示处理间差异有统计意义，其中小写字母（$p<0.05$）、大写字母（$p<0.01$），下同。上表中丽江烟区数据为四年测量的平均值，津巴布韦烟区为 2014 和 2015 两年测量的平均值

2. 外观质量

由表 11-7 可见：丽江烟区 KRK26 烟叶外观质量整体较好，上部烟叶综合平均得分 73.1，颜色以橘黄为主，有部分深橘黄，烟叶成熟，叶片结构尚疏松，身分稍厚，油分有，色度强至浓；中部烟叶综合平均得分 76.7，颜色以橘黄为主、有部分浅橘黄，成熟度好、叶片结构疏松，身分适中、油分有、色度中至强；下部烟叶综合平均得分 65.6，颜色以浅橘黄为主，有部分橘黄，烟叶成熟，叶片结构疏松，身分稍薄，油分稍有，色度中。从不同部位来看，上部叶颜色、油分和色度得分极显著高于下部叶，中部

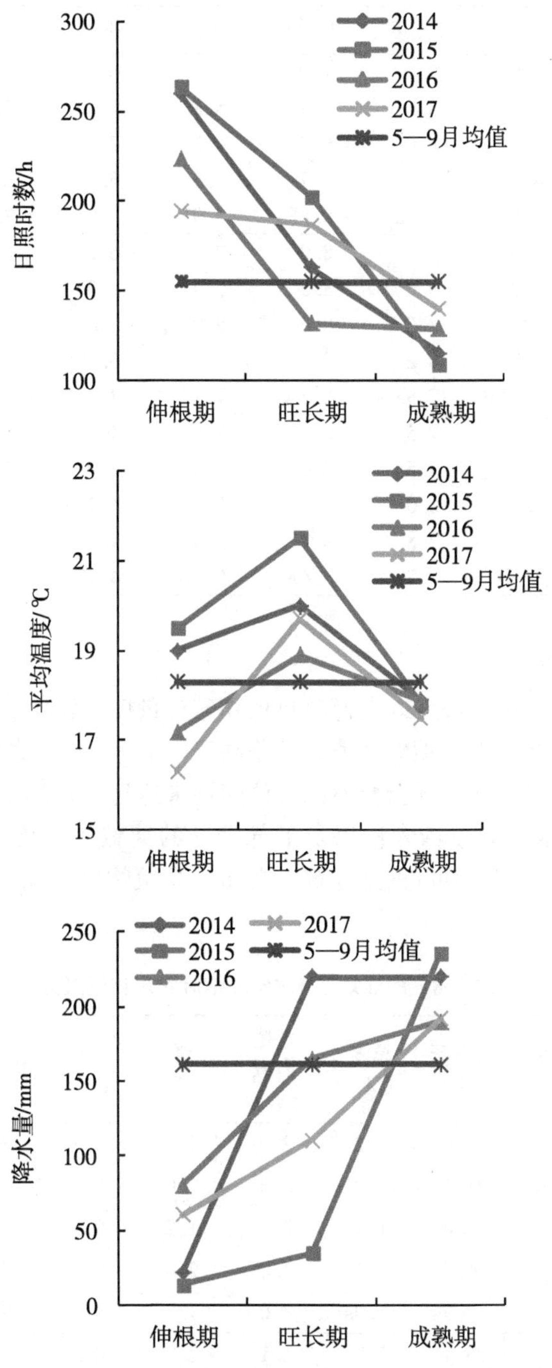

图 11-7　2014—2017 年丽江烟区烤烟主要生育期气象条件

叶叶片结构和身分得分极显著高于上部叶，中上部烟叶外观质量综合得分极显著高于下部烟叶。

表 11-7　丽江烟区 KRK26 烟叶外观质量得分

等级	年份	颜色	成熟度	叶片结构	身分	油分	色度	综合得分（W）
B2F	2014	8. 6	8. 0	7. 0	6. 2	6. 8	7. 5	73. 5
	2015	8. 5	8. 0	6. 8	5. 8	7. 0	8. 0	73. 4
	2016	8. 5	8. 0	6. 5	6. 0	7. 0	8. 0	73. 3
	2017	8. 7	8. 2	6. 7	5. 6	6. 8	6. 7	72. 1
	均值	8. 6A	8. 1a	6. 8B	5. 9B	6. 9A	7. 6A	73. 1A
C3F	2014	7. 5	7. 5	8. 0	7. 5	6. 5	6. 0	72. 3
	2015	8. 0	8. 0	8. 5	7. 5	7. 0	7. 0	77. 0
	2016	8. 0	8. 0	8. 5	8. 0	8. 0	8. 0	80. 8
	2017	8. 2	8. 2	8. 8	7. 8	6. 7	5. 5	76. 6
	均值	8. 0AB	7. 9a	8. 5A	7. 7A	7. 1A	6. 6AB	76. 7A
X2F	2014	7. 5	7. 5	8. 5	5. 5	4. 0	5. 0	64. 0
	2015	8. 0	7. 5	8. 0	5. 5	5. 0	5. 0	65. 8
	2016	7. 0	8. 0	8. 5	5. 8	4. 2	5. 3	66. 2
	2017	7. 8	7. 8	8. 7	5. 5	4. 3	5. 1	66. 2
	均值	7. 6B	7. 7a	8. 4A	5. 6B	4. 4B	5. 1B	65. 6B

3. 常规化学成分

由表 11-8 可见：丽江 KRK26 上部叶总植物碱含量极显著高于中下部叶、钾含量显著低于中下部叶，并且下部叶糖碱比值极显著高于中上部叶，而总糖、还原糖、总氮和氯含量以及氮碱比、钾氯比六项指标不同部位间均未达到显著差异水平。总体来看，丽江 KRK26 三个部位烟叶的总糖含量以及下部烟叶的糖碱比值较高，平均值分别达到 30. 3%和 14. 3，而三个部位烟叶的还原糖、总氮、总植物碱和氧化钾含量以及氮碱比、钾氯比值则均较为适宜。

表 11-8　丽江烟区 KRK26 烟叶常规化学成分

等级	年份	总糖（%）	还原糖（%）	总氮（%）	总植物碱（%）	钾（%）	氯（%）	糖碱比	氮碱比	钾氯比
B2F	2014	31. 8	25. 4	2. 2	2. 9	1. 9	0. 3	8. 8	0. 8	6. 3
	2015	26. 6	23. 5	1. 9	3. 3	2. 0	0. 4	7. 1	0. 6	5. 0
	2016	29. 8	25. 4	1. 9	2. 7	1. 2	0. 3	9. 4	0. 7	4. 0
	2017	33. 6	21. 2	1. 6	3. 0	2. 0	0. 2	7. 1	0. 6	10. 0
	均值	30. 5a	23. 9a	1. 9a	3. 0Aa	1. 8b	0. 3a	8. 1Bb	0. 7a	6. 3a
C3F	2014	29. 9	25. 9	1. 7	2. 1	2. 7	0. 3	12. 3	0. 8	9. 0
	2015	27. 2	20. 5	2. 2	2. 6	2. 2	0. 6	7. 9	0. 8	4. 0
	2016	31. 7	25. 8	1. 7	2. 4	2. 4	0. 4	10. 8	0. 7	6. 0
	2017	31. 8	24. 7	1. 7	2. 2	2. 5	0. 4	11. 2	0. 8	6. 3
	均值	30. 2a	24. 2a	1. 8a	2. 3Bb	2. 5a	0. 4a	10. 6Bb	0. 8a	6. 3a

（续表）

等级	年份	总糖（%）	还原糖（%）	总氮（%）	总植物碱（%）	钾（%）	氯（%）	糖碱比	氮碱比	钾氯比
X2F	2014	30.2	24.8	1.6	1.7	1.9	0.6	14.6	0.9	3.2
	2015	31.7	26.8	1.6	2.2	2.4	0.3	12.2	0.7	8.0
	2016	30.4	25.6	1.7	1.8	2.4	0.2	14.2	0.9	12.0
	2017	29.2	22.8	1.4	1.4	3.1	0.4	16.3	1.0	7.8
	均值	30.4a	25.0a	1.6a	1.8Bc	2.5a	0.4a	14.3Aa	0.9a	7.8a

4. 感官质量

由表 11-9 可见：丽江烟区 KRK26 中部叶风格特征以干草香和清甜香为主体香韵，辅以正甜香、青香、木香和辛香香韵，特征香韵由焦香逐步转变为焦甜香，烟气浓度和劲头随着种植年限增加存在减弱趋势，清甜香韵呈增加趋势。

表 11-9　丽江烟区 KRK26 中部叶（C3F）风格特征

年份	干草香	清甜香	正甜香	青香	焦香	焦甜香	木香	辛香	烟气浓度	劲头
2014	2.0	2.3	0	1.0	1.0	0	1.0	1.0	3.2	3.4
2015	2.5	1.5	1.0	1.0	1.5	0	1.0	1.0	3.0	3.0
2016	2.3	2.0	1.0	0	0	1.0	1.0	1.0	3.0	3.0
2017	2.5	2.5	0	1.0	0	1.0	1.0	1.0	2.8	2.6

由表 11-10 可见：丽江烟区 KRK26 烟叶品质特征总体表现为香气质尚好、香气量尚足，尚透发，烟气刺激性和干燥感稍有至有，余味尚净尚舒适，微有青杂气，综合得分上部叶 55.3~59.8 分、中部叶 61.2~62.5 分、下部叶 55.7~57.6 分，同时随着种植年限的增加上部叶香气质、香气量、透发性呈减弱趋势，刺激性和干燥感呈增加趋势，中部叶各项品质因子较为稳定，年度间变化较小，下部叶刺激性和干燥感呈减弱趋势、余味随年度呈增加趋势。

表 11-10　丽江烟区 KRK26 烟气品质特征

等级	年份	香气质	香气量	透发性	杂气	刺激性	干燥感	余味	综合得分（M）
B2F	2014	3.0	2.9	3.3	1.0	2.5	2.5	2.6	59.8
	2015	3.0	2.8	3.3	1.1	2.5	2.5	2.6	59.2
	2016	2.7	2.8	3.0	1.2	2.6	2.6	2.6	57.0
	2017	2.5	2.5	2.8	1.0	2.6	2.6	2.7	55.3

（续表）

等级	年份	香气质	香气量	透发性	杂气	刺激性	干燥感	余味	综合得分（M）
C3F	2014	3.0	3.0	3.0	1.0	2.4	2.4	3.0	61.2
	2015	3.0	3.2	3.2	1.1	2.5	2.5	2.8	61.4
	2016	3.0	3.0	3.2	1.0	2.4	2.4	3.0	61.6
	2017	3.1	3.1	3.0	1.0	2.4	2.4	3.1	62.5
X2F	2014	2.7	2.7	2.8	1.2	2.7	2.7	2.5	55.7
	2015	2.8	2.8	2.8	1.0	2.7	2.7	2.6	57.4
	2016	2.8	2.8	3.0	1.5	2.5	2.5	2.8	57.6
	2017	2.7	2.7	2.7	1.0	2.5	2.5	2.8	57.2

（三）烟叶感官品质与气象因子的回归分析

由表 11-11 可见：对丽江烟区 KRK26 上部叶烟气品质直接影响作用的生育期气象因子顺序为伸根期日照时数>成熟期日照时数，且均为正效应；对中部叶烟气品质起直接影响作用的气象因子顺序为成熟期平均气温>伸根期降水量，且成熟期平均气温为负效应，伸根期降水量为正效应；对下部叶烟气品质起直接影响作用的气象因子顺序为伸根期降水量>旺长期降水量，且伸根期降水量为正效应，旺长期降水量为负效应。可见，对丽江烟区 KRK26 烟叶的感官品质得分直接影响作用较大的气象因子为伸根期日照时数和降水量、成熟期日照时数和平均气温。

表 11-11　不同部位烟叶烟气品质得分（Y）与气象因子的逐步回归分析

综合得分 Y	回归方程				
B2F	$Y=9.897+0.126X_1+0.149X_3$				
	偏相关系数 r	复相关系数 R	决定系数	DW 统计量	直接通径系数
	r（y，X_1）=0.9826*	0.9983*	0.9965	2.469	1.9770
	r（y，X_3）=0.9370*				1.0038
C3F	$Y=107.353-2.587X_6+0.007X_7$				
	偏相关系数 r	复相关系数 R	决定系数	DW 统计量	直接通径系数
	r（y，X_6）=−1.0000**	1.0000**	0.9999	2.210	−0.8535
	r（y，X_7）=1.0000**				0.3790
X2F	$Y=57.333+0.020X_7-0.001X_8$				
	偏相关系数 r	复相关系数 R	决定系数	DW 统计量	直接通径系数
	r（y，X_7）=−0.9365	0.9656	0.9324	1.970	0.7161
	r（y，X_8）=−0.9532				−0.8456

注：DW 统计量指 Durbin-Watson（杜宾一瓦特森）统计量，** 表示达极显著差异水平，* 表示达显著差异水平。

三、讨论与结论

KRK26 品种原产地津巴布韦生产的烟叶具有明显的焦香香韵，本研究中以中部叶为例不难看出，在丽江烟区经过连续四年的种植，该品种中部烟叶的清甜香韵逐渐凸显，特征香韵则由焦香逐步转变为焦甜香和清甜香，同时各部位烟叶总糖含量均较高，表现出云南烟叶“清甜香润”的风格特征和明显的地域性特色，这与丽江烟区烤烟成熟期总体降水偏多且集中度高、温度稍偏低、日照时数明显偏少的特点密不可分，也可能是造成丽江 KRK26 烟叶与原产地津巴布韦风格特色差异的重要生态因子，应证了黄中艳等研究认为的云南烟区烤烟大田后期的寡照、多雨、湿度大可能是烤烟清香型风格形成的原因，同时也说明烟草是一种对生态条件十分敏感的作物，某个区域的生态条件在很大程度上决定或影响着烟叶品质和香气风格。而对卷烟工业企业原料基地布局而言，如果品牌配方目标是追求 KRK26 品种类似原产地烟叶表现出的焦香风格，丽江烟区气候条件并不适宜，主要原因可能是烤烟大田成熟后期光热不足，不利于 KRK26 烟叶焦香香韵的形成。本文进一步通过逐步回归分析后发现，丽江烟区烤烟成熟期平均温度和伸根期降雨量极显著影响 KRK26 中部叶的烟气品质、伸根期和成熟期日照时数则显著影响上部叶烟气品质，这与周芳芳等对云南 8 个烟区 K326 品种研究后得出的大田期温度对烤烟感官质量影响最大，其次为降雨和日照的结论存在相似之处。本研究中，KRK26 品种在丽江烟区的品质性状总体较好，产量略高于原产地津巴布韦，烟叶外观质量较好，内在化学成分较为协调的结论与罗华元等在昆明烟区和王正旭等在德宏烟区的研究结果基本一致，而在云南其他烟区种植 KRK26 品种是否有相似结论有待进一步试验验证。

丽江烟区烤烟生育期（5—9 月）月均气温为 18.3℃，月均日照时数为 155.3h，月均降水量为 161.0mm，伸根期至成熟期平均气温表现为“两头低、中间高”的特点，日照时数逐步下降，降水量迅速上升，其中仅成熟期就占全生育期降水量的 56.7%。丽江 KRK26 有效叶数 18~20 片，产值 80 568 元/hm^2、产量 2 898kg/hm^2，初烤烟叶颜色以桔黄为主、成熟度较好、叶片结构疏松，身分适中、油分稍有至有、色度中至浓，中上部烟叶的外观质量综合得分极显著高于下部烟叶。三个部位烟叶内在化学成分总体协调，但总糖含量均较高，上部烟叶总植物碱含量极显著高于中下部烟叶、钾含量则显著低于中下部烟叶，而下部烟叶糖碱比值极显著高于中上部烟叶。中部烟叶风格特征以清甜香、干草香为主体香韵，辅以正甜香、青香、木香和辛香香韵，特征香韵为焦甜香，香气质尚好、香气量尚足，尚透发，烟气刺激性和干燥感稍有至有，余味尚净尚舒适，微有青杂气，总体秉承了云南烟叶“清甜香润”的风格特色。

第五节　丽江金沙江 KRK26 烟叶堆捂醇化后工业可用性研究

一、材料与方法

（一）试验设计

试验为丽江金沙江河谷烟叶收购打包后，在复烤厂进行 3 个月的自然堆捂醇化，再由江苏中烟技术中心进行 KRK26 烟叶堆捂醇化后可用性分析和评价。

（二）测定项目及方法

1. 外观质量量化评定方法

外观质量指标主要有颜色、成熟度、叶片结构、身分、油分、色度，其量化评定方法根据 GB 2635—92 烤烟分级标准并参考相关文献，确定了外观质量的评分标准（表 11-12）。由江苏中烟原料供应部召集 5 名烤烟烟叶分级技师，对样品各单项外观质量指标逐项进行判断评分，然后以平均值作为该样品该指标的鉴定分值。

表 11-12　烟叶外观质量的评分标准

颜色	成熟度	结构	身分	油分	色度
橘黄（7~10）	成熟（7~10）	疏松（8~10）	中等（7~10）	多（8~10）	浓（8~10）
柠檬黄（6~9）	完熟（6~9）	尚疏松（5~8）	稍薄（4~7）	有（5~8）	强（6~8）
红棕（3~7）	尚熟（4~7）	稍密（3~5）	稍厚（4~7）	稍有（3~5）	中（4~6）
微带青（3~6）	欠熟（0~4）	紧密（0~3）	薄（0~4）	少（0~3）	弱（2~4）
青黄（1~4）	假熟（3~5）		厚（0~4）		淡（0~2）
杂色（0~3）					

注．括号内数字为分值。

2. 化学成分测定指标及方法

化学成分测定指标主要有烟碱、总糖、还原糖、钾、氯、总氮含量，分别采用 YC/T159—2002、YC/T160—2002、YC/T161—2002、YC/T162—2002、YC/T173—2003 规范规定的方法测定烟叶样品中的总糖和还原糖、烟碱、总氮、氯、钾含量。所测化学成分含量换算成百分率。糖碱比是指总糖含量与烟碱含量的比值，钾氯比是指钾含量与氯含量的比值。

3. 评吸质量指标及量化方法

由至少 7 位江苏中烟技术中心配方及调香人员对香气质、香气量、浓度、劲头、刺激性、余味和杂气等进行评价，各指标最大标度为 5 分，其中杂气、刺激性、干燥感指标为负相关，其余指标为正相关。

二、结果与分析

（一）成熟度和色度

从表 11-13 可以看出，醇化前后 KRK26 烟叶外观质量发生了较大的变化，叶面颜色加深，成熟度进一步提高，色度略有加深，而其他外观品质因素没有明显变化，说明醇化有助于外观质量进一步改善。

表 11-13　KRK26 原烟醇化前后外观质量

年份	等级	颜色		成熟度		色度	
		醇化前	醇化后	醇化前	醇化后	醇化前	醇化后
项目第一年	B2F	8.0	8.0	8.5	8.5	8.0	9.0
	C3F	8.0	8.5	8.0	9.0	7.0	8.0
	C4F	7.5	8.0	7.5	8.5	6.0	7.0
	X2F	8.0	8.5	7.5	8.5	6.0	6.5
项目第二年	B2F	8.0	8.0	8.5	8.5	8.0	9.0
	C3F	8.0	8.5	8.0	9.0	7.0	8.0
	C4F	7.5	8.0	7.5	8.5	6.0	7.0
	X2F	8.0	8.5	7.5	8.5	6.0	6.5

（二）烟叶化学成分

从表 11-14 可以看出，丽江金沙江河谷 KRK26 品种原烟单等级在打叶前经 3 个月时间醇化后，各等级总糖、还原糖含量均出现不同程度的降低，烟碱含量略有升高，糖碱比值略有下降，这与醇化过程中烟叶进行呼吸消耗，大分子物质进一步降解有密切关系。经过醇化，烟叶内在化学成分的协调性进一步提高。

表 11-14　丽江 KRK26 原烟醇化前后主要化学成分

年份	等级	处理	总糖（%）	还原糖（%）	烟碱（%）	钾（%）	氯（%）	总氮（%）	糖碱比	钾氯比
项目第一年	C1F	醇化前	32.27	28.31	2.04	2.23	0.25	1.84	13.88	8.92
		醇化后	29.42	25.16	2.16	2.36	0.27	1.75	11.65	8.74
	C2F	醇化前	30.27	26.97	2.11	2.63	0.21	1.54	12.78	12.52
		醇化后	28.78	24.85	2.18	2.31	0.25	1.75	11.40	9.24
	C3F	醇化前	29.55	24.68	2.18	2.56	0.30	1.53	11.32	8.53
		醇化后	27.29	21.30	2.35	1.86	0.23	1.55	9.06	8.09
	C4F	醇化前	27.31	23.80	2.08	3.18	0.28	1.88	11.44	11.36
		醇化后	16.49	15.76	2.38	2.61	0.35	2.16	6.62	2.14

（续表）

年份	等级	处理	总糖（%）	还原糖（%）	烟碱（%）	钾（%）	氯（%）	总氮（%）	糖碱比	钾氯比
项目第二年	B1F	醇化前	31.76	25.42	2.91	1.92	0.33	2.18	8.74	5.82
		醇化后	35.19	27.88	3.15	1.89	0.39	1.81	8.85	4.85
	B2F	醇化前	26.64	23.45	3.30	1.97	0.40	1.93	7.11	4.93
		醇化后	31.52	23.75	3.83	1.75	1.15	2.10	6.20	1.52
	C3F	醇化前	26.66	20.44	2.47	2.30	0.64	2.30	8.28	3.59
		醇化后	25.29	19.98	2.38	1.79	0.20	1.55	8.39	8.95
	C4F	醇化前	27.75	20.49	2.77	2.08	0.48	2.00	7.40	4.33
		醇化后	14.49	11.94	2.33	2.61	1.23	2.11	5.12	2.12
	X2F	醇化前	31.65	26.83	2.18	2.40	0.29	1.62	12.31	8.28
		醇化后	24.75	17.92	2.48	2.82	0.91	2.06	7.23	3.10

（三）烟叶香气品质

从表 11-15 可看出，2 年的醇化试验证明，丽江 KRK26 原烟经 3 个月时间醇化后，香气质、香气量方面得分有所提升，杂气减轻较为明显，烟气特性和口感特性有不同程度上的改善。从 2014 年的结果看，醇化后 KRK26 原烟的香气质、香气量、透发性得分有所提高，木质气得到消除，刺激性、干燥感和余味得到改善。2015 年醇化后，质量改善效果与上年保持一致，特别在烟叶生青气、枯焦气方面也有改善。

表 11-15　丽江 KRK26 原烟醇化感官质量得分对比

年份	等级	处理	香气质	香气量	透发性	浓度	劲头	青杂气	生青气	枯焦气	木质气	细腻程度	柔和程度	圆润感	刺激性	干燥感	余味
项目第一年	C1F	醇化前	3.2	3.3	3.0	3.2	3.2	1.0	1.0	0.0	1.0	3.2	3.2	3.0	2.2	2.2	3.3
		醇化后	3.5	3.5	3.2	3.0	3.0	1.0	1.0	0.0	0.0	3.4	3.4	3.2	2.0	2.0	3.5
	C2F	醇化前	3.2	3.2	3.0	3.0	3.2	1.0	1.0	0.0	1.0	3.2	3.2	3.0	2.2	2.2	3.2
		醇化后	3.3	3.3	3.2	3.0	2.8	1.0	1.0	0.0	0.0	3.2	3.2	3.2	2.0	2.0	3.2
	C3F	醇化前	3.0	3.0	3.0	3.0	3.4	1.0	1.0	0.0	1.0	3.0	3.0	3.0	2.4	2.4	3.0
		醇化后	3.0	3.0	3.0	3.0	2.8	1.0	1.0	0.0	0.0	3.0	3.0	3.0	2.2	2.2	3.0
	C4F	醇化前	2.5	2.8	3.0	2.8	3.0	1.5	1.0	0.0	1.5	2.8	2.8	2.8	2.7	2.7	2.5
		醇化后	2.7	2.8	3.0	3.0	2.8	1.5	1.0	0.0	0.0	3.0	3.0	3.0	2.5	2.5	2.7
项目第二年	B1F	醇化前	3.0	3.0	3.0	3.0	3.0	1.0	1.0	1.0	0.0	2.8	2.8	2.8	2.5	2.5	2.5
		醇化后	3.2	3.2	3.5	3.0	3.0	1.0	0.0	1.0	0.0	2.8	2.8	2.8	2.5	2.5	2.8
	B2F	醇化前	3.0	2.8	3.0	3.0	3.0	1.0	1.0	1.0	0.0	2.8	2.8	2.8	2.5	2.5	2.6
		醇化后	3.2	3.0	3.2	3.0	3.2	1.0	0.0	1.0	0.0	2.8	2.8	2.8	2.5	2.5	2.7
	C3F	醇化前	3.0	3.2	3.2	3.2	2.8	1.0	1.0	1.0	0.0	3.0	3.0	3.0	2.5	2.5	2.8
		醇化后	3.2	3.5	3.2	3.0	2.8	1.0	1.0	0.0	0.0	3.0	3.0	3.0	2.2	2.2	3.0
	C4F	醇化前	2.8	2.8	2.8	2.8	2.8	1.5	1.5	0.0	0.0	2.8	2.8	2.8	2.7	2.7	2.5
		醇化后	2.8	2.8	3.0	2.8	2.8	1.5	1.0	0.0	0.0	3.0	3.0	3.0	2.5	2.5	2.7
	X2F	醇化前	2.8	2.8	2.8	2.8	2.8	1.0	1.0	0.0	0.0	2.8	2.8	2.8	2.7	2.7	2.6
		醇化后	2.8	2.8	2.8	2.8	2.5	1.0	1.0	0.0	0.0	2.8	2.8	2.8	2.5	2.5	2.6

注：此方法采用《烟叶质量风格特色感官评价法》，各项指标满分为 5 分，其中杂气、刺激性、干燥感指标为负相关，其余指标为正相关。

三、结论

丽江金沙江河谷烟区 KRK26 烟叶堆捂醇化后，烟叶香气质、香气量、透发性得分有所提高，木质气得到消除，刺激性、干燥感和余味得到改善，烟叶可用性得到明显提高。

第六节　不同烤烟品种中部叶主要品质性状差异分析

一、材料与方法

（一）样品来源

连续 5 年（2013—2017 年）从 7 个烤烟品种全国代表性产地采集调制后中部叶 5 个等级（C1F、C2F、C3F、C1L、C2L）共 160 个原烟样品进行烟叶品质综合分析。各品种样品数量分别为：秦烟 96 25 个（产地：河南三门峡、洛阳），红花大金元 25 个（产地：大理剑川，以下简称红大），NC55 20 个（产地：山东临沂、日照），翠碧 1 号 25 个（产地：福建三明、宁化），云烟 85 20 个（产地：四川凉山），龙江 911 20 个（产地：黑龙江），KRK26 25 个（产地：云南丽江）。

（二）样品分析

1. 外观质量量化评价方法

外观质量评价指标包括颜色、成熟度、叶片结构、身分、油分、色度，各指标权重依次为 0. 23、0. 21、0. 17、0. 16、0. 12 和 0. 11，量化评定方法根据 GB 2635—92 烤烟分级标准，具体的评分标准见表 11-16。所有样品由江苏中烟原料供应部召集 5 名烤烟烟叶分级技师，对样品的各单项外观质量指标逐项进行判断评分，然后以平均值作为该样品该指标的鉴定分值，再按公式（1）计算各品种烟叶外观质量综合得分。

$$W=(\Sigma A_i \cdot B_i)\times 10 \tag{1}$$

式中：W——外观质量综合得分。

A_i——第 i 个外观指标分值。

B_i——第 i 个外观指标权重。

表 11-16　烟叶外观质量评分标准

颜色	成熟度	结构	身分	油分	色度
橘黄（7~10）	成熟（7~10）	疏松（8~10）	中等（7~10）	多（8~10）	浓（8~10）
柠檬黄（6~9）	完熟（6~9）	尚疏松（5~8）	稍薄（4~7）	有（5~8）	强（6~8）
红棕（3~7）	尚熟（4~7）	稍密（3~5）	稍厚（4~7）	稍（3~5）	中（4~6）
微带青（3~6）	欠熟（0~4）	紧密（0~3）	薄（0~4）	少（0~3）	弱（2~4）

（续表）

颜色	成熟度	结构	身分	油分	色度
青黄（1~4）	假熟（3~5）		厚（0~4）		淡（0~2）
杂色（0~3）					

注：括号内数字为分值。

2. 化学成分检测指标及方法

烟叶样品中的可溶性总糖和还原糖、烟碱、总氮、钾、氯含量由江苏中烟技术中心按照行业统一标准，分别参照 YC/T 159—2002、YC/T 160—2002、YC/T 161—2002、YC/T 173—2003、YC/T 162—2002 规范要求进行检测。

3. 烟气评价指标及量化方法

由江苏中烟技术中心组织 7 名评吸专家按照《烟叶质量风格特色感官评价方法》进行感官评吸，具体评价指标为香气质、香气量、透发性、杂气、细腻程度、柔和程度、圆润感、刺激性、干燥感和余味，各指标权重分别为 0.15、0.13、0.1、0.11、0.07、0.07、0.07、0.08、0.08、0.14，所有指标按照0~5分等距标度评分法进行评分并取其平均值，最后将各品种感官评吸的各指标得分。其中，杂气（d）的得分取其 9 个子指标中的最大值，杂气、刺激性、干燥感分值为（5-d）、（5-h）、（5-i）按照公式（2）计算各品种的烟气品质综合得分。

$$P=(\Sigma A_i \cdot B_i)\times 20 \qquad (2)$$

式中：P——烟气品质综合得分。

A_i——第 i 个感官指标分值。

B_i——第 i 个感官指标权重。

（三）统计分析方法

利用 Excel 2010 对数据进行描述性统计，用 SPSS17.0 软件进行方差分析。

二、结果与分析

（一）外观质量

由表 11-17 可知，7 个烤烟品种中部叶外观质量存在显著差异。秦烟 96、红大、翠碧 1 号、云烟 85 和 KRK26 烟叶颜色得分显著高于 NC55 和龙江 911，秦烟 96 和云烟 85 得分最高，均为 8.5 分；成熟度和叶片结构 2 项指标秦烟 96 和云烟 85 得分显著高于其他品种，其中秦烟 96 成熟度得分最高，为 8.7 分，云烟 85 叶片结构得分最高，为 9.1 分；烟叶身分翠碧 1 号得分最高，为 8.4 分，显著高于除秦烟 96 外的其他 5 个品种；油分和色度 2 项指标 KRK26 得分均最高，秦烟 96 得分均最低，并与其他 6 个品种均达到显著差异水平。从不同烤烟品种烟叶外观质量综合得分来看，云烟 85 综合得分最高，为 81.99 分，其次 KRK26，为 81.61 分，NC55 和龙江 911 外观质量总体偏弱，综合得分均低于 80 分，主要由于龙江 911 成熟度和 NC55 身分得分显著低于其他 6 个品种，而成熟度和身分两项指标所占权重较高，是导致这 2 个品种中部叶外观质量综合得分偏低的主要原因。从各指标变异程度来看，所有品种的外观质量总体变异较小，但是 7 个品种中部叶的色度以及红大和 KRK26 烟叶油分均表现为中等程度变异。

表 11-17 不同烤烟品种中部叶外观质量量化评价（平均值/变异系数%）

指标	秦烟 96	红大	翠碧 1 号	NC55	云烟 85	龙江 911	KRK26
颜色	8.5a/4.37	8.4a/4.36	8.4a/5.74	8.0b/7.22	8.5a/5.88	8.0b/6.25	8.3a/6.80
成熟度	8.6a/5.48	8.3b/3.94	8.3b/3.87	8.3b/3.19	8.7a/4.37	7.9c/3.11	8.3b/5.11
叶片结构	8.9a/3.81	8.6b/5.85	8.5b/4.12	8.1c/5.67	9.1a/2.67	8.4b/5.34	8.6b/4.18
身分	8.2ab/5.82	8.0b/4.22	8.4a/5.74	7.5c/9.94	8.0b/7.22	8.1b/2.34	7.9b/6.34
油分	6.9c/5.72	7.3b/13.94	7.2bc/6.33	7.1bc/8.66	7.1bc/9.51	7.0c/7.14	7.8a/12.65
色度	6.0d/15.57	7.1b/16.39	6.5c/12.21	6.8bc/12.1	6.9b/13.78	6.6c/10.24	7.7a/15.41
综合得分	80.95	80.74	80.43	77.60	81.99	77.89	81.61
平均变异系数（%）	6.80	8.12	6.34	7.80	7.24	5.74	8.42

（范幸龙，2019）

（二）常规化学成分

由表 11-18 可知，7 个烤烟品种中部叶常规化学成分存在显著差异。其中平均总糖含量翠碧 1 号（34.15%）、红大（34.05%）和龙江 911（34.7%）显著高于秦烟 96（30.84%）和 NC55（29.37%），翠碧 1 号和 KRK26 变异较小，变异系数分别为 6.99%和 8.95%，其他品种均为中等程度变异；平均还原糖含量翠碧 1 号（28.26%）和红大（28.19%）显著高于 KRK26（25.24%）、秦烟 96（24.60%）和 NC55（24.79%），翠碧 1 号、红大和 KRK26 变异较小，变异系数分别为 5.9%、6.73%和 7.72%，其他品种均为中等程度变异；平均钾含量翠碧 1 号（2.66%）最高且显著高于其他 6 个品种，秦烟 96（1.14%）最低并且显著低于其他 6 个品种，所有品种钾含量均为中等程度变异；平均总氮含量 NC55（1.91%）、云烟 85（1.79%）和翠碧 1 号（1.77%）显著高于龙江 911（1.28%），红大变异最小，变异系数为 12.8%，所有品种总氮含量均为中等程度变异；平均烟碱含量 NC55（2.53%）最高且显著高于 KRK26（2.16%）、红大（2.11%）和龙江 911（1.49%），而龙江 911 含量最低且显著低于其他 6 个品种，秦烟 96 变异最小，变异系数为 16.41%，所有品种烟碱含量均为中等程度变异；平均氯含量 KRK26（0.42%）最高且显著高于秦烟 96（0.31%）、红大（0.27%）、翠碧 1 号（0.23%）和云烟 85（0.21%），翠碧 1 号变异最小，变异系数为 27.5%，所有品种的氯含量均为中等程度变异。

包勤等统计研究得出 2002—2013 年我国烤烟中部烟叶烟碱、总氮、还原糖、钾、氯含量（质量分数）的范围分别为 1.38%~3.77%、1.35%~2.96%、16.96%~32.76%、1.09%~3.07%、0.11%~0.79%，本研究 7 个烤烟品种除龙江 911 中部叶总氮含量偏低外，各品种其他主要化学成分含量均在该统计含量范围内，说明近 5 年全国烤烟中部叶主要化学成分含量基本稳定，品种因素对全国烟叶主要化学成分影响较小。

表 11-18 不同烤烟品种中部叶常规化学成分对比

指标	品种	平均	变异系数	指标	品种	平均值	变异系数
总糖	秦烟 96	30.84b	12.22%	总氮	秦烟 96	1.59ab	25.56%
	红大	34.05a	10.65%		红大	1.62ab	12.80%
	NC55	29.37b	12.91%		NC55	1.91a	35.19%
	翠碧 1 号	34.15a	6.99%		翠碧 1 号	1.77a	19.34%
	云烟 85	31.25ab	18.29%		云烟 85	1.79a	22.33%
	龙江 911	34.70a	17.43%		龙江 911	1.28b	15.00%
	KRK26	32.65ab	8.95%		KRK26	1.62ab	16.88%
还原糖	秦烟 96	24.60b	12.69%	烟碱	秦烟 96	2.46ac	16.41%
	红大	28.19a	6.73%		红大	2.11%c	23.42%
	NC55 NC55	24.79b	14.82%		NC55	2.53%a	18.83%
	翠碧 1 号	28.26a	5.90%		翠碧 1 号	2.32%b	22.44%
	云烟 85	25.59ab	17.78%		云烟 85	2.45%ac	22.35%
	龙江 911	26.23ab	15.19%		龙江 911	1.49%d	22.09%
	KRK26	25.24b	7.72%		KRK26	2.16%c	18.29%
钾	秦烟 96	1.14e	25.27%	氯离子	秦烟 96	0.31%b	51.24%
	红 大	1.99c	15.13%		红 大	0.27%b	27.50%
	NC55	1.69%d	16.93%		NC55 NC55	0.35%ab	44.99%
	翠碧 1 号	2.66%a	10.35%		翠碧 1 号	0.23%b	25.05%
	云烟 85	1.80%cd	10.65%		云烟 85	0.21%b	30.43%
	龙江 911	1.45%d	17.19%		龙江 911	0.33%ab	31.28%
	KRK26	2.46%b	12.13%		KRK26	0.42%a	41.76%

注：同一指标不同品种后带有不同小写字母表示差异达到显著水平（$P<0.05$）。（范幸龙，2019）

（三）感官评吸质量

由表 11-19 看出，7 个烤烟品种中部叶感官评吸质量存在显著差异。香气质、香气量、透发性、细腻程度、柔和程度、圆润感和余味 NC55 和龙江 911 得分均最低且显著低于其他 5 个品种，刺激性和干燥感得分均最高且显著高于其他品种，2 个品种烟气特征中杂气均表现为稍有，而其他品种主要表现为微有。从烟气品质综合得分来看，秦烟 96、翠碧 1 号、红大、云烟 85 和 KRK26 5 个品种得分十分接近，烟气品质特征中的刺激性和干燥感均表现为稍有，而综合得分较低的 NC55 和龙江 911 则表现为稍有至有。7 个品种中翠碧 1 号烟气综合得分最高 64.64 分且刺激性和干燥感两项指标得分显著低于其他 6 个品种，秦烟 96 香气质得分最高为 3.3 分且显著高于 NC55 和龙江 911。从烟气品质变异程度来看，云烟 85、秦烟 96 和龙江 911 为中等程度变异，变异系数分别为 12.45%、11.04%和 10.07%，红大、NC55、翠碧 1 号和 KRK26 的烟气品质变异较小，变异系数分别为 9.91%、8.69%、8.58%和 3.81%，KRK26 烟气品质最为稳定。各品种烟气品质特征描述详见表 11-20 所示。

表 11-19 不同烤烟品种中部叶烟气品质特征量化评价（平均值/变异系数%）

指标	秦烟 96	红大	翠碧 1 号	NC55	云烟 85	龙江 911	KRK26
香气质	3.3a/9.28%	3.2a/6.16%	3.2a/7.06%	2.7b/7.42%	3.2a/8.21%	2.5b/7.12%	3.2a/3.53%
香气量	3.2a/8.88%	3.2a/8.97%	3.1a/6.37%	2.8b/9.11%	3.1a/11.63%	2.5c/9.97%	3.2a/3.55%
透发性	3.3a/10.79%	3.3a/5.71%	3.2ab/5.51%	2.8cd/7.27%	3.1ab/11.75%	2.7d/11.67%	3.0bc/2.21%
杂气	1.2a/28.01%	1.1a/41.57%	1.1a/16.44%	1.3a/19.86%	1.2a/42.86%	1.3a/30.60%	1.0a/3.29%
细腻程度	3.1a/9.49%	3.2a/4.42%	3.2a/7.06%	2.7b/6.04%	3.1a/7.11%	2.6b/6.28%	3.2a/3.16%
柔和程度	2.9b/5.55%	3.2a/5.42%	3.2a/6.51%	2.7c/6.99%	3.0b/4.25%	2.6c/6.12%	3.2a/3.21%
圆润感	2.9b/5.43%	3.2a/5.47%	3.2a/6.67%	2.7c/6.70%	3.0ab/8.71%	2.6c/6.29%	3.1a/3.85%
刺激性	2.3b/10.59%	2.3b/7.36%	2.0c/11.36%	2.4ab/7.53%	2.2b/12.68%	2.5a/7.76%	2.3b/5.27%
干燥感	2.3b/11.28%	2.3b/7.25%	2.0c/12.76%	2.4ab/8.90%	2.1bc/8.25%	2.5a/8.46%	2.3b/4.79%
余味	3.1a/11.09%	3.2a/6.76%	3.2a/6.07%	2.7b/7.06%	3.1a/9.01%	2.6b/6.41%	3.1a/5.19%
综合得分	62.96	64.14	64.64	56.34	62.76	53.74	63.34
平均变异系数（%）	11.04%	9.91%	8.58%	8.69%	12.45%	10.07%	3.81%

注：同一横行不同品种后带有不同小写字母表示该项指标差异达到显著水平（$P<0.05$）。（范幸龙，2019）

表 11-20 不同烤烟品种中部叶烟气品质特征描述

指标	秦烟 96	红大	翠碧 1 号	NC55	云烟 85	龙江 911	KRK26
香气质	尚好	尚好-较好	尚好-较好	尚好	尚好	尚好	尚好
香气量	尚足	较足	尚足	尚足	尚足	尚足	尚足
透发性	较透-尚透	较透-尚透	尚透	尚透	尚透	尚透	尚透
杂气	微有-稍有	微有	微有	稍有	微有-稍有	稍有	微有
细腻程度	尚细腻	尚细腻	尚细腻	尚细腻	尚细腻	尚细腻	尚细腻
柔和程度	尚柔和	尚柔和	尚柔和	尚柔和	尚柔和	尚柔和	尚柔和
圆润感	尚圆润	尚圆润	尚圆润	尚圆润	尚圆润	尚圆润	尚圆润
刺激性	稍有	稍有	稍有	稍有-有	稍有	稍有-有	稍有
干燥感	稍有	稍有	稍有	稍有-有	稍有	稍有-有	稍有
余味	尚净尚舒适	尚净尚舒适	尚净尚舒适	尚净尚舒适	较净尚舒适	尚净尚舒适	尚净尚舒适

（范幸龙，2019）

三、讨论

烟叶外观质量、物理特性、化学成分和感官质量 4 个方面质量指标的优劣及其平衡协调程度决定烟叶的工业可用性。王俊等基于 6 个年份 3 个部位的 588 个初烤烟样，构建了质量因素的典型相关函数，并得出外观质量对感官质量影响最大的因素是成熟度和颜色。从本文7个烤烟品种外观质量和感官评吸结果来看，龙江911烟叶成熟度得分最低导致外观质量综合得分较低，最终烟气品质综合得分也最低。云烟85烟叶成熟度得分最高，烟气品质综合得分也较高。2个品种的表现与王俊的研究结论基本一致，说明不同烤烟品种烟叶成熟度的高低均直接影响其烟气品质的好坏。而付秋娟等研究认为，在目前生产水平下，烟叶外观品质因素中，叶片颜色、身分和结构对其主流烟气有害成分释放量的影响较大，从7个品种表现来看，NC55烟叶颜色和身分得分显著低于其他品种，导致烟气余味显著低于除龙江911外的其他品种，刺激性和杂气明显偏高，烟气品质综合得分较低，而云烟85烟叶颜色和叶片结构得分最高，其烟气品质得分也较高，2个品种外观质量与烟气品质的对应关系很好地印证了付秋娟的研究结论。同时，本研究中KRK26烟叶油分和色度得分较高，外观质量综合得分排名第二，与范幸龙等研究认为的KRK26烟叶外观质量较好、工业可用性较高的结论基本一致。

烟叶的化学成分是烟叶质量形成的物质基础，也与烟叶感官质量存在密切的关系。本文的7个品种中部叶化学成分除龙江911总氮含量偏低外均在包勤等对我国2002—2013年烤烟中部叶化学成分的统计结果含量范围内，说明近年来不同烤烟品种烟叶化学成分相对稳定。同时，肖明礼等通过分析3种香型风格烟叶化学成分与其感官质量的关系得出还原糖对烟叶感官综合质量有显著影响，本研究中红大和翠碧1号2个品种还原糖含量显著高于其他品种，其中翠碧1号还原糖含量最高，而从最终烟气品质评吸结果来看，翠碧1号烟气品质综合得分最高，红大次之，这与肖明礼的研究结论基本一致。秦烟96、KRK26和云烟85 3个品种虽然中部叶还原糖含量明显低于红大和翠碧1号，但是5个品种的最终烟气品质综合得分却较为接近，说明还原糖含量对烟气品质的影响存在品种差异，这方面需要进一步研究论证。

四、结论

从分析结果来看，7个烤烟品种外观质量以及红大、NC55、翠碧1号和KRK26的烟气品质变异较小，所有品种常规化学成分、中部叶色度以及红大和KRK26烟叶油分以及云烟85、秦烟96和龙江911的烟气品质均为中等程度变异。外观质量综合得分云烟85（81.99分）最高，KRK26次之（81.61分），烟气品质综合得分翠碧1号（64.64分）最高，红大次之（64.14分）。变异程度方面，外观质量龙江911变异最小，变异系数为5.42%，翠碧1号次之为6.34%；常规化学成分翠碧1号变异最小，变异系数为15.01%，红大次之16.04%；烟气品质KRK26的变异最小，变异系数为3.81%，翠碧1号次之为8.58%。综上所述，翠碧1号、云烟85、红大和KRK26中部叶主要品质性状优于龙江911、秦烟96和NC55。

参考文献

鲍士旦，2000. 土壤农业化学分析［M］. 北京：中国农业出版社.

蔡长春，柴利广，李满良，等，2011. 津巴布韦烤烟新品种 KRK26 的配套栽培技术研究［J］. 中国烟草科学，32（增刊 1）：50–56，75.

蔡宪杰，王信民，尹启生，2004. 烤烟外观质量指标量化分析初探［J］. 烟草科技，203（6）：37–39.

曹学鸿，2011. 恩施烟区烟叶质量风格特色研究［D］. 北京：中国农业科学院.

曹志洪，1991. 优质烤烟生产的土壤与施肥［M］. 南京：江苏科学技术出版社.

车镇涛，宗玉英，2006. 离子色谱法测定常用药食两用中药材中的二氧化硫含量［J］. 中药材，29（5）：444.

陈义强，范坚强，包可翔，2012. 移栽期及施氮量对津引品种 KRK26 质量风格特色的影响［J］. 安徽农业科学，40（27）：13294–13296.

成浩，王丽鸳，周健，等，2008. 基于化学指纹图谱的扁形茶产地判别分析研究［J］. 茶叶科学，28（2）：83–88.

程贵敏，张长云，周淑平，等，2011. 贵州中间香型烟叶质量的综合评价［J］. 贵州农业科学（6）：46–50.

崔超岗，周冀衡，李强，等，2016. 陆良县植烟土壤类型与土壤肥力的灰色关联度分析［J］. 西南农业学报（5）：1172–1176.

邓小华，陈冬林，周冀衡，等，2009. 烤烟物理性状与焦油量的相关、通径及回归分析［J］. 烟草科技（7）：13–19.

邓小华，邓井青，肖春生，等，2014. 湖南产区浓香型烟叶香韵分布［J］. 中国烟草学报（2）：39–46.

邓小华，杨丽丽，陆中山，等，2013. 湘西烟叶质量风格特色感官评价［J］. 中国烟草学报（5）：22–27.

邓小华，周冀衡，陈新联，等，2008. 烟叶质量评价指标间的相关性研究［J］. 中国烟草学报（2）：1–8.

邓小华，周冀衡，杨虹琦，等，2007. 湖南烤烟外观质量量化评价体系的构建与实证分析［J］. 中国农业科学，40（9）：2036–2044.

杜坚，王珂清，张建强，等，2018. 我国不同生态区云烟 87 烟叶主要化学成分及感官风格差异［J］. 中国烟草科学，39（2）：96–101.

范幸龙，杜坚，魏建荣，等，2017. 丽江玉龙烤烟化学成分工业可用性与质量风格评价［J］. 云南农业大学学报（自然科学版），32（5）：853–860.

范幸龙，胡钟胜，杨奋宇，等，2017. 基于丽江生态条件的 KRK26 烟叶工业可用性研究［J］. 中国烟草科学，38（3）：86-90.

范幸龙，周子方，张建强，等，2019. 不同烤烟品种中部叶主要品质性状差异分析［J］. 中国烟草科学，40（2）：73-79.

郭金玉，张忠彬，孙庆云，2008. 层次分析法的研究与应用［J］. 中国安全科学学报（5）：148-153.

郭显光，1995. 一种新的综合评价方法——组合评价法［J］. 统计研究（5）：56-59.

郭彦清，蔡雪梅，乔金锁，等，2012. 鲁米诺化学发光法测定食品中的二氧化硫残留量［J］. 光谱实验室，29（3）：1921-1925.

国家烟草专卖局，1992. GB 2635—1992 烤烟［S］. 北京：中国标准出版社.

何余勇，罗定棋，张永辉，等，2011. 不同移栽期对烤烟品种 KRK26 的影响研究［J］. 耕作与栽培（3）：16-17.

何元胜，杨美仙，亚平，等，2014. 临沧烟区土壤肥力综合评价［J］. 中国烟草科学（3）：23-26.

贺升华，任炜，2001. 烤烟气象［M］. 昆明：云南科技出版社：172-184.

胡丰青，郝萌萌，王济，等，2013. 土壤质量模糊综合评价权重确定方法探讨［J］. 环境科学与技术，36（6L）：355-360.

胡国松，郑伟，王震东，等，2000. 烤烟营养原理［M］. 北京：科学出版社：57-61.

胡海军，程光旭，禹盛林，等，2007. 一种基于层次分析法的危险化学品源安全评价综合模型［J］. 安全与环境学报（3）：141-144.

胡建军，马明，李耀光，等，2001. 烟叶主要化学指标与其感官评吸质量的灰色关联分析［J］. 烟草科技（1）：3-7.

胡雪琼，王树会，邓建华，等，2011. 云南省与津巴布韦烤烟种植气候相似性的精细分析［J］. 中国农业气象（2）：262-266.

胡钟胜，陈晶波，周兴华，等，2012. 模糊评判与欧氏距离法在烟叶化学成分评价中的应用［J］. 烟草科技（11）：33-37.

胡钟胜，龙伟，谭军，等，2012. 楚雄烟区烤烟生态气候因子评析［J］. 中国烟草科学，33（1）：63-68.

胡钟胜，周兴华，招启柏，等，2013. 典型烤烟产区气候指标的组合评价法［J］. 烟草科技（6）：82-85.

华菡倩，2003. 食品中亚硫酸盐的测定方法［J］. 食品与机械（4）：39-40.

黄成江，张晓海，李天福，等，2007. 植烟土壤理化性状的适宜性研究进展［J］. 中国农业科技导报（1）：42-46.

黄俊杰，李世琛，杨德海，等，2017. 大理红塔植烟基地土壤肥力综合评价［J］. 云南农业大学学报（1）：125-133.

冀浩，刘水强，张晓海，等，2010. 景东烟区生态因素与烤烟质量特点分析［J］.

天津农业科学，16（6）：42-47.
蒋文伟，向其柏，2000. 层次分析法在干旱区园林树木评选中的应用［J］. 南京林业大学学报（自然科学版）（6）：63-67.
雷莹，张红艳，宋文化，等，2008. 利用多元统计法简化夏橙果实品质的评价指标［J］. 果树学报，25（5）：640-645.
黎妍妍，丁伟，李传玉，等，2007. 贵州烟区生态条件及烤烟质量状况分析［J］. 安全与环境学报，7（2）：96-100.
黎妍妍，许自成，肖汉乾，等，2006. 湖南省主要植烟区土壤肥力综合评价［J］. 西北农林科技大学学报（11）：179.
黎永杰，2004. 食品中亚硫酸盐的检测方法研究进展［J］. 食品与发酵工业，30（5）：99-105.
黎智，王顺党，杨定奇，等，2016. 不同移栽期对烤烟品种 KRK26 产量和质量的影响［J］. 云南农业（12）：51-54.
李丹丹，毕庆文，许自成，等，2007. 湖北宣恩烟区土壤养分状况综合评价［J］. 郑州轻工业学院学报（5）：33.
李慧伶，王修贵，崔远来，等，2006. 灌区运行状况综合评价的方法研究［J］. 水科学进展（4）：543-548.
李进平，高友珍，2005. 湖北省烤烟生产的气候分区［J］. 中国农业气象，26（4）：250-255.
李军营，杨宇虹，邓建华，等，2011. 引进津巴布韦烤烟品种 KRK26 在云南烟区最佳栽培措施筛选［J］. 西南农业学报，24（6）：2106-2111.
李良勇，谢鹏飞，刘峰，等，2006. 湖南浏阳烟区气候土壤因素和烟叶质量特点［J］. 湖南农业大学学报（自然科学版），32（5）：497-501.
李梅，张学雷，2011. 基于 GIS 的农田土壤肥力评价及其与土体构型的关系［J］. 应用生态学报（1）：129-136.
李强，王伟，王亚辉，等，2008. 津巴布韦烤烟品种比较试验［J］. 中国农学通报，24（2）：177-179.
李强，周冀衡，杨荣生，等，2011. 基于主成分回归的曲靖 C3F 等级烤烟评吸质量估算模型［J］. 中国烟草学报，17（1）：26-31.
李卫，周冀衡，张一扬，等，2010. 云南曲靖烟区土壤肥力状况综合评价［J］. 中国烟草科学（2）：61-65.
刘炳清，翟欣，许自成，等，2015. 贵州乌蒙烟区气候特征及其对烟叶化学成分的影响［J］. 甘肃农业大学学报，50（3）：113-118.
刘科鹏，黄春辉，冷建华，等，2012. “金魁”猕猴桃果实品质的主成分分析与综合评价［J］. 果树学报，29（5）：867-871.
刘茜，2011. 房县烤烟产地环境和烟叶综合质量评价［D］. 郑州：河南农业大学.
罗华元，杨应明，徐兴阳，等，2009. 津巴布韦烤烟品种引种比较试验研究初报［J］. 昆明学院学报（3）：28-30.

罗金辉，吕岱竹，潘永波，2011. 离子色谱法测定蔬菜水果中氯离子、亚硫酸盐、硫酸盐含量本试验选择［J］. 热带作物学报，32（6）：1176-1180.
洛东奇，白洁，谢德体，2002. 论土壤养分评价指标和方法［J］. 土壤与环境，11（2）：202-205.
骆伯胜，钟继洪，陈俊坚，2004. 土壤肥力数值化综合评价研究［J］. 土壤（1）：104.
马庆华，李永红，梁丽松，等，2010. 冬枣优良单株果实品质的因子分析与综合评价［J］. 中国农业科学，43（12）：2491-2499.
马文广，周义和，刘相甫，等，2018. 我国烤烟品种的发展现状及对策展望［J］. 中国烟草学报，24（1）：116-122.
倪弋婷，2013. 津巴布韦烤烟品种筛选及工业验证［D］. 长沙：湖南农业大学.
聂继云，李海飞，李静，等，2012. 基于159个品种的苹果鲜榨汁风味评价指标研究［J］. 园艺学报，39（10）：1999-2008.
聂继云，李志霞，李海飞，等，2012. 苹果理化品质评价指标研究［J］. 中国农业科学，45（14）：2895-2903.
聂继云，毋永龙，李海飞，等，2013. 苹果鲜榨汁品质评价体系构建［J］. 中国农业科学，46（8）：1657-1667.
彭家宇，魏国胜，周恒，等，2010. 湖北咸丰烟区不同海拔生态因素和烟叶化学成分的综合评价［J］. 安徽农业科学，38（16）：8395-8398，8428.
彭晓俊，邓爱华，庞晋山，2012. 高效液相色谱柱后衍生测定脱水蔬菜中的亚硫酸盐［J］. 分析科学学报，28（1）：83-85.
秦世春，龚理，罗廷顺，等，2012. 津巴布韦烤烟品种 KRK26 规模化示范综合分析［J］. 现代农业科技（23）：12-14.
邱学礼，高福宏，李忠环，等，2012. 昆明市植烟土壤肥力状况评价［J］. 中国土壤与肥料（5）：11-16.
邵维雄，杨立强，孙艳萍，等，2011. 不同留叶数和去除脚叶数对烤烟 KRK26 烟叶产质量的影响［J］. 安徽农业科学，39（8）：4482-4485.
申忠，邓小华，韩敏，等，2011. 种植密度及留叶数对津引品种 KRK26 主要经济性状的影响［J］. 中国农学通报，27（19）：268-271.
舒俊生，王浩军，杜丛中，等，2012. 烤烟烟叶质量综合评价方法研究［J］. 安徽农业大学学报，39（6）：1018-1023.
宋朝鹏，冀新威，王胜雷，等，2000. 基于层次分析法的烤烟烘烤工场评价指标体系研究［J］. 西北农林科技大学学报（11）：79-84.
宋瑞芳，王国政，李树坡，等，2014. 河南宝丰烟区生态因素与烟叶质量特点［J］. 安徽农业科学，42（28）：9720-9721，9734.
宋苏苏，黄林，陈勇，2011. 基于粗糙集的土壤肥力组合评价研究［J］. 农机化研究（12）：10-13.
苏德艳，杨中义，何轶，等，2009. 保山生态因素对其特色优质烟叶质量的影响

[J]. 湖南农业科学（1）：53-56.
孙艳平，李涛，2010. 顶空气相色谱火焰光度检测器检测山药中的二氧化硫 [J]. 山西医学杂志，39（8）：1024-1025，1040.
谭守娇，陈娟，2014. 离子色谱法测定居住区大气中二氧化硫的方法探讨 [J]. 齐齐哈尔医学院学报，35（3）：405-406.
谭馨，2015. 泸州烤烟特色定位研究 [D]. 雅安：四川农业大学.
汤浪涛，周冀衡，张一杨，等，2010. 曲靖烟区生态条件及烟叶化学成分分析 [J]. 西南农业学报，23（2）：432-436.
唐远驹，2007. 关于烟叶的可用性问题 [J]. 中国烟草科学（1）：1-5.
唐远驹，2008. 烟叶风格特色的定位 [J]. 中国烟草科学（3）：1-5.
汪修奇，邓小华，李晓忠，等，2010. 湖南烤烟化学成分与焦油的相关、通径及回归分析 [J]. 作物杂志（2）：32-35.
王建安，张国显，张小远，等，2012. 云南生态条件下烤烟 KRK26 品种成熟采收的研究 [J]. 云南农业大学学报，27（3）：369-373.
王林，吴风光，王乐军，2013. 国产优质烟叶替代津巴布韦烟叶的模块设计及应用 [J]. 郑州轻工业学院学报（自然科学版），28（1）：30-33.
王瑞新，2003. 烟草化学 [M]. 北京：中国农业出版社.
王树会，邵岩，邓云龙，等，2005. 云南植烟土壤主要养分特征及生产上的对策 [J]. 云南农业大学学报（20）：690-694.
王树会，邵岩，李天福，等，2006. 云南 12 地州植烟土壤养分状况与施肥对策 [J]. 土壤通报（37）：684-687.
王玉胜，扈强，梁荣，等，2013. 基于 Fisher 判别分析的烤烟烟叶质量鉴别模型构建 [J]. 江西农业学报，25（4）：155-156.
王育军，周冀衡，孙书斌，等，2015. 云南省罗平县烟区土壤肥力适宜性评价及养分时空变异特征 [J]. 土壤（3）：515.
王正旭，宋玉川，徐益群，等，2016. 云南德宏烟区津巴布韦特色烤烟品种对比试验 [J]. 南方农业学报，47（3）：359-364.
吴春雷，刚旭，黄卓娅，2012. 基于层次分析的评价权重计算模型研究与应用 [J]. 微型电脑应用（4）：28-31.
吴殿信，袁志永，闫克玉，等，2001. 烤烟各等级烟叶质量指数的确定 [J]. 烟草科技，173（12）：9-15.
吴兴富，肖炳光，寸锦芬，等，2011. 津巴布韦烤烟品种在云南中低海拔区域的比较试验 [J]. 江西农业大学学报，33（2）：222-227.
谢云波，罗定棋，张永辉，等，2012. 不同施氮量对烤烟新品种 KRK26 产质量的影响 [J]. 江西农业学报，24（1）：81-84.
许明祥，刘国彬，赵允格，2005. 黄土丘陵区土壤肥力质量评价指标研究 [J]. 应用生态学报，16（10）：1843-1848.
薛超群，尹启生，王信民，等，2007. 模糊综合评判在化学成分评价烟叶可用性的应用［J］．烟草科技（4）：62-64．
YC/T138—1998，烟草及烟草制品感官评吸方法［S］．
YC/T159—2002，烟草及烟草制品水溶性糖的测定连续流动法［S］．
YC/T160—2002，烟草及烟草制品总植物碱的测定连续流动法［S］．
YC/T161—2002，烟草及烟草制品总氮的测定连续流动法［S］．
YC/T162—2011，烟草及烟草制品氯的测定连续流动法［S］．
YC/T173—2003，烟草及烟草制品钾的测定火焰光度法［S］．
闫克玉，王建民，屈剑波，等，2001．河南烤烟评吸质量与主要理化指标的相关分析［J］．烟草科技（1）：5-9．
闫克玉，赵献章，2003．烟叶分级［M］．北京：中国农业出版社：13-14．
颜雄，张杨珠，刘晶，2008．土壤肥力质量评价的研究进展［J］．湖南农业科学（5）：82-85．
杨世先，张建康，张子伟，等，2012．烤烟品种 KRK26 的特征特性及综合配套栽培技术［J］．云南农业科技（3）：58-59．
姚兰，王书吉，任晓力，等，2009．2 种典型的综合赋权法应用于灌区评价的比较研究［J］．中国农村水利水单（2）：44-46．
易鹏，2004．紫花苜蓿气候生态区划初步研究［D］．北京：中国农业大学．
尹启生，陈江华，王信民，等，2003．2002 年度全国烟叶质量评价分析［J］．中国烟草学报（5）：59-70．
曾宪报，1997．关于组合评价法的事前事后检验［J］．统计研究（6）：56-58．
张海英，韩涛，王有年，等，2006．桃果实品质评价因子的选择［J］．农业工程学报，22（8）：235-239．
张红涛，毛罕平，2009．四种客观权重确定方法在粮虫可拓分类中的应用比较［J］．农业工程学报，25（1）：132-136．
张振文，姚庆群，2005．主成分分析法在芒果贮藏特性分析中的应用［J］．亚热带植物科学，34（2）：25-28．
张铮，2015．津巴布韦烤烟品种在云南的适应性研究［J］．作物研究，29（8）：825-828．
招启柏，陈晶波，魏建荣，等，2013．组合评价法在烟叶化学质量综合评价中的应用研究［J］．中国烟草科学（19）：1-6．
赵旭辉，吴绍梅，李海平，2011．三个津巴布韦烤烟引进品种与 K326 的比较研究［J］．湖南农业科学（22）：17-18．
郑立臣，宇万太，马强，等，2004．农田土壤养分综合评价研究进展［J］．生态学杂志，23（5）：156-161．
中国农业科学院烟草研究所，2005．中国烟草栽培学［M］．上海：上海科学技术出版社：43-44．
周冀衡，朱小平，王彦亭，等，1996．烟草生理与生物化学［M］．北京：中国科学技术大学出版社．

朱国辉，朱庆枝，许金钩，1999. 荧光光度法光度法测定大气中的痕量二氧化硫［J］. 分析化学研究简报，27（11）：1303-1305.

朱杰，赵会纳，郭燕，等，2009. 河南烟区植烟土壤养分状况综合评价［J］. 郑州轻工业学院学报（1）：22-26.

Kanyanee，T；Borst，WL；Jakmunee，J；Grudpan，K；Li，JZ；Dasgupta，P，2006. Soap bubbles in analytical chemistry. Conductometric determination of sub-parts per million levels of sulfur dioxide with a soap bubble［J］. Analytical Chemistry，78（8）：2786-2793.

Segudo M A，Rangel A O S S，2001. A Gas Diffusion Sequential Injection System for the Determination of Sulpher Dioxide in Wines［J］. Anal. Chim. Acta，427：279-286.

Stephen Wai Cheung，Benny T. P. Chan，Andy C. M. Chan，2008. Determination of Free and Reversibly-Bound Sulfite in Selected Foods by High-Performance Liquid Chromatography with Fluorometric Detection［J］. Journal of AOAC International，91（1）：98-102.